🐎 SpringerWienNewYork

D1720695

Harald Herkner
Marcus Müllner

Erfolgreich wissenschaftlich arbeiten in der Klinik

Grundlagen, Interpretation und Umsetzung: Evidence Based Medicine

Dritte, überarbeitete und erweiterte Auflage

SpringerWienNewYork

Ao. Univ.-Prof. Dr. Harald Herkner, MSc
Univ.-Klinik für Notfallmedizin, Medizinische Universität Wien,
Wien, Österreich

Ao. Univ.-Prof. Dr. Marcus Müllner, MSc
AGES – Österreichische Agentur für Gesundheit und Ernährungssicherheit
Wien, Österreich

© 2002, 2005, 2011 Springer-Verlag/Wien
Printed in Germany

SpringerWienNewYork ist ein Unternehmen von
Springer Science + Business Media
springer.at

Satz: le-tex publishing services GmbH, 04229 Leipzig, Germany
Druck: Strauss GmbH, 69509 Mörlenbach, Germany

Gedruckt auf säurefreiem, chlorfrei gebleichtem Papier
SPIN 80013222

Mit 33 Abbildungen

Bibliografische Information der Deutschen Nationalbibliothek
Die Deutsche Nationalbibliothek verzeichnet diese Publikation in der Deutschen Nationalbiblio-
grafie; detaillierte bibliografische Daten sind im Internet über http://dnb.d-nb.de abrufbar.

ISBN 978-3-211-21255-8 2. Auflage SpringerWienNewYork
ISBN 978-3-7091-0474-3 SpringerWienNewYork

Für Irmgard, Felix, Lolo und Vinz
H. H.

Für eine bessere Welt
M. M.

Vorwort zur dritten Auflage

Sechs Jahre sind seit der zweiten Auflage dieses Buches vergangen. Eine Erneuerung wurde längst fällig, weil die klinische Epidemiologie ausgesprochen dynamisch ist und nichts unbrauchbarer sein kann als ein veralteter praktischer Leitfaden. Eine augenscheinliche Neuerung dieser Auflage ist, dass wir nun als Autorenteam fungieren. Die Zusammenarbeit lag auf der Hand, haben wir doch mehrere Jahre gemeinsam als Ärzte an der Universitätsklinik für Notfallmedizin gearbeitet, Seminare und Vorlesungen gemeinsam entwickelt und bestritten, eine ganze Reihe von wissenschaftlichen Projekten miteinander durchgeführt und publiziert. Uns ist die Arbeit bei *Cochrane* gemeinsam sowie ein Epidemiologie-Studium an der *London School of Hygiene and Tropical Medicine* und darüber hinaus verbindet uns eine langjährige Freundschaft.

Wir haben das Buch reorganisiert, gründlich überarbeitet und auf den neuesten Stand gebracht. Es gibt neue Kapitel über Zufallsvariabilität, diagnostische Studien und Arzneimittelzulassung. Die Kapitel über den systematischen Review, die Meta-Analyse und über Prävalenzstudien haben wir praktisch neu verfasst.

Wir haben alle uns bekannt gewordenen Fehler korrigiert und Internetadressen aktualisiert. An dieser Stelle möchten wir uns herzlich bei unseren Lesern, Studenten, Kollegen und Freunden bedanken, die uns ermuntert haben, dieses Buch weiterzupflegen, ganz besonders bei denen, die uns auf Mängel in der letzten Auflage aufmerksam gemacht haben. Unter den vielen möchten wir Barbara Tucek und Christoph Baumgärtel für die ausführlichen Kommentare zur letzten Auflage hervorheben und Christoph Male für die Impulse während der gemeinsamen Seminare.

Ganz besonders danken wir Jasmin Arrich, Christof Havel und Gunnar Gamper für die kritische Durchsicht der aktuellen Auflage.

Wir hoffen, dass dieses neue Buch ein noch besserer Leitfaden als die letzten Auflagen ist. Wenn Sie beim Lesen auch noch ein wenig unterhalten werden, dann freut uns das besonders. Es gilt aber weiterhin: Bitte helfen Sie uns, Fehler und Unsinnigkeiten zu entdecken.

Wien, Februar 2011   *Marcus Müllner und Harald Herkner*

Wozu ist dieses Buch überhaupt gut?

Die folgenden Kapitel sollen einerseits nicht wissenschaftlich tätigen Medizinern auf dem Weg der *Evidence Based Medicine* behilflich sein, andererseits Medizinstudenten und angehenden Wissenschaftlern zu einem besseren Verständnis von klinischen Studien verhelfen.

Vordergründig klingen diese zwei Ziele unvereinbar, bei genauerer Betrachtung aber geht es um ein und dieselbe Sache: Studiendesign, Analyse und Interpretation. Klinisch tätige Ärzte müssen zusehends in der Lage sein, die in Form von wissenschaftlichen Ergebnissen anwachsende Evidenz zu verstehen und kritisch zu hinterfragen. Klinisch tätige Wissenschaftler, die meist auch klinisch tätige Ärzte sind, müssen steigenden Ansprüchen hinsichtlich der Qualität ihrer wissenschaftlichen Arbeit entsprechen.

Die Idee zu diesem Buch ist vor allem aus den Mängeln unserer eigenen Ausbildung und der unserer Kollegen entstanden. Studiendesign, Analyse und Interpretation wurden bislang an deutschsprachigen Universitäten nicht standardmäßig angeboten. Weiters gibt es in unserem Sprachraum leider nur wenige Lehrer, die solche Inhalte vermitteln können.

Unser leider noch immer sehr unvollständiges Wissen haben wir uns beide anfänglich autodidaktisch angeeignet, dann hatte einer von uns die Gelegenheit, ein Jahr lang hauptberuflich als Redakteurlehrling bei der wissenschaftlichen Wochenzeitschrift *British Medical Journal* zu arbeiten, wahrscheinlich eine der besten Schulen hinsichtlich Studiendesign, Analyse und Interpretation. Wir haben beide an der *London School of Hygiene and Tropical Medicine* Epidemiologie studiert. Im Rahmen unserer Tätigkeit als klinische Epidemiologen, bei Vorträgen über *Evidence Based Medicine* und Vorlesungen über klinische Epidemiologie und *Medical Decision Making* hatten wir immer wieder Gelegenheit, über unterschiedliche Fragestellungen hinsichtlich Studiendesign, Analyse und Interpretation nachzudenken. Ganz allgemein ist man im deutschsprachigen Raum sowohl bei der kritischen Interpretation einer wissenschaftlichen Arbeit als auch bei der Planung einer Studie leider benachteiligt, da uns die methodischen Grundlagen fehlen: Wir haben in den Grundstudien nie gelernt, wie man Studien plant, analysiert, auch nicht, wie man sie kritisch interpretiert. Obendrein ist Englisch nicht unsere Muttersprache. Das Letztere können (und sollten) wir auch nicht ändern, die beiden erstgenannten Punkte sind aber behebbar.

Dieses Buch ist kein Lehrbuch, das Anspruch auf Vollständigkeit erhebt. Es soll aber doch als handlicher und praktischer Wegweiser dienen. Die wichtigsten Punkte werden anhand von teils erfundenen, teils echten Beispielen besprochen. Für die wenigen, die noch mehr Informationen haben wollen, gibt es Angaben zu weiterführender Literatur. Wenn das auch noch zu wenig ist, können Sie uns direkt kontaktieren (*marcus.muellner@meduniwien.ac.at* oder *harald.herkner@meduniwien.ac.at*) und wir werden uns bemühen weiterzuhelfen, so gut wir können. Wir sind für jede Form der Rückmeldung dankbar, das heißt, positive Rückmeldungen freuen uns natürlich, wichtiger aber ist, wenn Sie, als kritischer Leser, uns beim Auffinden von Fehlern, Unsinnigkeiten, und Unklarheiten helfen.

Wie kann das Buch verwendet werden?

Leser, die vor allem daran interessiert sind zu erfahren, wie man wissenschaftliche Arbeiten kritisch liest und interpretiert, sollten sich vor allem mit den Checklisten (Buchende) und dem Abschnitt über *Evidence Based Medicine* vertraut machen. Voraussichtlich werden sie damit das Auslangen finden bzw. können sie das Buch dann, je nach Bedarf, problemorientiert durcharbeiten.

Leser, die sich einen Überblick über Studiendesign, Analyse und Interpretation machen wollen, müssen das Buch auch nicht unbedingt von vorne nach hinten durcharbeiten. Natürlich sind bestimmte Kapitel aufeinander abgestimmt, aber nicht unbedingt zum Verständnis nachfolgender Abschnitte notwendig. Sollte doch etwas Wichtiges, aber leider Langweiliges in den vorhergegangenen Abschnitten behandelt worden sein, müssen sie nicht das ganze Kapitel lesen, da jedes Kapitel am Anfang ein Kästchen mit einer Zusammenfassung hat – das sollte für das Gröbste reichen.

Ein Buch erlaubt nur die sequentielle Darstellung, obwohl klinische Epidemiologie kaum in dieser Art präsentiert werden kann. Wir haben uns bemüht, durch Querverweise zu den jeweiligen Kapiteln eine Vernetzung herzustellen. Vielleicht ist das Lesen dadurch manchmal etwas erschwert, aber die mögliche Ausbeute ist, so glauben wir, besser.

Viele Begriffe der modernen Medizin, und vor allem der klinischen Epidemiologie, bei deren Entwicklung der deutschsprachige Raum nicht mitgewirkt hat, existieren nur in englischer Sprache. Wir haben uns nicht besonders bemüht, Begriffe wie zum Beispiel *Odds Ratio* zu übersetzen. Andere – *Bias* zum Beispiel – können nicht entsprechend übersetzt werden. Englischsprachige Begriffe geben wir *kursiv* an.

Wir haben versucht, so wenige Literaturzitate als möglich zu verwenden bzw. uns auf die wichtigsten zu beschränken. In einigen Kapiteln ist uns das ganz gelungen, in anderen nicht so sehr. Im letzten Kapitel verweisen wir auf brauchbare Standardwerke der Epidemiologie und der medizinischen Statistik.

Wien, Februar 2011   *Marcus Müllner und Harald Herkner*

Inhaltsverzeichnis

Abschnitt II Wichtige Studiendesigns

Abschnitt III Grundlagen der Präsentation

Abschnitt IV Interpretation klinischer Studien

Abschnitt V Klinische Forschung und gesellschaftliche Richtlinien

Abschnitt VI Sonstiges

Abschnitt I

Grundlagen klinischer Studien

Kapitel 1

Klinische Epidemiologie – eine Art Einleitung

▸ Im Idealfall wenden wir nur medizinische Interventionen an, die nachweislich wirksam sind (*Effectiveness*)

▸ Nur Patienten, die einen gesundheitlichen Nutzen von der jeweiligen Intervention haben können, sollten diese auch erhalten (*Efficiency*)

▸ Die Basis dieses Handelns (*Evidence Based Medicine*) ist qualitativ hochwertige klinische Wissenschaft

▸ *Klinische Epidemiologie* ist die Lehre von Design, Analyse und Interpretation klinischer Studien und daher die Grundlage qualitativ hochwertiger Wissenschaft

▸ Um qualitativ hochwertige klinische Wissenschaft zu produzieren, ist eine entsprechende graduelle und postgraduelle Ausbildung notwendig

Meist sind wir als Ärzte im Rahmen der Patientenbetreuung von Sinn und Nutzen der gesetzten klinischen Interventionen überzeugt. Im Gegensatz zu dieser Überzeugung fehlt aber die Evidenz der Wirksamkeit oft. Andererseits finden therapeutische Interventionen oft nicht statt, da wir nicht in der Lage sind, die tatsächlich vorhandene Wirksamkeit zu erkennen.

Zwei Beispiele

Thrombolyse beim akuten Herzinfarkt

Ein akuter Herzinfarkt entsteht, wenn die Blutzufuhr zum Herzmuskel unterbrochen wird. Die häufigste (Mit-)Ursache ist ein Blutgerinnsel, eine so genannte Thrombose. Seit vielen Jahren versucht man bereits die Blutzufuhr wiederherzustellen, indem das Blutgerinnsel aufgelöst wird (Thrombolyse).

In den 1950er Jahren wurde die erste randomisierte kontrollierte Studie publiziert, welche die Wirksamkeit der Thrombolyse beim akuten Myokardinfarkt untersuchte. Bis in die 1980er Jahre wurden viele Studien, oft mit jeweils weniger als 100 Patienten, durchgeführt und eine Wirksamkeit der Thrombolyse konnte nicht nachgewiesen werden. Erst als 1986 das erste „Mega-Trial" veröffentlicht wurde, in dem über 10.000 Patienten eingeschlossen wurden, waren wir in der Lage zu erkennen, dass die thrombolytische Therapie die Sterblichkeit innerhalb der ersten 30 Tage von 12 % auf 10 % senken kann. Die thrombolytische Therapie konnte über die Jahre weiter optimiert werden und die 30-Tage-Sterblichkeit liegt mittlerweile in vielen Zentren zwischen 5 % und 6 %.

Woran lag es, dass es so lange gedauert hat, bis dieser Effekt entdeckt werden konnte? Es fehlten vielen Wissenschaftlern, Editoren und Klinikern die Kenntnisse, die vorhandene Evidenz richtig zu interpretieren. Einerseits wurde nicht ausreichend darauf Rücksicht genommen, dass die meisten Studien bei weitem nicht genug statistische Aussagekraft hatten, einen kleinen, aber relevanten Effekt zu erfassen (siehe Kapitel 19). Andererseits wurde die vorhandene Evidenz nicht entsprechend zusammengefasst, also im Sinne eines systematischen Reviews mit Meta-Analyse (siehe Kapitel 18). Hätte in den 70er Jahren jemand begonnen, die publizierten Arbeiten systematisch zu sammeln und mit meta-analytischen Techniken, die es damals schon gab, zusammenzufassen, hätte man bereits zwischen 1973 und 1975 erkennen können, dass Thrombolyse das relative Risiko, in den ersten 30 Tagen zu versterben, um etwa 25 % senkt (Lau 1992) (siehe auch Abbildung 23.1, Kapitel 23).

Bettruhe nach diagnostischer Lumbalpunktion

Wenn z. B. der Verdacht auf eine Gehirnhautentzündung besteht, ist es notwendig, die Rückenmarkflüssigkeit zu untersuchen. Die Flüssigkeit gewinnt man, indem man den Patienten mit einer Nadel im Lendenwirbelbereich punktiert (Lumbalpunktion). Häufig treten nach dieser Untersuchung Kopfschmerzen auf, die man auf den Flüssigkeitsmangel zurückführt. Nach diagnostischer Lumbalpunktion wird in vielen europäischen Ländern Bettruhe zur Vermeidung der gefürchteten postpunktionellen Kopfschmerzen empfohlen. In Österreich etwa wurden in 50 % aller neurologischen Abteilungen 24 Stunden Bettruhe empfohlen, und fast alle anderen Abteilungen empfahlen mehrstündige Bettruhe (Thoennissen 2000).

Was ist nun die Evidenz für die Wirksamkeit dieser Intervention? Bei genauer systematischer Literatursuche finden sich immerhin 16 randomisierte kontrollierte Studien, die kurze Bettruhe bzw. sofortige Mobilisation mit 12 oder 24 Stunden Bettruhe verglichen: Egal wie früh Patienten mobilisiert wurden, die Kopfschmerzhäufigkeit wurde dadurch nicht beeinflusst. Wenn man diese Studien einer Meta-Analyse unterzieht, sieht man wegen der nun hohen Präzision noch deutlicher, dass Bettruhe Kopfschmerzen nicht verhindern kann (relatives Risiko für Kopfschmerz bei Frühmobilisation 0,97, 95 % Konfidenzintervall 0,8 bis 1,2) (Thoennissen 2001). Bettruhe nach diagnostischer Lumbalpunktion sollte daher nicht mehr angewandt werden.

1.1 Der Stand der Dinge …

… aus der Perspektive der Wissenschaft

Wenn eine wissenschaftliche Arbeit in einem medizinischen Journal veröffentlicht wird, heißt das leider noch lange nicht, dass diese einem wissenschaftlichen Standard entspricht, der auch klinisch brauchbare Schlussfolgerungen erlaubt. Selbst in den besten Journalen werden immer wieder qualitativ minderwertige Arbeiten veröffentlicht (Altman 1994), und oft ist die Präsentation derart, dass die wissenschaftliche Qualität nicht erfasst werden kann (Müllner 2002). Klinische Epidemiologie ist die Lehre von Design, Analyse und Interpretation klinischer Studien und daher die Grundlage qualitativ hochwertiger Wissenschaft. Die Qualität von wissenschaftlichen Arbeiten ist nachweislich höher, wenn Epidemiologen oder Biostatistiker in die Planung, Auswertung und Interpretation eingebunden waren (Müllner 2002; Delgado 2001). Leider gibt es derzeit an vielen medizinischen Fakultäten nicht genügend Wissenschaftler mit einer entsprechenden Ausbildung, insbesondere was die klinische Forschung anbelangt.

… aus der Perspektive der Lehre

Im neuen Medizin-Curriculum der österreichischen medizinischen Fakultäten ist vorgesehen, dass Medizinstudenten die Grundlagen der Epidemiologie, Biometrie und *Evidence Based Medicine* erlernen. Leider gelten die „Wissenschaftsfächer" immer noch als unwichtige Nebenfächer. Es gibt noch großes Verbesserungspotential, um ein vernünftiges Niveau zu erreichen, damit zumindest alle Absolventen wissenschaftliche Studien kompetent und kritisch interpretieren können. Nach wie vor ist ein hohes Maß an Eigeninitiative nötig.

… aus der Perspektive der Patientenbetreuung

Die klinische Epidemiologie bietet die notwendigen Grundlagen, um *Evidence Based Medicine* praktizieren zu können. Derzeit befindet sich die Patientenbetreuung aus der Sicht der *Evidence Based Medicine* noch in den Kinderschuhen, hauptsächlich weil Evidenz in Form von randomisierten kontrollierten Studien entweder fehlt oder qualitativ minderwertig ist. Es ist zum Beispiel noch immer unklar, ob Screening nach Brustkrebs sinnvoll ist (Gøtzsche 2009). Wir wissen nicht, ob Patienten mit Pulmonalembolie von einer thrombolytischen Therapie profitieren. Es ist unklar, ob Patienten mit akuten Kreuzschmerzen auf eine intravenöse Analgetikatherapie besser ansprechen als auf eine perorale Therapie. Wie lange sollte man im Rahmen eines akuten Myokardinfarktes Bettruhe einhalten? Die Liste der fehlenden oder unzulänglichen Evidenz kann beinahe ins Unendliche fortgeführt werden. Das wird uns vor allem dann sehr deutlich vor Augen geführt, wenn wir Standardtherapieformen kritisch hinterfragen oder EBM-Informationsquellen, wie zum Beispiel *Clinical Evi-*

dence oder die *Cochrane Library*, mit bestimmten Fragestellungen absuchen (siehe Kapitel 30).

1.2 Wie soll es weitergehen?

Ressourcen, insbesondere finanzieller Natur, für wissenschaftliches Arbeiten werden abnehmen, was aber weder bedeuten muss, dass die Qualität der klinischen Wissenschaft geringer wird, noch dass die Quantität der klinischen Wissenschaft sinken muss. Im Gegenteil, wenn klinische Forschungsschwerpunkte besser definiert, Prioritäten gesetzt und Studien durch ausgebildete klinische Epidemiologen und Biometriker betreut werden, ist mit einer Verbesserung der Ergebnisse zu rechnen (Altman 1994; Müllner 2001; Delgado 2001). Das Ziel jeder medizinischen Fakultät sollte sein, nur qualitativ hochwertige Studien durchzuführen, vorzugsweise randomisierte kontrollierte Studien, systematische Übersichtsarbeiten und Meta-Analysen.

Studenten sollen bereits neben Biometrie, die im neuen Curriculum schon integriert wurde, auch die Grundlagen der klinischen Epidemiologie, insbesondere die kritische Interpretation von klinischen Studien lernen. Weiters sollten die Möglichkeiten der postgraduellen Aus- und Weiterbildung dramatisch erweitert und verbessert werden. Alle medizinischen Fakultäten sollten postgraduelle Studien der (medizinischen) Biometrie, Epidemiologie und klinischen Epidemiologie anbieten, ebenso wie Austauschprogramme mit ausländischen Fakultäten, die postgraduelle Lehrgänge in den oben genannten Bereichen anbieten.

Das Ziel der oben genannten Verbesserungen ist natürlich eine Optimierung der Patientenbetreuung. Durch ständig wachsende Evidenz von hoher Qualität sollten wir in der Lage sein, nur mehr medizinische Interventionen anzuwenden, die nachweislich wirksam sind (Definition von *Effectiveness*). Die jeweiligen Interventionen sollten nur Patienten erhalten, die einen gesundheitlichen Nutzen davon haben können (Definition von *Efficiency*).

Kapitel 2

Das Studienprotokoll

▸ Niemals ohne Studienprotokoll eine Studie beginnen!

▸ Das Studienprotokoll ist wie ein Fahrplan

▸ Niemals ohne Studienprotokoll eine Studie beginnen!

▸ Das Studienprotokoll hilft, Fehler schon in der Planungsphase zu vermeiden

▸ Niemals ohne Studienprotokoll eine Studie beginnen!

2.1 Die Basis

Ohne Studienprotokoll, in dem schriftlich festgehalten wird, was man sucht und wie man auf die Frage(n) Antwort findet, soll man kein Studienprojekt beginnen – keine retrospektive Studie und eine prospektive Studie schon gar nicht. Um eine gute Idee erfolgreich umzusetzen, braucht man nicht nur Inspiration und Fleiß, sondern vor allem einen gut durchdachten Plan. Nur wenn alle Aspekte des Projektes beachtet und aufgezeichnet wurden, sollte man mit der Durchführung beginnen. Wir empfehlen jedem, vor Beginn eines Projektes sich folgende Fragen zu stellen:

2.1.1 Was genau ist die Fragestellung?

Wenn Sie einem Kollegen aus einem anderen Fachgebiet in einem Satz erklären können, was die Fragestellung ist, haben Sie wahrscheinlich schon recht klare Vorstellungen. Wenn es auch ein interessierter Nichtmediziner versteht, wissen Sie wirklich, was Sie wollen (und können es auch mitteilen).

2.1.2 Ist die Fragestellung wichtig?

Die Wichtigkeit der Fragestellung zu beurteilen ist schwierig. Generell neigen Autoren und Projektplaner dazu, die Bedeutung der eigenen Wissenschaft maßlos zu überschätzen. Selten sind Fragestellungen so wichtig, dass sich *Science* oder *Nature* für die Arbeit interessieren, es gibt jedoch meist eine *Community*, die sich auch für hoch spezialisierte Fragestellungen erwärmen kann. Eine „wichtige" Frage gut zu beantworten ist oft nur ein geringerer Mehraufwand, als eine „weniger" wichtige Frage gut zu beantworten oder Fragen schlecht zu beantworten.

2.1.3 Ist diese Frage bereits ausreichend beantwortet?

Praxisrelevante Fragen sind selten eindeutig beantwortet und oft gibt es neue Entwicklungen in Detailfragen, aber auch in der wissenschaftlichen Methodik. Je bedeutsamer eine Krankheit oder eine Therapie ist, umso genauer sollten natürlich die wissenschaftlichen Antworten sein. Wenn es schon viele Arbeiten zum jeweiligen Thema gibt, sollte man an systematische Reviews denken (Kapitel 22) oder zumindest aus den Fehlern der Vorgänger lernen und versuchen, es besser zu machen.

2.1.4 Ist das Studiendesign oder die wissenschaftliche Methode geeignet, um diese Frage zu beantworten?

Der Sinn dieses Buches ist es, Ihnen vor allem bei dieser Fragestellung zu helfen.

2.1.5 Habe ich (bzw. das Team) die Ressourcen (finanziell, technisch, räumlich, personell) und das Wissen, um die Frage zu beantworten?

Die Einwerbung von Forschungsförderungsgeldern scheint aber einen immer größeren Stellenwert zu bekommen. Gut ausgearbeitete Projekte mit vernünftigen Finanzierungsplänen sind die Voraussetzung für eine erfolgreiche Einwerbung. Einen guten Überblick auch über Personalkostensätze bietet die Website des FWF – Fonds zur Förderung der wissenschaftlichen Forschung (*www.fwf.ac.at*). Abgesehen davon ist es kaum möglich, ein vernünftiges Projekt ganz von Null zu starten, Sie sollten daher überlegen, was sich mit den vorhandenen Gegebenheiten erreichen lässt.

2.2 Ein Grundgerüst für ein klinisch-medizinisches Studienprotokoll

Die unten angegebenen Punkte können nur als allgemeiner Leitfaden dienen. Je nach spezifischer Fragestellung und/oder Studiendesign sind einzelne Punkte wegzulassen beziehungsweise hinzuzufügen. Wenn Sie eine randomisierte Studie planen, empfehlen wir dringend, den CONSORT-Leitlinien schon bei der Protokollerstellung zu folgen. Aber auch für alle anderen gängigen Studiendesigns gibt es heute Leitlinien, die wir allesamt sehr empfehlen. Diese sind im EQUATOR-Netzwerk abrufbar (*www.equator-network.org*, siehe Kapitel 25). In Kürze wird es hier ein Statement eigens für Protokolle randomisierter Studien geben (The SPIRIT initiative).

Tabelle 2.1 Grundgerüst für ein Studienprotokoll

1. Titel
2. Autoren
3. Hintergrund
    3.1. Warum ist das Thema wichtig?
    3.2. Was weiß man bislang?
    3.3. Was wird diese Studie beantworten?
4. Fragestellung
5. Methoden
    5.1. Studiendesign (siehe Kapitel 13 bis 24)
    5.2. Studienort
    5.3. Studienpopulation
        5.3.1. Einschluss- und Ausschlusskriterien
    5.4. Stichprobenerhebung (Sampling)/Randomisierung (siehe Kapitel 17)
        5.4.1. Zufalls- oder systematische Stichprobe (siehe Kapitel 13)
        5.4.2. Anzahl der Studienteilnehmer (mit *Power*-Berechnung) (siehe Kapitel 20)
    5.5. Studienvorgänge/Datenerhebung
        5.5.1. Welche Daten werden erhoben?
        5.5.2. Wie werden sie erhoben? (siehe Kapitel 4 und 5)
        5.5.3. Wie werden sie übertragen? (siehe Kapitel 21)
6. Datenauswertung
7. Ethische Fragestellungen (siehe Kapitel 32)
8. Logistik
    8.1. Wer ist wofür zuständig?
    8.2. Zeitplan
    8.3. Wofür braucht man wie viel Geld?
9. Referenzen

Die meisten dieser Punkte sind in den jeweiligen Kapiteln beschrieben. Wir möchten im Folgenden noch ein paar spezifische Hinweise geben.

2.2.1 Zum Titel

Der Titel ist eine Art Arbeitsvorlage und soll dem Nichtinformierten in einem kurzen Satz sagen, worum es geht. Das heißt, er soll die Hypothese, die Studienpopulation und das Studiendesign beinhalten.

2.2.2 Wer ist Autor?

Es gibt stark unterschiedliche Definitionen der Autorschaft, aber allgemein gilt, dass ein Autor als Autor qualifiziert ist, wenn er/sie gemeinsam mit den anderen Autoren (1) die Studie geplant UND (2) analysiert und interpretiert hat UND (3) geholfen hat, die Arbeit zu schreiben, UND (4) die letzte Version auch gelesen hat. Diese Vorgaben sind relativ streng und es wundert uns daher nicht, dass sie nicht eingehalten werden.

„Autoren", die nichts beigetragen haben – so genannte Geschenkautorschaften –, sind eben keine Autoren und sollten auch nicht angeführt werden. Jemand, der nur gelegentlich Ratschläge erteilt, sollte nicht als Autor gelistet werden. Wir glauben, dass alle die, die in irgendeiner Art und Weise relevant zum Gelingen des Projekts beigetragen haben, sich als Autor qualifizieren, solange sie auch (1) bei der Interpretation beigetragen haben und (2) die letzte Version gelesen und akzeptiert haben. Immer mehr Journale geben nicht nur die Autoren an, sondern auch den Beitrag, den jeder Autor geleistet hat (z. B. statistische Analyse, Daten sammeln usw.). Eine ausführlichere Diskussion finden Sie unter (http://bmj.bmjjournals.com/advice/article_submission.shtml#author).

In jedem Fall sollte schon in der Planungsphase festgehalten werden, (1) wer als Mitarbeiter, und damit als Autor, in Frage kommt und (2) in welcher Reihenfolge die Autoren erscheinen werden (wer ist erster, zweiter und letzter) und (3) wer ist der Korrespondenzautor. So können Sie sich böse Überraschungen und Streitereien ersparen. Wenn eine Arbeit bereits fertig gestellt und geschrieben ist, sind Diskussionen über mögliche Autoren und deren Reihenfolge äußerst mühsam und unerfreulich.

2.2.3 Die Methoden

Allgemein gilt, dass die Methoden so ausführlich und eindeutig beschrieben sein sollten, dass ein Fachkundiger theoretisch die Studie wiederholen kann (und auch auf die gleichen Ergebnisse kommen sollte).

2.2.4 Das Studiendesign

Zu Beginn der Methoden reichen ein bis zwei kurze Sätze, um das jeweilige Design allgemein zu beschreiben. Später im Text sollte dann eine ausführliche Beschreibung folgen (siehe auch die jeweiligen Kapitel zum Studiendesign).

2.2.5 Studienort und -population

Die genaue Angabe über Studienort und Studienpopulation ist natürlich wichtig, denn ohne diese Angaben ist es nicht möglich, zu erfassen, wer die Zielgruppe dieser Studie ist. Diese Angaben sind in weiterer Folge auch für die Übertragung in die klinische Praxis notwendig. Die Ergebnisse von Studien, die in Universitätskliniken durchgeführt wurden, haben oft für die tägliche klinische Praxis nur geringe Bedeutung: Man weiß, dass Patienten aus solchen Studien jünger sind, weniger Begleiterkrankungen haben, besser betreut werden (nicht weil das Personal an Universitätskliniken besser ist, sondern weil insbesondere im Rahmen von Studien mehr Ressourcen als im „echten Leben" zur Verfügung stehen) usw.

Die teilnehmenden Probanden und insbesondere Patienten und die Ein- bzw. Ausschlusskriterien müssen so ausführlich wie möglich beschrieben werden.

2.2.6 Studienvorgänge/Datenerhebung

In den meisten Studien erheben wir so genannte Risikofaktoren und Endpunkte (siehe Kapitel 3). An dieser Stelle beschreiben Sie, zu welchem Zeitpunkt was erhoben bzw. gemessen wird, wie das passieren soll und warum gerade diese Methode ausgewählt wurde. Weiters müssen Sie ausführlich beschreiben, wie die Daten vom Messinstrument in die Datenbank kommen, da auch hier ein ausgeprägter Messfehler entstehen kann. Gutachter wollen versichert sein, dass die Studienleiter alle ihnen möglichen Schritte unternommen haben, um diesen Fehler zu minimieren.

2.3 Registrierung eines Studienprotokolls

Wenn das Studienprotokoll fertig ist, sollte die Studie auch nach diesem Fahrplan durchgeführt werden. Abweichungen, wie zum Beispiel vorzeitiger Abbruch oder Einschluss von mehr Patienten bzw. Ausweitung des *Sampling*, sind nur erlaubt, wenn triftige Gründe vorliegen. Ein fertiges Protokoll sollte man bei internationalen, öffentlich zugänglichen Datenbanken, so genannten *Trial Registries*, registrieren (Tonks 1999). Manche dieser *Registries* betreffen ausschließlich randomisierte kontrollierte Studien und veröffentlichen lediglich den Titel, eine Kurzbeschreibung und Kontaktdetails auf einer Internetplattform.

Die zwei wichtigsten Register sind:

* (US) National Institutes of Health, *www.clinicaltrials.gov*
* Current Controlled Trials, *www.controlled-trials.com*

Andere (z. B. *BioMedCentral.com*) veröffentlichen das ganze Protokoll, nachdem es einen strengen *Peer-Review*-Prozess durchlaufen hat. Viele Journale publizieren prospektive Studien nur noch, wenn man eine Registrierungsnummer aus einer dieser Datenbanken vorweisen kann.

Natürlich müssen die meisten Studien auch einer Ethikkommission vorgelegt werden. In den letzten Jahren hat sich außerdem eine behördliche Registrierungspflicht ergeben. Das betrifft die klassischen randomisierten Arzneimittelstudien (EUDRACT, *eudract.ema.europa.eu*), aber auch so genannte nicht interventionelle Arzneimittelstudien (*www.basg.at/ages-pharmmed-eservices/nicht-interventionelle-studien*) und wahrscheinlich in Kürze auch Studien mit Medizinprodukten (EUDAMED).

Es gibt mehrere wichtige Gründe, warum prospektive Studien, insbesondere randomisierte kontrollierte Studien, registriert werden sollten:

* Minimierung des so genannten *Reporting Bias* bei systematischen Literatursuchen, da Studien mit einem Negativergebnis nicht einfach „von der Bildfläche verschwinden" (siehe Kapitel 17 und 18)

- Doppelpublikationen können leichter nachvollzogen werden, aber auch ein so genannter *Outcome Reporting Bias* (z. B. das Nichtberichten von einzelnen unerwünschten Ergebnissen)
- Unnötige Wiederholungen können vermieden werden, aber auch die Wiederholung und Bestätigung von wichtigen Studienergebnissen kann so stimuliert werden
- Wissenschaftler werden auf Wissenslücken hinsichtlich der vorhandenen Evidenz aufmerksam gemacht
- Verbesserung der Zusammenarbeit zwischen Studienzentren, insbesondere bei der Patientenrekrutierung für Studien, die große Fallzahlen benötigen
- *Trial Registries* bieten Informationen für Geldgeber, um zu entscheiden, für welche Fragestellungen Gelder freigemacht werden sollen
- Um Forschung über Forschung zu ermöglichen: Wer macht was und wie?
- Ermöglicht Einsicht in Forschungsprojekte der pharmazeutischen Industrie und erhöht so die Zuverlässigkeit und Glaubwürdigkeit

Kapitel 3

Über Risikofaktoren und Endpunkte

▸ Ein *Risikofaktor* ist eine Eigenschaft, die möglicherweise einen Krankheitszustand hervorrufen bzw. vor einer Erkrankung schützen kann

▸ Ein *Endpunkt* beschreibt typischerweise einen Gesundheits-/Krankheitszustand eines Patienten (*health related Outcome*)

▸ Jede Studie muss einen primären Endpunkt haben

▸ Mortalität und erkrankungsspezifische Mortalität sowie Morbidität sind häufig verwendete Endpunkte

▸ Morbidität kann als Inzidenzrisiko, als Inzidenzrate oder als Prävalenz erfasst werden

▸ Der Zusammenhang zwischen Risikofaktor und Endpunkt ist der Effekt

Die meisten klinischen Studien beschreiben (1) die Häufigkeit und Verteilung von *Risikofaktoren*, (2) die Häufigkeit und Verteilung von *Endpunkten* und (3) den Zusammenhang zwischen *Risikofaktoren* und *Endpunkten*.

3.1 Was ist ein Risikofaktor?

Der Begriff *Risikofaktor* beschreibt eine Eigenschaft. Diese „Eigenschaft" kann das Alter, das Geschlecht oder der Blutdruck sein, aber ebenso die Tatsache, dass man Raucher ist, eine Infektion mit dem Hepatitis-C-Virus hat, ein bestimmtes Verhaltensmuster aufweist (z. B. keinen Sport betreibt), einer definierten Einkommensklasse angehört oder eine bestimmte Therapie macht. Um ein Risikofaktor zu sein, muss dieser in der Lage sein, einen Krankheitszustand hervorzurufen beziehungsweise davor zu schützen. Zutreffender ist die englische Bezeichnung *Exposure*, da „Risikofaktor" meist negativ besetzt ist. Ein Risikofaktor kann in der klinischen Epidemiologie auch einen positiven, also schützenden Effekt haben: Aspirin ist ein Risikofaktor, der vor einem Herzinfarkt schützen kann. In der klinischen Epidemiologie versuchen wir herauszufinden, ob die erfasste Eigenschaft wirklich ein Risikofaktor ist.

3.1.1 Wie werden Risikofaktoren am besten erfasst?

Die korrekte Messung von Risikofaktoren ist ein wichtiges Element einer gut geplanten Studie und daher in ihrer Bedeutung nicht zu unterschätzen. Manche Risikofaktoren sind durch Beobachtung (tatsächliches Verhalten und Eigenschaften) oder durch Interview bzw. Fragebogen (Wünsche, Bedürfnisse, empfundenes Verhalten und Eigenschaften) zu erheben, andere nur mit mehr oder weniger aufwändigen technischen oder laborchemischen Messmethoden (EKG, Lebersyntheseparameter, Virus PCR). Jeder Zugang hat Vor- und Nachteile und man muss überprüfen, ob die gestellten Fragen mit der gewählten Methode beantwortet werden können.

Ein Beispiel

Um Bluthochdruck als Risikofaktor zu erfassen, kann man den Untersuchten einfach fragen, ob er Bluthochdruck hat, was aber wahrscheinlich zu sehr ungenauen Messergebnissen führt: Ein Teil der Befragten hat Bluthochdruck, weiß es aber nicht, da der Blutdruck noch nie gemessen wurde. Ein Teil hat voraussichtlich Bluthochdruck, der dem subjektiven Empfinden nach gut eingestellt ist, und wird diese Frage daher verneinen. Ein Teil hat Bluthochdruck und gibt es richtig an und der letzte Teil hat tatsächlich keinen Bluthochdruck. Diesen Fehler nennt man Messfehler, da auch die Befragung ein Messinstrument ist. Um diesen Messfehler zu vermeiden, könnte man den Blutdruck auch physikalisch messen – eine scheinbar einfache Untersuchung. Aber auch hier gibt es technische Messfehler (siehe auch Kapitel 5). Weiters muss man entscheiden, wann die Messung „gilt". Bei einer einmaligen Blutdruckmessung werden ca. 10 % aller Untersuchten einen erhöhten Wert haben, obwohl sie keine Hypertonie haben (so genannte *White Coat Hypertension*). Sollte man daher mehrfach messen und wenn ja, in welchem Abstand – 5 Minuten, Tage oder Wochen? Oder sollte man gleich eine 24-Stunden-Messung durchführen?

Wichtig ist, dass man sich bei der Studienplanung im Rahmen einer systematischen Literatursuche über die Vor- und Nachteile der jeweiligen Messmethode informiert. Anhand der Literaturzitate kann man dann begründen, warum eine bestimmte Methode gewählt wurde und nicht eine andere. Insbesondere sollte man über den Messfehler der jeweiligen Methode informiert sein (siehe auch Kapitel 5).

3.2 Was ist ein Endpunkt?

Der *Endpunkt* (*Endpoint* oder *Outcome*) ist, wie der *Risikofaktor*, eine Eigenschaft, die in den meisten Fällen einen Krankheitszustand beschreibt. Wie den Risikofaktor kann man manche Endpunkte durch Beobachtung oder Interview bzw. Fragebogen erfassen, andere wiederum nur mit mehr oder weniger aufwändigen technischen oder laborchemischen Messmethoden. Der am besten definierte Endpunkt ist der Tod. Krankheit ist selten so exakt von der „Gesundheit" abzugrenzen wie der Tod vom Leben. Die Definition der Krankheit ist daher oft willkürlich, obwohl sie sinnvoll oder klinisch brauchbar erscheinen mag. Andere, relativ gut definierte Endpunkte, obwohl subjektiv, sind zum Beispiel Schmerzen (gemessen an einer so genannten visuellen Analogskala, Carlsson 1983) oder die Lebensqualität (gemessen durch den *Short Form* (SF)-36, Bullinger 1995). Interessanterweise ist die Lebensqualität im Bereich der medizinischen Therapie noch sehr schlecht erforscht und wir können jedem klinischen Forscher empfehlen, neben anderen Endpunkten auf jeden Fall die Lebensqualität zu erfassen. Obendrein sind diese Fragebögen einfach anzuwenden und auszuwerten und in verschiedenen Sprachen validiert, was bei Messungen, die von kulturellen Werten beeinflusst sind, besonders wichtig ist.

Ein Beispiel

Wie würden Sie die Diagnose „Asthma" bei Kindern definieren? In einer Kohortenstudie wurde der Zusammenhang zwischen Stillen und Asthma bei Kindern untersucht (Oddy 1999). Die Wissenschaftler verwendeten dabei fünf unterschiedliche Definitionen für Asthma: (1) „Arzt hat gesagt, es ist Asthma", (2) > 3 × Anfälle mit typischen Atemgeräuschen und Atemnot seit 1. Lebensjahr, (3) Anfall mit typischen Atemgeräuschen und Atemnot innerhalb des letzten Jahres, (4) gestörter Schlaf durch Atemnot und typisches Atemgeräusch, (5) positiver Allergietest. Dieser beschriebene Zugang ist sehr pragmatisch und wir sind überzeugt, dass so mancher Lungenfacharzt diese Definitionen nicht akzeptiert. (NB: Wenn Kinder vor dem 4. Lebensmonat neben Muttermilch auch andere Milchpräparate erhielten, war die Häufigkeit von Asthma erhöht, egal welche Definition angewandt wurde).

Wie beim Risikofaktor müssen Sie sich bei der Wahl des Endpunktes gut informieren, wie Sie diesen definieren, wie Sie ihn messen und warum Sie die gewählte Definition und Methode bevorzugen und keine andere. Es wird vielleicht noch besser verständlich, wenn man sich vor Augen führt, dass der Endpunkt einer Studie (zum Beispiel Blutdruck) der Risikofaktor einer anderen Studie sein könnte (zum Beispiel Schlaganfall).

Wenn Sie davon überzeugt sind, unter Berücksichtigung der vorhandenen Ressourcen anerkannte Risikofaktoren und Endpunkte zuverlässig erheben zu können, so können Sie auch kritische Gutachter und Leser vom Wert der Arbeit überzeugen. Wenn Sie während der Studienplanung bemerken, dass Sie den oben genannten Ansprüchen nicht gerecht werden können (zu wenig Geld, keine Ressourcen), sollten sie das Projekt nicht durchführen!

3.2.1 Primärer Endpunkt und sekundäre Endpunkte

Bei der Planung einer Studie muss unbedingt ein primärer Endpunkt definiert werden. Jeder, der schon einmal eine Studie geplant hat, weiß, dass während der Planungsphase plötzlich viele Endpunkte wichtig oder zumindest interessant erscheinen. Man sollte aber nur einen primären Endpunkt und eine kleine Anzahl von sekundären Endpunkten bestimmen. Wir empfehlen als Faustregel, zwei bis drei, aber maximal fünf sekundäre Endpunkte zu untersuchen.

Der ideale primäre Endpunkt ist klinisch relevant, einfach und robust mit wenig Aufwand messbar, nachvollziehbar und sinnvoll und relativ häufig in der Studienpopulation anzutreffen. In der Realität muss man aber leider oft Kompromisse eingehen, und neben der sehr robusten (aber zum Glück für unsere Patienten relativ seltenen) Mortalität bekommen die komplizierteren (aber klinisch sehr relevanten) PROs (*Patient Reported Outcomes*) eine zunehmende Bedeutung.

Es gibt mehrere Gründe, bei der Auswahl der Endpunkte zurückhaltend zu sein. Je mehr statistische Tests durchgeführt werden, desto größer ist die Wahrscheinlichkeit, einen „statistisch signifikanten" Unterschied zu entdecken, obwohl er nicht vorhanden ist (siehe Kapitel 23). Außerdem ist anzunehmen, dass viele der Endpunkte nicht unabhängig sind, also einander zumindest teilweise erklären. Letztlich kann die Stichprobengröße nur für einen Endpunkt berechnet werden. Wenn man wirklich zwei oder drei Endpunkte als gleich wichtig erachtet, kann man dieses Problem vermeiden, indem man den Endpunkt verwendet, der die größte Stichprobe benötigt (siehe Kapitel 19).

> ## Ein Beispiel
>
> ### Wieder einmal Thrombolyse beim akuten Herzinfarkt
>
> In den 1980er Jahren wurde beim eminenten Journal *Lancet* eine Studie zur Publikation eingereicht. Die Studie untersuchte bei ca. 17.000 Patienten mit akutem Herzinfarkt den Effekt von Streptokinase (siehe Kapitel 1) und Aspirin im Vergleich zu Placebo (einem Scheinarzneimittel). Die Studie war perfekt geplant und durchgeführt und wahrscheinlich hat jeder im Rahmen des Gutachterprozesses schon gewusst, dass es sich um eine so genannte *Landmark Study* handelt – eine Studie, die über Jahre die klinische Praxis beeinflussen wird. Jedenfalls war der Begutachtungsprozess, wie erwartet, positiv. Wie aber immer (!), wenn eine Arbeit in einem sehr guten Journal zur Publikation angenommen wird, waren noch zahlreiche kleine und große Korrekturen notwendig. Die Gutachter und die Editoren wünschten sich noch eine Reihe von Subgruppenanalysen: Ist der Effekt bei alten und jüngeren Menschen gleich? Profitieren Frauen genauso wie Männer? Wie wirkt das Arzneimittel, wenn Patienten einen sehr schweren Infarkt haben, und wie, wenn schon eine Vorschädigung besteht? Der Statistiker der Arbeit – Richard Peto – antwortete, dass er bereit sei, diese gewünschten Subgruppenanalysen zu

machen, wenn er auch zusätzliche eigene Analysen in der Veröffentlichung prominent präsentieren dürfe. Nachdem Peto ein bekannt kluger Mann ist, haben sich die Editoren tolle Ergebnisse erwartet. Nun ist in der ersten Zeile einer Tabelle zu lesen, dass Aspirin anscheinend nicht wirkt, wenn der Betroffene im Sternzeichen der Waage oder Zwillinge geboren ist (ISIS-2 Collaborative Group 1988). In der Diskussion der Arbeit weist Peto noch darauf hin, dass man Zusammenhänge immer finden kann, wenn man nur intensiv genug danach sucht.

3.2.2 Kombinierte Endpunkte

Einen kombinierten Endpunkt (*Composite Endpoint*) zu verwenden ist eine elegante Möglichkeit, mehrere klinisch wichtige Endpunkte zu erfassen, insbesondere wenn zu erwarten ist, dass die Fallzahl nicht ausreicht, um für jeden einzelnen Endpunkt einen relevanten Unterschied zu entdecken. So wurden zum Beispiel im Rahmen der ASSENT-III-Studie (2001) verschiedene Behandlungsstrategien bei akutem Herzinfarkt verglichen und ein kombinierter Endpunkt verwendet, der eine Reihe von klinisch wichtigen Endpunkten beinhaltete: Tod innerhalb von 30 Tagen ODER Reinfarkt ODER neuerliche Myokardischämie ODER eine intrakranielle Blutung ODER eine schwere Blutung an anderer Stelle während des Krankenhausaufenthaltes. Als Patient würde man sich wahrscheinlich auch wünschen, dass keines dieser Ereignisse auftritt. Dann würde man sich auch in Hinblick auf diese Studie als „gesund" bezeichnen können, was ja auch das Ziel medizinischer Interventionen sein soll.

Bei ASSENT III wurden unterschiedliche Strategien zur Antikoagulation (Blutverdünnung) bei Herzinfarkt untersucht. Diese Zusammensetzung verhindert, dass ein Therapiearm, der vielleicht die Myokardischämierate senkt, aber die Komplikationsrate (z. B. Blutung) steigert, zu optimistisch interpretiert wird.

Natürlich ist nicht alles Gold, was glitzert, und Sie können sich vorstellen, dass so eine Kombination von Endpunkten schwer zu interpretieren sein kann, da man nicht einfach sagen kann, welcher der Endpunkte wie viel zum Effekt beigetragen hat. Manche der Endpunkte sind „hart", wie zum Beispiel der Tod, und kaum durch fehlende Verblindung zu stören (siehe Kapitel 8). Andere sind eher „weich" und fehleranfällig.

3.3 Die Messung von Risikofaktoren und Endpunkten

Die am häufigsten verwendeten Methoden zur Erfassung eines Risikofaktors, aber auch von Endpunkten sind (1) die Beobachtung, (2) das Interview, (3) der Fragebogen und (4) die biometrische Messung und werden in den nachfolgenden Kapiteln besprochen (Kapitel 4 und 5).

3.4 Die Darstellung von Endpunkten

Endpunkte, die von kontinuierlichen Messungen stammen, wie zum Beispiel Schmerz, sind meist einfach auf einer Skala darstellbar (Kapitel 26). In der klinischen Forschung werden aber sehr oft gesundheitsbezogene Ereignisse gezählt, und da ist die Darstellung ein wenig komplizierter, wie Sie unten gleich sehen werden. Außerdem könnte man die Überlebenszeit jedes einzelnen Patienten in die Messung des *Outcome* einfließen lassen. Wir gehen aber im Rahmen dieses Buches nicht näher auf Überlebenszeit-Endpunkte ein, da dies den Rahmen sprengen würde. Eine gute Übersicht findet sich zum Beispiel in Kirkwood (2003).

Typische Häufigkeitsmaße sind:

3.4.1 Inzidenz-Risiko (kurz Risiko)

Das Risiko errechnet sich aus [(Anzahl der neu aufgetretenen Fälle im definierten Zeitraum)/(Anzahl aller, bei denen im Zeitraum die Erkrankung auftreten hätte können)].

Ein Beispiel

Zu Beginn einer Studie wurden 50 Probanden eingeschlossen und alle (!) über 3 Jahre beobachtet. Innerhalb des Beobachtungszeitraums trat eine Erkrankung (z. B. Hypertonie) bei 20 der Teilnehmer auf. Das Risiko, innerhalb von 3 Jahren Bluthochdruck zu bekommen, ist 40 % (= 20/50), oder 13 % pro Jahr. Um das Risiko zu errechnen, sollten aber alle Studienteilnehmer gleich lange unter Beobachtung stehen, da Leute mit langer Beobachtungszeit natürlich ein höheres Risiko haben zu erkranken.

3.4.2 Inzidenz-Rate (kurz Rate)

Die Rate berücksichtigt, dass Beobachtungszeiten schwanken, und errechnet sich aus [(Anzahl der neu aufgetretenen Fälle im definierten Zeitraum)/(Summe der Beobachtungszeit aller, bei denen im Zeitraum die Erkrankung auftreten hätte können)] (siehe auch Kapitel 6).

Ein Beispiel

Im oben genannten Beispiel beobachten wir 150 Probandenjahre (50 Probanden × 3 Jahre) und 20 Fälle. Daher beträgt die Rate 13 pro 100 pro Jahr. Da alle Probanden gleich lange beobachtet wurden, entspricht die Rate dem Risiko.

Oft läuft eine Studie nur über einen definierten Zeitraum und die ersten Patienten werden lange beobachtet und die zuletzt eingeschlossenen Patienten kürzer. In unserem nun abgewandelten (und stark vereinfachten) Beispiel werden im ersten Jahr 20 Probanden eingeschlossen, die über 3 Jahre beobachtet werden, im zweiten Jahr nochmals 20, die über 2 Jahre beobachtet werden und im letzten Jahr 10, die über 1 Jahr beobachtet werden. Die gesamte Beobachtungszeit beträgt also 110 Jahre. Im Beobachtungszeitraum treten 14 Fälle von Hypertonie auf. Die Rate beträgt 13 pro 100 pro Jahr (= 14 Fälle/110 Personenjahre).

3.4.3 Prävalenz

Die Prävalenz ist die Häufigkeit eines bestimmten Endpunktes zu einem definierten Zeitpunkt in einer Population.

Ein Beispiel

Wenn ich in ein Pensionistenheim gehe und dort bei allen die Sehstärke messe und erfasse, wie viele der Heimbewohner einen grauen Star haben – eine Trübung der Linse, deren Häufigkeit mit dem Alter stark zunimmt –, so habe ich die Prävalenz des grauen Stars bei älteren und alten Menschen. Ich weiß aber nicht, bei wem die Trübung schon länger besteht und bei wem erst seit kurzem. Ich kann diese Information verwenden, um Gesundheitsressourcen zu planen. Für wissenschaftliche Arbeiten ist die Prävalenz oft schlecht brauchbar, da sie schwer zu interpretieren ist. Sie wird durch die Erkrankungshäufigkeit (Inzidenz) und die Krankheitsdauer bestimmt. Nur bei sehr kurz verlaufenden Krankheiten, wie zum Beispiel grippalen Infekten, die im Durchschnitt eine Woche dauern, kann man die Prävalenz als Maß für die Inzidenz heranziehen (z. B. Grippe).

3.5 Besondere Endpunkte

Wie schon oben erwähnt können Endpunkte binär sein. Ein sehr häufig verwendeter binärer Endpunkt ist, ob ein Studienteilnehmer innerhalb eines definierten Zeitraums verstorben (*Mortalität*) oder erkrankt ist (*Morbidität*).

3.5.1 Mortalität

Mortalität ist der Anteil einer Population, der in einem bestimmten Zeitraum (meist ein Jahr) verstirbt, egal woran.

Ein Beispiel

> Doll und Peto (1994) haben 35.000 britische Ärzte von 1951 bis 1991 beob-
> achtet. In der Gruppe der Raucher verstarben 656 pro 100.000 pro Jahr in
> diesem Zeitraum an Krebserkrankungen, aber von den Nichtrauchern nur
> 305 pro 100.000 pro Jahr. Auch der Tod an Herz-Kreislauf-Erkrankungen
> in der Gruppe der Raucher war im Vergleich zur Gruppe der Nichtraucher
> deutlich erhöht (1.643 pro 100.000 pro Jahr *v* 1.037 pro 100.000 pro Jahr).
> Weiters starben Raucher häufiger an anderen chronischen Atemwegserkran-
> kungen (313 pro 100.000 pro Jahr *v* 107 pro 100.000 pro Jahr). Anhand dieser
> Angaben können wir den Zusammenhang zwischen Rauchen und verschie-
> denen Todesursachen erkennen. Wir können so aber nicht erkennen, wie
> groß die *erkrankungsspezifische Mortalität* ist: Wie viele der Ärzte, die an ei-
> ner Herz-Kreislauf-Erkrankung leiden, versterben an dieser?

In vielen klinischen Studien wird vor allem die erkrankungsspezifische Mortalität, die so genannte *Case-fatality Rate*, beschrieben, aber das Wort *Mortalität* verwendet. Die erkrankungsspezifische Mortalität misst die Erkrankungsschwere. Aus
dem Zusammenhang ist meist erkennbar ist, was gemeint ist.

Bei Todesursachendiagnosen kommt es häufig zu Fehlern durch Fehlklassifika-
tion, daher sollte man immer die Gesamtmortalität heranziehen und nicht nur die
Mortalität, von der man glaubt, dass sie mit dem Risikofaktor verbunden sein kann,
also z. B. die Todesfälle durch koronare Herzerkrankung, da anzunehmen ist, dass
Patienten zwar daran verstorben sind, die Krankheit aber nicht erkannt wurde, und
umgekehrt.

3.5.2 Morbidität

Das Auftreten einer Erkrankung wird oft als ein binäres Ereignis beschrieben: Man
ist krank oder nicht, obwohl das oft nicht so eindeutig ist und deshalb exakt definiert werden muss. Gerade bei Ländervergleichen ist das sehr bedeutsam oder wenn
sich innerhalb einer Beobachtungsstudie die allgemeine Definition einer Erkrankung ändert. Ist das Auftreten einer definierten Erkrankung der Endpunkt, wird
die Inzidenz erfasst. Die Inzidenz kann entweder als Risiko oder als Rate angegeben
werden.

3.5.3 Surrogatendpunkte oder klinisch relevante Endpunkte

Ein Surrogat ist ein Ersatz. In der klinischen Forschung werden Surrogatendpunkte
an Stelle von klinischen, harten Endpunkten verwendet. Der Surrogatendpunkt oder
auch Surrogatmarker steht in der Kausalkette zwischen dem Risikofaktor und dem
Endpunkt.

Ein Beispiel

Unsere Knochen sind andauernd im Umbau: Laufend wird Knochen ab-, um- und aufgebaut. Mit steigendem Alter wird zunehmend mehr Knochengewebe abgebaut, als neu aufgebaut. Die Knochensubstanz nimmt ab. In der Folge werden die Knochen brüchig (Osteoporose) und es kann schon bei geringen Gewalteinwirkungen zu Knochenbrüchen (Frakturen) kommen, die gesunde Knochen problemlos ausgehalten hätten. Die Frakturen sind oft nur Minibrüche, die man fast nicht nachweisen kann, die aber extrem schmerzhaft sind. Die Beweglichkeit und auch die Lebensqualität können beträchtlich darunter leiden, oft aber merken die Betroffenen lediglich, dass sie im Alter mehrere Zentimeter kleiner sind, als sie im jungen Erwachsenenalter waren. In speziellen Untersuchungen haben Menschen mit Osteoporose eine verminderte Knochendichte. Wir wollen nun eine Studie durchführen, um die Wirksamkeit eines Arzneimittels gegen die Osteoporose zu untersuchen. Unser wichtigstes Ziel ist die Häufigkeit von Frakturen in der Gruppe der Behandelten zu senken (klinischer Endpunkt). Unser Surrogatendpunkt ist die Knochendichte: Wir können versuchen nachzuweisen, dass die Knochendichte durch die Behandlung höher ist als bei den Unbehandelten. Der Vorteil von solchen Surrogatendpunkten ist, dass man viel weniger Patienten braucht, im Vergleich zu klinischen Endpunkten. Der Nachteil ist, dass Surrogatendpunkte oft nur teilweise die Wirksamkeit auf den klinischen Endpunkt wiedergeben.

Ein (extremes) Beispiel – die CAST-Studie

Die häufigste Todesursache beim akuten Herzinfarkt sind Rhythmusstörungen, insbesondere das Kammerflimmern. Beim Kammerflimmern kommt der selbständige Rhythmus, meistens durch eine „Fehlzündung" von geschädigten Muskelzellen, vollkommen durcheinander, die Muskeln zucken wild durcheinander und ein geregelter Bluttransport ist nicht mehr möglich. Nun hat man beobachtet, dass Patienten, die Kammerflimmern bekommen, vorher gehäuft so genannte Extraschläge haben. Weiters wusste man, dass durch bestimmte Antiarrhythmika (Klasse I) diese Extraschläge unterdrückt werden können. Daraus hat man geschlossen, dass diese Antiarrhythmika auch geeignet sein müssen, Kammerflimmern zu verhindern. Es war ja recht einleuchtend und diese Arzneimittel wurden in der klinischen Praxis bereits verwendet. Trotzdem wurde eine randomisierte kontrollierte Studie durchgeführt. Zum Glück gab es diese Studie, da man bald sehen konnte, dass die Patienten, die das Arzneimittel erhielten, viel häufiger starben (8 %), als die Patienten, die Placebo erhielten (3 %)! Dieser Unterschied war bedeutend größer, als es durch Zufall zu erklären gewesen wäre.

In Tabelle 3.1 sind weitere Beispiele für Surrogatendpunkte angeführt. Der wichtigste klinische Endpunkt ist das Überleben, und da ganz besonders des Gesamtüberleben. Das heißt, jeder Verstorbene zählt, ganz egal woran er verstorben ist. Nur so kann man sicher sein, das gesamte Bild zu erfassen, da (1) Fehlklassifikationen vermieden werden und (2) ungeahnte Nebenwirkungen zu berücksichtigen sind, die vielleicht den Effekt „von einer anderen Seite" zunichte machen. Was bringt eine höchst wirksame Chemotherapie gegen Krebs, wenn die Patienten an der Aplasie – dem vollkommenen Fehlen von blutbildenden Zellen – versterben? Erst nach der Gesamtsterblichkeit kommt die krankheitsspezifische Sterblichkeit. Dann folgen Gesundheitszustände bzw. das Auftreten von Krankheiten.

Tabelle 3.1 Beispiele für Intervention, Surrogat- versus klinischen Endpunkt

Intervention	Surrogatendpunkt	Klinischer Endpunkt
Blutdrucksenker	Blutdruck	Gesamtsterblichkeit Kardiovaskuläre Sterblichkeit Herzinfarkt Schlaganfall
Antidiabetisches Arzneimittel	HbA1c (ein Wert, der erfasst, ob der Blutzucker in den letzten 6 Wochen stark erhöht war)	Gesamtsterblichkeit Kardiovaskuläre Sterblichkeit Diabetische Komplikationen: • Herzinfarkt • Gefäßverschluss • Nierenversagen • Amputationen
Arzneimittel gegen Kreislaufversagen	Blutdruck Herzminutenvolumen	Gesamtsterblichkeit
Cholesterinsenker	Cholesterinspiegel	Gesamtsterblichkeit Kardiovaskuläre Sterblichkeit Herzinfarkt Schlaganfall
Chemotherpie	Tumorwachstum	Gesamtüberleben

Ein weiterer wichtiger klinischer Endpunkt ist die Lebensqualität, egal ob es sich um eine lebensbedrohliche Krankheit handelt oder „lediglich" um eine Krankheit, die zwar heftige Probleme macht, aber das Leben in der Regel nicht verkürzt. Dieser Endpunkt – die *Health Related Quality of Life* – ist zwangsläufig „weich", weil er subjektiv und soziokulturell beeinflusst sein muss. In der Patientenbetreuung wollen wir aber nicht nur Leben erhalten und verlängern, sondern wir wollen es auch lebenswert machen. Leider erfassen noch immer viel zu wenige Studien den Einfluss von Gesundheitsinterventionen auf die Lebensqualität, was wohl auch daran liegt, dass die Messung schwierig ist. Mehr zur Messung der Lebensqualität gibt es im nächsten Kapitel.

3.6 Der Zusammenhang zwischen Risikofaktoren und Endpunkten

Beschreibende Studien geben lediglich die Verteilung von Risikofaktoren und/oder Endpunkten an. Um den Zusammenhang zwischen Risikofaktor und Endpunkt zu untersuchen, müssen wir zumindest zwei Gruppen miteinander vergleichen. Diese Studien nennen wir analytische Studien.

Wenn der Endpunkt binär ist, versuchen analytische Studien, den Zusammenhang zwischen den jeweiligen Risikofaktoren und dem Endpunkt durch die Angabe des relativen und des absoluten Risikos zu errechnen (siehe Kapitel 6). Ist der Endpunkt nicht binär, sondern zum Beispiel kontinuierlich (z. B. Blutdruck), oder wird er vielleicht auf einer Skala gemessen (z. B. ein *Score*), verwendet man andere statistische Methoden, um den Einfluss des Risikofaktors auf den Endpunkt zu messen (siehe Kapitel 23 und 24).

Der Zusammenhang zwischen Risikofaktor und Endpunkt ist der Effekt. Studien sind Vereinfachungen von klinischen Situationen – zum Beispiel der Behandlung von Patienten mit Bluthochdruck – und wir wollen ein Modell der Wirklichkeit erstellen, das der Wirklichkeit nahe kommt, aber doch nicht so komplex wie die Wirklichkeit ist. Wir Menschen sind leider kaum in der Lage komplexe, „multivariate" Situationen – Situationen, die durch eine Vielzahl von Einflussfaktoren bestimmt werden – zu interpretieren. Um dem „wahren" Effekt, einer Art universellen Wahrheit, so nahe als möglich zu kommen, müssen wir im Rahmen von Studien Störgrößen minimieren oder besser noch vollkommen ausschalten (siehe Kapitel 7).

Kapitel 4

Fragebogen und Interview

▸ Ein Fragebogen sollte gut überlegt und unter Beachtung von inhaltlichen und formalen Regeln erstellt werden

▸ Vor der endgültigen Anwendung sollte der Fragebogen mehrfach getestet und optimiert werden

▸ Das persönliche Interview ermöglicht die Erhebung von qualitativen und quantitativen Daten

▸ Die Vor- und Nachteile des Interviews sollten gegenüber alternativen Methoden gut abgewogen werden (Tabelle)

▸ Eine sinnvolle Alternative zum persönlichen Interview kann, neben dem Fragebogen, auch das telefonische Interview sein

4.1 Wozu Fragebögen und Interviews?

Das Ziel eines Fragebogens oder des Interviews ist es, Risikofaktoren und gegebenenfalls auch Endpunkte zu erheben. Ein Fragebogen sollte so gestaltet sein, dass *Confounding* und *Bias* minimiert werden können. *Bias* ist ein systematischer Fehler im Design oder der Durchführung der Studie. *Confounding* bedeutet, dass der Zusammenhang zwischen einem Risikofaktor und dem Endpunkt teilweise oder zur Gänze durch einen anderen Faktor – den *Confounder* – erklärt wird (siehe Kapitel 7). *Confounding* kann man minimieren, indem der Fragebogen alle möglichen *Confounder* erfasst, für die im Weiteren entweder auf der Designebene oder während der Analyse kontrolliert werden kann. *Bias* kann minimiert werden, indem der Fragebogen so gestaltet ist, dass (im Idealfall) alle Fragebögen komplett und korrekt ausgefüllt, also alle Fragen beantwortet werden. Wenn Fragebögen oder bestimmte Fragen (z. B. nach Einkommen oder Sexualpraktiken) von bestimmten Gruppen nicht beantwortet werden, führt das zu einem *Selection Bias* und das Ergebnis ist nicht gültig. Daher ist es notwendig, bei der Erstellung eines Fragebogens sehr sorgfältig vorzugehen, insbesondere wenn bekannt ist, dass ein bestimmtes Zielpublikum dazu neigt, Fragebögen nicht oder nur teilweise auszufüllen. Das sind z. B. ältere Menschen, Jugend-

liche und Kinder, sozioökonomisch Benachteiligte und Randgruppen. Wenn Fragebögen von bestimmten Gruppen zwar ausgefüllt werden, die Antworten aber systematisch falsch sind (weil die Fragen schlecht formuliert sind oder die Befragten aus
welchen Gründen auch immer falsch antworten), dann tritt *Information Bias* auf. Un-
systematisch rein dem Zufall folgende leere oder falsche Antworten erzeugen zwar
keinen *Bias*, sie führen aber zu einem Hintergrundrauschen, das die *Power* der Analysen empfindlich vermindern kann.

Der Fragebogen und das Interview sind, ebenso wie das EKG-Gerät oder das
Fieberthermometer, Messgeräte und sollten so gestaltet sein, dass der Messfehler so
gering als möglich ist. Das Datenerhebungsinstrument sollte im Idealfall so gut funktionieren, dass (1) jeder alle Fragen versteht und (2) dass immer alle Fragen beantwortet werden. Wenn Fragen nicht bzw. falsch verstanden werden, messen wir mit
diesem Instrument nicht, was wir eigentlich messen wollten! Wenn Fragen nicht beantwortet werden, messen wir beim Einzelnen gar nicht, und wenn viele Probanden
bestimmte Fragen (oder den gesamten Fragebogen) nicht beantworten, ist *Selection
Bias* möglich und die Ergebnisse sind eventuell nicht gültig, aber jedenfalls nicht generalisierbar. Als Faustregel gilt, dass zumindest 80 % der Befragten auch teilnehmen
sollten (siehe Kapitel 30).

4.2 Der Fragebogen

Fragebögen können entweder von einem Interviewer angewandt werden oder vom
Befragten selbständig ausgefüllt werden. Der Vorteil des selbständig ausgefüllten Fragebogens ist vor allem, dass dieses Vorgehen praktisch und kostengünstig ist (siehe auch später Tabelle 4.3). Es gibt jedoch auch eine Reihe von Nachteilen: (1) die
Antwort- oder Rücklaufrate ist gering, (2) es ist nicht sichergestellt, dass alle Fragen
beantwortet werden (insbesondere Fragen über die Privatsphäre), (3) die Reihenfolge der Beantwortung ist nicht sichergestellt, was gelegentlich von Bedeutung ist,
(4) komplexe Inhalte können nicht oder nur unzureichend erhoben werden.

Der Fragebogen erhebt, was der Befragte weiß (*Wissen*), was er für wahr hält
(*Glaube*), was er für richtig hält (*Einstellung*), was er vorgibt zu sein (*Attribute*), was
er vorgibt zu tun (*Verhalten*). Im Idealfall werden die Fragen wahrheitsgemäß beantwortet, wir wissen aber nicht, ob das immer so ist. In manchen Fällen empfiehlt es
sich daher, die Antwort zu validieren. Menschen neigen dazu, „(sozial) unerwünschte" Handlungen nicht wahrheitsgemäß zu beantworten: Raucher neigen z. B. dazu,
den Nikotingebrauch zu verschweigen. Um das zu validieren, kann man zum Beispiel Cotinin, ein Nikotinabbauprodukt, im Harn messen. Chronischer Alkoholmiss-
brauch wird auch gerne verschwiegen – diesen kann man durch die Messung von
Carbohydrate Deficient Transferrin im Serum nachweisen. Diese Zusatzmaßnahmen
dienen als Qualitätskontrolle. Wenn die erfragten Werte und die gemessenen Werte
nicht übereinstimmen, ist der Fragebogen für diese Fragestellung leider nicht geeignet.

Die Erstellung eines Fragebogens erfordert nicht nur sprachliches Feingefühl und Einfühlungsvermögen, sondern auch die Beachtung einiger einfacher Regeln und Geduld bei der Erstellung, Testung, Anpassung und Validierung.

4.2.1 Inhaltliche Regeln

Diese Regeln sind pragmatisch und es ist nachgewiesen, dass die Zahl der korrekt beantworteten Fragen sinkt, wenn diese Regeln nicht beachtet werden. Nicht oder falsch beantwortete Fragen können, wie oben beschrieben, *Bias* verursachen (Tabelle 4.1).

Tabelle 4.1 Inhaltliche Regeln für die Erstellung von Fragebögen

- Jede Frage sollte jeweils nur ein Konzept beinhalten. Das erreicht man am besten, indem man Fragen, die „und" bzw. „oder" enthalten, vermeidet.
- „Bedrohliche" Fragen erfordern ein spezielles Vorgehen. Als bedrohlich werden zum Beispiel Fragen nach dem Alkoholkonsum, dem Einkommen oder dem Sexualverhalten empfunden. Die Frage nach dem Einkommen sollte nicht als offene Frage gestellt werden, sondern in Form von Antwortmöglichkeiten in breiten Kategorien angeboten werden. Also nicht: „Wie hoch ist Ihr monatliches Bruttogehalt?", sondern „Ist Ihr monatliches Bruttogehalt (1) < 750 €, (2) 750 bis < 1.500 € (3) 1.500 bis < 2.250 €" usw. Fragen nach Verhaltensformen, die von der Gesellschaft nicht akzeptiert sind, sollten mit erklärendem Begleittext „geladen" und so abgeschwächt werden. Wenn Sie bedrohliche Fragen verwenden müssen, empfehlen wir, Beispiele in der Literatur zu suchen.
- Antwortmöglichkeiten sollten allumfassend sein, das heißt, es sollte fast immer eine Kategorie „anderes" oder „unbekannt" geben.
- Überlappende Kategorien sollten nicht zwingend exklusiv wirken (siehe unten).
- Nicht zu viel vom Befragten annehmen/voraussetzen bzw. verlangen, das verunsichert den Befragten.
- Die Frage muss gut verständlich sein.
- Unklare Fragen- bzw. Antwortkonzepte („viel", „wenig") sollten vermieden werden.
- Verwenden Sie, wenn möglich, nur „geschlossene" Fragen, es ist also nur eine limitierte Anzahl von Antworten möglich und vorgegeben.
- Wenn Sie offene Fragen verwenden, dann nur für einfache Konzepte mit sehr vielen Antwortmöglichkeiten, wie z. B. die Frage nach dem Lebensalter.

4.2.2 Formale Regeln

Die formalen Regeln sind Empfehlungen, die nach dem bisherigen Erfahrungsstand die Rate der (richtigen) Antworten erhöhen und größtenteils empirisch getestet sind (Tabelle 4.2).

Tabelle 4.2 Formale Regeln zur Erstellung von Fragebögen

- Zu Beginn des Textes soll eine kurze erklärende Einleitung stehen.
- Es soll ersichtlich sein, wer diese Studie durchführt.
- Es soll darauf hingewiesen werden, dass Daten vertraulich und anonym behandelt werden.
- Im Wesentlichen unterscheidet man zwischen drei Textformen: den Fragen, den Antworten und dem erklärenden bzw. überleitenden Text.
- Die drei Textformen sollten sich im Schriftformat unterscheiden: zum Beispiel
  - **alle Fragen Times New Roman (fett)**,
  - alle Antworten Arial und
  - `erklärender/überleitender Text Courier (kursiv)`.
- Antwortmöglichkeiten sollten immer untereinander, also vertikal, aufgelistet werden. Oft wird aus Platzgründen ein horizontales Format verwendet. Es ist erwiesen, dass „kurze" unübersichtliche Fragebögen mit horizontalem Antwortformat häufiger unvollständig ausgefüllt werden, als „lange" Fragebögen mit vertikalem Antwortformat; das heißt besser drei übersichtliche Seiten, als eine Seite in einem unübersichtlichen Format.
- Die Fragen sollten fortlaufend durchnummeriert sein, ebenso die Seiten des Fragebogens.
- Die Antworten sollten auch nummeriert sein. Das erleichtert die Eingabe, wenn die Antworten nicht von einem Computer eingelesen werden.
- Die Fragen sollten, wenn möglich, eine logische Reihenfolge haben.
- Obwohl wir es gewohnt sind, mit den eher langweiligen demographischen Fragen (Alter, Geschlecht usw.) zu beginnen, ist es besser, mit einem interessanten Thema zu starten.
- Am Ende des Textes sollte der Befragte die Möglichkeit bekommen, „sonstige Anmerkungen" als Freitext zu hinterlassen.
- Zuletzt sollte man sich für die Teilnahme bedanken und Kontaktdetails für etwaige Fragen angeben.

4.2.3 Testung, Anpassung, Validierung

Wenn man einen Fragebogen zusammengestellt hat, sollte man auch die Geduld aufbringen und den Fragebogen testen. Was dem Ersteller eines Fragebogens einfach, logisch und eindeutig erscheint, wird von anderen garantiert nicht bei allen Fragen ebenso empfunden. So können wir Ihnen zum Beispiel versichern, dass viele Menschen ohne medizinische Ausbildung unter „Unterleib" oft etwas anderes verstehen als medizinisches Personal. Zuerst sollten Sie Ihren Fragebogen an Kollegen testen, dann an nicht medizinisch ausgebildeten Angehörigen oder Freunden und dann an Testpersonen, die für die Zielgruppe repräsentativ sind. Zwischen jedem Test sollten Sie den Fragebogen anhand der Rückmeldungen wenn nötig anpassen und verbessern.

Am besten verwenden Sie Fragebögen, die bereits getestet und eventuell sogar vielfach angewandt wurden. Manche dieser Fragebögen – zum Beispiel der *Short Form* 36 (SF 36) oder der WHOQOL, die beide Lebensqualität erfassen – entsprechen Messinstrumenten, die für viele Sprachen und Kulturwelten validiert und an eine Normbevölkerung angepasst (kalibriert) sind (siehe auch unten). Wenn Sie eine Studie planen, für die ein Fragebogen das geeignete Datenerhebungsinstrument ist, sollten Sie im Rahmen einer systematischen Literatursuche zu erheben versuchen, ob es bereits ein geeignetes Instrument gibt. Gegebenenfalls können Sie auch manche Fragebögen nach Ihren Bedürfnissen adaptieren und modifizieren.

Zuletzt ein paar Negativbeispiele, die alle von einem Fragebogen zur Erhebung der Lebensqualität von Kindern und Jugendlichen stammen.

Ich schwitze im Schlaf stark

☐ nie   ☐ manchmal   ☐ häufig   ☐ fast in jeder Nacht

Die Frage ist ambivalent, da „stark" schwitzen unterschiedlich interpretiert werden kann.

Schaust du fern?

☐ nie   ☐ in der Früh   ☐ nachmittags   ☐ abends   ☐ vor dem Schlafengehen

Die möglichen Antworten sind nicht exklusiv und es ist unklar, ob Mehrfachnennungen möglich sind.

Wie gut ist deine Beziehung zu anderen Familienmitgliedern (Eltern, Geschwister)?

☐ sehr gut   ☐ eher gut   ☐ teils, teils   ☐ eher schlecht   ☐ sehr schlecht

Die Frage ist ambivalent („eher", „teils, teils") und die Kategorien sind nicht exklusiv – was kreuzt man an, wenn man sich mit der Mutter gut versteht, aber nicht mit dem Vater?

4.3 Das Interview

Prinzipiell sollte man entscheiden, ob man das Interview für quantitative oder für qualitative Fragestellungen verwenden will. Bei qualitativen Studien ist das Interview oft das Kernstück und besteht aus offenen Fragen, die nicht unbedingt einer bestimmten Reihenfolge unterliegen. Diese Form des Interviews ist sowohl in der Durchführung als auch Analyse sehr komplex und wir empfehlen daher, immer einen erfahrenen Soziologen rechtzeitig einzubinden.

Im Weiteren wollen wir hier auf das Interview – wie es für quantitative Studien häufig gebraucht wird – eingehen. Das Interview unterscheidet sich formal nur unwesentlich vom Fragebogen. Bei der Erstellung gelten die gleichen Leitlinien. Sowohl der erläuternde Text als auch die Fragen und die Antworten sollen so vorgelesen werden, wie sie auf dem Papier stehen, um eine unbewusste Einflussnahme des Interviewers zu vermeiden.

Der Vorteil des persönlichen Interviews liegt darin, dass (1) sehr komplexe bzw. verschachtelte Fragen gestellt werden können, (2) dem Befragten so genannte Denkhilfen, die vorher definiert wurden (z. B. Bilder, Stichworte), gegeben werden können, (3) die Reihenfolge der Fragen vom Interviewer bestimmt wird, (4) der Befragte auch bei langweiligen Themen bei Laune gehalten wird und (5) nur wenige Fragen unbeantwortet bleiben.

Die Nachteile des persönlichen Interviews sind, dass es (1) relativ teuer ist, (2) der Interviewer den Befragten beeinflussen kann, (3) „bedrohliche" Fragen oft unrichtig beantwortet werden, (4) der Befragte dazu neigt, „erwünschte" Antworten zu geben (*Social Desirability Bias*) und (5) gute Interviewer schwer zu finden sind (Tabelle 4.3).

Tabelle 4.3 Vor- und Nachteile des Interviews und Fragebogens im Vergleich

- *Persönliches Interview*
  Vorteile
    - Hohe Antwortrate
    - Hohe Komplexität möglich
    - Selektive Nichtbeantwortung einzelner Fragen gering
    - Lange Interviewdauer möglich
  Nachteile
    - Teuer
    - *Social Desirability Bias* groß
    - Einfluss durch den Interviewer
    - Mangel an kompetenten Interviewern
- *Telefon-Interview*
  Vorteile
    - Geringe Kosten
    - *Social Desirability Bias* geringer
    - Keine Beeinflussung durch Außenstehende
    - Selektive Nichtbeantwortung einzelner Fragen gering
  Nachteile
    - Komplexität geringer als bei persönlichem Interview
    - „Offene" Fragen können seltener gestellt werden
    - Keine Erinnerungshilfen
- *Self-administered questionnaire*
  Vorteile
    - Sehr geringe Kosten
    - Selektive Nichtbeantwortung „bedrohlicher" Fragen gering
    - *Social Desirability Bias* gering (wenn anonym)
    - Keine Beeinflussung durch Außenstehende
  Nachteile
    - Geringe Komplexität
    - Geringe Antwortrate
    - „Offene" Fragen sind problematisch

4.4 Das telefonische Interview

Das telefonische Interview ist eine Kategorie zwischen dem Fragebogen und dem persönlichen Interview. Die Vorteile sind, dass es (1) billig ist, (2) die Reihenfolge der Fragen vom Interviewer bestimmt wird, (3) der Befragte auch bei langweiligen Themen bei Laune gehalten wird, (4) durch die Distanz und Anonymität „bedrohliche" Fragen eher und aufrichtiger beantwortet werden und (5) insgesamt nur wenige Fragen unbeantwortet bleiben (Tabelle 4.3).

4.5 Verbesserung der Response Rate

Die Antwort- bzw. Rücklaufrate (*Response Rate*) sollte, wie oben erwähnt, (1) so hoch als möglich sein (in jedem Fall > 80 %) (siehe auch Kapitel 30) und (2) nicht durch einen Auswahlmechanismus beeinflusst werden. Um diese Probleme zu vermeiden, muss man während der Designphase Mechanismen einplanen, um die *Response Rate* so hoch als möglich zu halten. Die Möglichkeiten werden von Armstrong (1992) ausführlich diskutiert.

Wenn es sich um einen Fragebogen handelt, der mit der Post zugestellt wird, ist eine der besten Methoden, die Studienteilnehmer rechtzeitig und wiederholt (telefonisch oder mittels Brief) zu erinnern (*Reminder*), dass sie z. B. zu einer Untersuchung kommen sollen oder den Fragebogen beantworten und zurückschicken sollen. Der Standard ist, mindestens drei aufeinander folgende *Reminder* zu verwenden. Weitere Möglichkeiten, um die Rücklaufrate von Fragebögen zu erhöhen, sind in einer systematischen Übersichtsarbeit aufgelistet (Edwards 2002) und die wichtigsten Punkte in Tabelle 4.4 angeführt.

Tabelle 4.4 Möglichkeiten, die nachweislich die Rücklaufrate von Fragebögen erhöhen

- Anreize (finanziell oder nicht-finanziell)
- Persönliches bzw. namentliches Anschreiben
- Farbige Tinte bzw. Schriftfarbe
- Eingeschriebener Brief
- Expresszustellung
- Vorhergehende schriftliche oder telefonische Ankündigung
- Bei jedem Erinnerungsbrief den Fragebogen beilegen
- Interessante Themen
- Hohe Benutzerfreundlichkeit
- Universitärer Absender

4.6 Die Messung der Lebensqualität

Klinische Studien untersuchen alle möglichen Endpunkte (siehe auch voriges Kapitel), aber leider nur allzu selten geht es um Endpunkte, die auch für unsere Patienten bedeutsam sind.

Ein Beispiel

Etwa jeder dritte Patient, der auf einer Intensivstation aufgenommen wird, hat ein mehr oder weniger stark ausgeprägtes Kreislaufversagen (Kreislaufschock), oft durch Infektionen bedingt. Neben der Behandlung der Ursache werden auch Arzneimittel verabreicht, die den Blutdruck anheben können – so genannte Vasopressoren. Auf jedem intensivmedizinischen Kongress und in jedem intensivmedizinischen Journal finden sich Artikel über die richtige Wahl des Vasopressors. Im Rahmen einer systematischen Literatursuche stellte sich dann heraus, dass keine der vorhandenen Studien vom Design her in der Lage war, Endpunkte zu erfassen, die auch für Patienten bedeutsam sind: Alle Studien untersuchten hämodynamische Parameter – Blutdruck, Herzfrequenz, Herzauswurfleistung –, aber nur wenige Studien untersuchten auch, ob es einen Einfluss auf das Überleben gab. Keine einzige Studie untersuchte, wie es den überlebenden Patienten in den Wochen und Monaten nach der Erkrankung ging (Müllner 2004). Wir müssen ganz ehrlich sagen, sollten wir jemals einen Kreislaufschock erleiden, möchten wir nicht wissen, ob und wie stark unser Blutdruck durch die Behandlung ansteigt, sondern ob die Behandlung die Aussicht aufs Überleben verbessert, und wenn wir überleben, wie es uns gehen wird: Werden wir noch selbständig für uns sorgen können, wird unser Sozialleben noch intakt sein?

Gerade bei sehr schweren, aber auch bei chronischen Erkrankungen spielt die Lebensqualität eine besonders wichtige Rolle, wobei „Lebensqualität" mehrere Dimensionen umfasst: zum Beispiel das körperliche Wohlbefinden und die Rollenfunktion (Schmerz, funktionelle Behinderung, Krankheitssymptome), das emotionale Befinden (depressive Verstimmung, Angst), das Sexualleben (Befinden und Funktion), das soziale Befinden usw.

Lebensqualität wird ausschließlich mit Fragebögen gemessen. Diese Fragebögen werden entweder von den Patienten selbständig ausgefüllt, oder von einem Interviewer. In jedem Fall sind die Ansprüche, die an ein solches Instrument – als solches muss man einen Lebensqualitätsfragebogen wohl bezeichnen – gestellt werden, sehr hoch. Eines der größten Probleme bei der Erfassung der Lebensqualität ist, dass diese ausschließlich subjektiv ist und daher nicht mit harten Messergebnissen hinsichtlich Richtigkeit überprüft werden kann.

4.7 Weiterführende Literatur

Für alle, die Interviews und Fragebögen verwenden möchten, ist Armstrong (1992) oder zumindest McColl (1998) Pflichtlektüre. Einen informativen Ausflug in die qualitative Forschung ermöglicht z. B. Murphy (1998). Wenn Sie mehr zum Thema Lebensqualität wissen wollen, empfehlen wir das Buch *Quality of Life Assessment in Clinical Trials* (Staquet 1998).

Kapitel 5

Die biometrische Messung

▸ Bei der Wahl der Messmethode sollte man mit Fachleuten zusammenarbeiten

▸ Im Idealfall sollte die Goldstandardmethode angewandt werden

▸ Die Gültigkeit und Wiederholbarkeit (= Messfehler) der jeweiligen Methoden sollte bekannt sein

▸ Die Wiederholbarkeit wird durch natürliche Schwankungen des Messwertes sowie durch unterschiedliche Interpretation durch den bzw. die Beobachter definiert

▸ Bei bekannt ungenauen Methoden sollten zwei Untersucher den Befund unabhängig voneinander erstellen und vergleichen

5.1 Allgemeines

Mit biometrischer Messung sind hier im weitesten Sinne alle „Messungen" gemeint, die im Rahmen der klinischen Medizin durchgeführt werden können: die Anamnese (Interview), die Inspektion (Beobachtung), physikalische Messungen (z. B. Größe, Gewicht), so genannte „Befunde" (qualitative und semiquantitative Erfassung), biochemische und molekularbiologische Messungen.

Man unterscheidet zwischen Messungen, die kontinuierliche Werte ergeben (siehe Kapitel 26), wie zum Beispiel Blutdruckmessung, Serumcholesterinmessung, Gewebsspiegelmessungen, und Messungen, deren Ergebnisse kategorische Werte ergeben (meistens „Befunde", wie zum Beispiel Myokardszintigraphie (reversible Areale ja/nein), Lungenröntgen (Infiltrat ja/nein; Stauung nein/Grad I/Grad II/Grad III). Oft messen wir kontinuierliche Werte, um diese dann in Kategorien einzuteilen. Beispielsweise messen wir bei der Echokardiographie die Öffnungsfläche einer Herzklappe in cm^2, um diese dann in ordinale Kategorien einzuteilen (Aortenstenose: keine/geringgradig/mittelgradig/hochgradig).

Ergebnisse von biometrischen Messungen finden im Rahmen der klinischen Forschung als Risikofaktor und als Endpunkt Verwendung. Wenn man im Rahmen einer Studie eine Methode anwenden will, muss man sich zwei Fragen stellen: (1) Ist die Methode überhaupt gültig? (Das heißt, ist bewiesen, dass diese Methode wirklich

misst, was man messen will?, siehe Kapitel 24.); (2) Ist die Messung genau (Wiederholbarkeit)? Diese beiden Größen ergeben den so genannten Messfehler.

Ein Beispiel

Bluthochdruck ist ein häufiger Risikofaktor für das Auftreten von Herzinfarkt und Schlaganfall. In Industrieländern ist Bluthochdruck beinahe eine
Volkskrankheit, von der etwa 30 % aller über 60-Jährigen betroffen sind. Es
wird vermutet, dass Bluthochdruck jedes Jahr den Tod von ca. 25 Menschen
pro 100.000 verursacht (das entspricht in Österreich etwa 2.000 Todesfällen
pro Jahr und in Deutschland ca. 20.000 Todesfällen pro Jahr).

Vermutlich haben die meisten Leser eine Blutdruckmessung entweder selbst
durchgeführt oder dabei zugesehen. Vordergründig wirkt das Messverfahren sehr
einfach, hat aber viele Tücken. Abgesehen von der starken Variabilität dieser biologischen Größe (abhängig von Tageszeit, Stress, Körperposition usw.) hat auch die gewählte Messtechnik auf den Messfehler einen beträchtlichen Einfluss. Der Blutdruck
kann zum Beispiel direkt intraarteriell gemessen werden oder durch das Abhören
von Strömungsgeräuschen unter Zuhilfenahme einer Druckmanschette am Oberarm
(nach Riva Rocci), durch die Messung von Pulsamplitudenveränderungen (Oszillo-
metrie), durch eine Manschette am Handgelenk oder mit einem Plethysmographen
am Finger.

Die intraarterielle Messung ist zwar die genaueste Methode (Goldstandard), ist
aber mit Schmerzen und Unannehmlichkeiten und auch mit einem gewissen Risiko
(Bluterguss, Infektion, Gefäßverschluss) für den Patienten verbunden. Die Methode
der Wahl in der klinischen Praxis ist die Blutdruckmessung mittels Druckmanschette
am Oberarm nach Riva Rocci. Ist diese Methode aber wirklich brauchbar?

5.2 Ein spezielles Beispiel (Blutdruckmessung)

Wenn man nun den Goldstandard mit dem klinischen Standard vergleicht, scheint
es, dass eine Messung des Blutdrucks, wie es täglich weltweit viele tausend, wahrscheinlich Millionen Male durchgeführt wird, den „wahren" systolischen Blutdruck
um etwa 10 mmHg unterschätzt und den „wahren" diastolischen Blutdruck um etwa
10 mmHg überschätzt. Weiters wird der Messfehler bei sehr hohen bzw. sehr niedri-
gen Werten größer.

5.2.1 Welche Methode verwende ich am besten?

Im Idealfall wird die Goldstandardmethode verwendet. Oft ist aber die Goldstandardmethode nicht praktikabel, da diese kompliziert, teuer oder invasiv ist und da-

her bei einer größeren Anzahl von Probanden bzw. Patienten nicht verwendet werden kann. Welche der möglichen Methoden nun die „beste" ist, kann man in vielen Situationen nicht eindeutig beantworten. Es ist unbedingt notwendig, dass man sich von einem Spezialisten auf dem jeweiligen Gebiet beraten lässt. Weiters sollte man versuchen, im Rahmen einer systematischen Literatursuche Informationen zu den jeweiligen Methoden zu sammeln (siehe Kapitel 22). Genauigkeit und Limitationen der jeweiligen Methode sowie Anwendbarkeit und Kosten müssen in diese Überlegungen einfließen. Man sollte immer in der Lage sein, die gewählte Methode entsprechend zu verteidigen. Es gibt kaum Schlimmeres, als eine Arbeit von einem Journal mit der ablehnenden Stellungnahme zurückzubekommen „… interessante Fragestellung, aber warum haben Sie nicht mit einer [bestimmten anderen, besseren] Methode gemessen?" und man sich eingestehen muss, dass der Gutachter recht hat. Leider ist es dann schon zu spät.

Achten Sie darauf, dass die Gültigkeit einer Methode nachgewiesen, also validiert ist:

- Wenn die Methode neu ist (z. B. eine neue Art der Blutdruckmessung).
- Wenn es sich um einen Score handelt (oft verwendet, selten validiert; man sollte insbesondere nicht versuchen, einen „selbst gebastelten" Score einfach zu verwenden, es sein denn, man hat ihn vorher validiert).
- Wenn das Messinstrument ein Fragebogen ist, der ursprünglich in einer anderen Sprache erstellt wurde (siehe Kapitel 4). Solche Instrumente müssen für das veränderte sprachliche und vor allem kulturelle Umfeld validiert werden.

Häufig verwenden wir „Messungen", die eigentlich keine richtigen Messungen sind, sondern Schätzungen oder qualitative Aussagen, zum Beispiel wenn ein Radiologe ein Infiltrat im Lungenröntgen bewertet. Von dieser Art der Messung ist bekannt, dass sie ungenau ist, da auch subjektives Empfinden einfließt. In diesem Fall sollten zwei Untersucher den Befund unabhängig voneinander erstellen. Diese Befunde sollten dann verglichen werden, um Unklarheiten entweder im Konsens oder durch ein unabhängiges Expertenkomitee zu beseitigen.

5.3 Wiederholbarkeit einer Messung

Ein Beispiel (noch immer Blutdruck)

Der Blutdruck schwankt in Abhängigkeit von physischer und psychischer Belastung, sowie der Tageszeit stark. Dadurch ist die Wiederholbarkeit limitiert und z. B. ein Morgenwert mit einem Abendwert schwer zu vergleichen. Obendrein ist bekannt, dass das Messergebnis variiert, selbst wenn der gleiche Untersucher in kurzen Abständen mehrfach misst (intraindividuelle oder *Intraobserver*-Variabilität). Ebenso schwanken die Angaben, wenn mehrere Untersucher gleichzeitig denselben Wert messen (interindividuelle oder *Interobserver*-Variabilität).

Diese Ursachen für Schwankungen sollte man unbedingt berücksichtigen und das Ausmaß quantifizieren. Ein Maß für die Schwankung ist z. B. der Variationskoeffizient. Der Variationskoeffizient gibt an, wie stark Messwerte einer Stichprobe vom Durchschnitt abweichen (in %) und errechnet sich, indem man die Standardabweichung durch den Mittelwert (siehe Kapitel 22) dividiert. Bei der Blutdruckmessung liegt der Variationskoeffizient aufgrund der natürlichen Schwankungen sogar für die Goldstandardmethode bei etwa 4 % und für die klinische Standardmethode bei etwa 8 %. Das heißt, selbst wenn man alles richtig macht, ist mit einem beträchtlichen Messfehler zu rechnen.

5.4 Was mache ich, wenn meine Methode ungenau ist?

Wie oben erwähnt, ist es oft leider unumgänglich, ungenaue Methoden zu verwenden. Wenn bekannt ist, dass Messungen eine ausgeprägte *Intraobserver*-Variabilität haben, sollten mehrere Messungen – z. B. drei – durchgeführt und gemittelt werden. Wenn die *Interobserver*-Variabilität groß ist, sollten zwei oder drei Untersucher unabhängig voneinander messen. Wenn der Messwert kontinuierlich ist, kann er dann gemittelt werden. Komplizierter ist es, wenn der Messwert kategorisch ist. Dann sollten auch mindestens zwei Untersucher unabhängig voneinander messen, aber letztlich eine Einigung durch Diskussion gefunden werden. Weiters sollte die Übereinstimmung zwischen den Untersuchenden erfasst werden. Das macht man am besten mit einer so genannten Kappa-Statistik (siehe z. B. Altman 1992). Bei einem Messwert, der zwei Ausprägungen annehmen kann – z. B. krank oder gesund – und von zwei Beobachtern erfasst wird, erwarten wir uns schon rein zufällig eine 50%ige Übereinstimmung. Der Kappa-Wert gibt an, wie viel Prozent Übereinstimmung jenseits des erwarteten Zufalls beobachtet werden.

Kapitel 6

Was heißt eigentlich Risiko?

▶ Bei Risikoangaben unbedingt beachten, ob das absolute oder das relative Risiko gemeint ist

▶ Wenn möglich, sollte das absolute Risiko angegeben werden

▶ Die *number-needed-to-treat* gibt an, wie viele Menschen man „behandeln" muss, um bei einem Menschen Erfolg zu sehen; sie ist ein Maß für das absolute Risiko

▶ Die *Risk Ratio*, *Odds Ratio* und *Rate Ratio* beschreiben das relative Risiko; sie messen, wie stark der Zusammenhang zwischen einem Risikofaktor und einem so genannten Endpunkt ist

▶ Welche der drei Methoden verwendet wird, hängt von den Daten bzw. dem Studiendesign ab

6.1 Hintergrund

Risiko berührt neben Mathematik und Statistik auch die Psychologie und die Geschichte. Manche Geschichtsschreiber behaupten, dass sich die moderne Welt von der alten unterscheidet, seitdem das Risiko berechenbar wurde: Die Zukunft wird nicht mehr durch die Willkür der Götter bestimmt und der Mensch muss Naturgewalten nicht mehr passiv über sich ergehen lassen (Bernstein 1996). Im Jahre 1654 haben Pascal und Fermat gemeinsam die Quantifizierung des Risikos ermöglicht. Sie berechneten die Gewinnmöglichkeiten in einem Glücksspiel, wenn einer der beiden Spieler in Führung liegt. 1703 beschrieb Jacob Bernoulli das „Gesetz der großen Zahlen", und Risiko wird als die Wahrscheinlichkeit definiert, dass ein Ereignis langfristig (oder durch oftmalige Wiederholungen) eintritt (frequentistischer Zugang). Mitte des 18. Jahrhunderts zeigte Thomas Bayes, dass die Treffsicherheit (Präzision) einer „neuen" Wahrscheinlichkeit steigt, wenn die „alte" Wahrscheinlichkeit berücksichtigt wird. Dieser „bayesianische" Zugang zur Wahrscheinlichkeitsrechnung ist rechentechnisch aufwändig und wird im Vergleich zum „frequentistischen" Zugang im Bereich der medizinischen Forschung selten verwendet.

Wir alle sind seit unserer Kindheit wiederholt mit Risiken konfrontiert worden und glauben zu wissen, was das Risiko ist. Welche Rolle spielt aber das Risiko in der klinischen Praxis? Obwohl wir immer wieder nützliche Statistiken zur Hand haben, kann der einzelne Betroffene letztlich mit Wahrscheinlichkeiten nur sehr schlecht umgehen, vor allem wenn diese das eigene leibliche Wohl betreffen – das gilt für Patienten und für Ärzte.

[handschriftliche Notiz: (A) 2% von 8% sind 25% / A = C / (C) von 50 (=100%) 2% sind 1 Person / gerettet ⇒ A = B]

Ein Beispiel

Stellen Sie sich vor, Sie behandeln regelmäßig Patienten mit einer relativ gefährlichen Krankheit (z. B. Patienten mit akutem Herzinfarkt) und haben mehrere Behandlungsmöglichkeiten: drei neue Therapien (A, B, oder C) sowie die bislang gebräuchliche Standardtherapie. Im Vergleich zur gebräuchlichen Standardtherapie senkt A die Mortalität von 8 % auf 6 %. Im Vergleich zur gebräuchlichen Standardtherapie müssen Sie 50 Patienten mit B behandeln, um ein Leben zu retten. Mit C senken Sie die Mortalität um 25 %. Welche der Therapieformen würden Sie empfehlen: A, B oder C? Versuchen Sie nicht nachzurechnen, sondern eine spontane Antwort zu geben.

6.2 Relatives Risiko und absolutes Risiko

Wenn in der medizinisch-wissenschaftlichen Literatur Gruppen verglichen werden und von Risiko oder Risikoreduktion die Rede ist, sollte man beachten, ob es sich um relative oder absolute Risiken handelt. Wir kommen hier auch gleich zur Lösung der oben gestellten Frage.

Das Beispiel

In einer randomisierten, kontrollierten Multicenterstudie erhielten über 10.000 Patienten mit Herzinfarkt eine Behandlung mit Heparin (ein Arzneimittel zur Blutverdünnung) oder Streptokinase oder rtPA (*recombinant tissue type plasminogen activator*). Streptokinase und rtPA können Blutgerinnsel auflösen.

Im Streptokinase-Arm betrug die 30-Tage-Sterblichkeit 8 % und im rtPA-Arm betrug die Sterblichkeit 6 %. Das absolute Risiko, innerhalb von 30 Tagen zu sterben, wurde durch rtPA daher um 2 Prozentpunkte gesenkt (Lösung A). Diese 2 Prozentpunkte sind der absolute Anteil des Risikos, den eine Intervention verhindern kann. Unter der herkömmlichen Therapie (Streptokinase) ist das so genannte Basisrisiko 8 %. Vorausgesetzt die Wirkung von rtPA ist kausal, wird also durch nichts anderes erklärt, als durch die bessere Wirkung des neuen Arzneimittels, spricht man in der Epidemiologie auch vom *Attributable Risk*.

Man kann die absolute Risikoreduktion auch anders betrachten. Die absolute Differenz zwischen den beiden Gruppen beträgt 2 Prozentpunkte, also 2 pro 100 oder 1 pro 50: Man muss 50 Patienten mit rtPA behandeln um – im Vergleich mit Streptokinase – einen Todesfall zu vermeiden.

Diese Art der Schlussrechnung haben wir in der Schule nie besonders geschätzt und man kann es sich auch einfacher machen, indem man einfach 100 durch die absolute Risikodifferenz dividiert. In unserem Beispiel ist die Differenz 2 Prozent, also dividiert man 100 durch 2 (100/2 = 50). Das entspricht dann unserer Lösung B. Diese Zahl nennt man auch *Number-needed-to-treat* (NNT). Analog dazu gibt es eine *Number-needed-to-harm*, also die Anzahl der Patienten, die man behandeln „muss", um einem Patienten zu schaden. Glaubt man den Kommunikationsspezialisten, sind NNTs für die meisten Menschen besser verständlich als Prozentangaben. Diese Aussage beruht jedoch auf Untersuchungen aus dem angelsächsischen/angloamerikanischen Raum und es ist ungewiss, ob das Risikoverständnis im deutschsprachigen soziokulturellen Umfeld ähnlich gelagert ist.

Das relative Risiko beträgt 75 % und errechnet sich einfach aus dem Verhältnis zwischen dem Risiko in der Interventionsgruppe und dem Basisrisiko (6 % von 8 % = 75 %). Das Basisrisiko beträgt also 100 % und durch die Intervention ist das Risiko nur 75 % vom Basisrisiko. Wir können aber auch eine relative Risikoreduktion errechnen: Das Risiko in der Interventionsgruppe (6 %) wird vom Basisrisiko (8 %) abgezogen. Diese Differenz – das absolute Risiko – wird nun wieder zum Basisrisiko in Relation gebracht, indem wir die Risikodifferenz durch das Basisrisiko dividieren und wieder zum Basisrisiko in Relation bringen: ((8 % – 6 %)/8 %) = 25 %. In unserem Beispiel heißt das, dass die Behandlung mit rtPA im Vergleich zur Behandlung mit Streptokinase 25 % der Todesfälle verhindern kann (Lösung C). Das gilt aber nur, wenn der Zusammenhang tatsächlich kausal ist. Der prozentuale (relative) Anteil von Ereignissen (Todesfällen in diesem Beispiel), der durch eine Intervention vermieden werden kann, wird in der Epidemiologie als *Attributable Fraction* bezeichnet.

Übrigens, haben Sie, bevor Sie doch nachgerechnet haben, eine der drei Therapieformen bevorzugt?

6.2.1 Mehr zum relativen Risiko: Was sind Risk Ratio, Odds Ratio, Rate Ratio und Hazard Ratio?

Diese Größen werden in medizinisch-wissenschaftlichen Publikationen häufig verwendet, wenn das *Outcome* durch das Abzählen von Ereignissen erfasst wird. So können wir zum Beispiel die Anzahl der Verstorbenen zwischen zwei Gruppen vergleichen. Alle *Ratios* sind ein Maß für die relative Stärke des Zusammenhangs zwischen dem Risikofaktor und dem Endpunkt. Im Grunde ist das eine einfache Sache: Erinnern Sie sich an Kapitel 3.4, wo wir die Häufigkeiten für das *Outcome* dargestellt haben (Inzidenz-Risiko, Inzidenz-Rate). Wenn wir also so ein Risiko aus einer Gruppe durch das Risiko einer Vergleichsgruppe dividieren, erhalten wir eine *Ratio*. Diese *Ratio* ist ein Verhältnismaß und gibt an, um wie viel das Risiko in der einen Gruppe relativ größer oder kleiner als in der Vergleichsgruppe ist. Daher sprechen wir auch vom relativen Risiko. Das relative Risiko ist also ein Multiplikator: Wenn wir das Basisrisiko (das Risiko für das *Outcome* in der nicht exponierten Gruppe) mit dem relativen Risiko multiplizieren, erhalten wir das Risiko der exponierten Gruppe. Das ist ein recht praktischer Zugang, weil das relative Risiko sehr gut modelliert und adjustiert werden kann, wie wir später bei den Kapiteln über *Confounding*, Regression und multivariates Modellieren sehen werden (siehe Kapitel 10, 11 und 12).

Ähnlich funktioniert auch die *Hazard Ratio*. Verglichen wird aber hier nicht nur die Häufigkeit des *Outcomes*, sondern es gehen auch die Überlebenszeiten der einzelnen Patienten ein. Dazu verwendet man typischerweise *Cox-proportional-Hazard-*Modelle. Weil das insgesamt den Rahmen des Buches sprengen würde, wollen wir nur auf unsere Statistikbücher (etwa Kirkwood 2003) verweisen. Alle diese Maße können verwendet werden, um das relative Risiko abzuschätzen. Meist werden die unterschiedlichen *Ratios* verschiedene Werte ergeben. Mathematisch sind diese alle korrekt, wir müssen aber jede *Ratio* entsprechend interpretieren.

Praktisch funktioniert das am einfachsten, wenn Sie die *Anzahl der Patienten* nach bestimmten Kriterien aufteilen: Uns interessiert nun, (a) wie viele Menschen mit Risikofaktor den Endpunkt erreicht haben, (b) wie viele Menschen ohne Risikofaktor den Endpunkt erreicht haben, (c) wie viele Menschen mit Risikofaktor den Endpunkt nicht erreicht haben und (d) wie viele Menschen ohne Risikofaktor den Endpunkt nicht erreicht haben. Man trägt diese Zahlen am besten in eine so genannte Kreuztabelle ein (Tabelle 6.1).

Tabelle 6.1 Kreuztabelle

	Endpunkt eingetreten	Endpunkt nicht eingetreten
Risikofaktor	*a*	*c*
Kein Risikofaktor	*b*	*d*

Die Zelleninhalte *a*, *b*, *c* und *d* stellen je die *Anzahl an Patienten*, aufgeteilt nach Endpunkt und Risikofaktor, dar.

6.2.1.1 Risk Ratio

Die *Risk Ratio* (kurz auch RR) beschreibt den Anteil der Patienten, die einen Risikofaktor haben und den Endpunkt erreichen, im Vergleich zu denen, die keinen Risikofaktor haben und den Endpunkt erreichen

$$Risk\ Ratio = [a/(a+c)]/[b/(b+d)] \tag{6.1}$$

$a/(a+c)$ ist das Risiko, bei vorhandenem Risikofaktor den Endpunkt zu erreichen; $b/(b+d)$ ist das Risiko, bei fehlendem Risikofaktor den Endpunkt zu erreichen.

Ein Beispiel

Wenn der Verdacht besteht, dass die Herzkranzgefäße verengt sind, kann ein Herzkatheter durchgeführt werden, um die Sachlage abzuklären. Dazu wird ein relativ dünner Katheter über eine Leistenarterie rückwärts über die Hauptschlagader (Aorta) zum Herzen geführt. Dort kann man dann die abgehenden Herzkranzgefäße mit speziellen Röntgenkontrastmitteln darstellen und etwaige Verengungen sichtbar machen. In vielen Fällen können solche Verengungen wieder aufgedehnt werden. Wenn ein Eingriff notwendig ist, benötigt man etwas dickere Katheter. Wenn die Untersuchung oder der Eingriff fertig ist, wird der Katheter entfernt. Das Loch in der Arterie blutet natürlich und es muss nach Entfernen des Katheters für etwa 20 Minuten fest die Leiste abgedrückt werden, damit es an der Eintrittstelle nicht weiterblutet. Danach muss der Patient, je nach Krankenhaus, zwischen 8 und 24 Stunden am Rücken liegen. Relativ häufig treten Komplikationen an der Eintrittstelle auf. Im extrem seltenen Fall kann man verbluten (haben wir aber noch nie gehört), es können aber auch andere unangenehme Komplikationen in der Leiste auftreten, wie zum Beispiel ein schmerzhafter Bluterguss. Manchmal muss die Stelle wegen solcher Komplikationen gefäßchirurgisch repariert werden (ungefähr einer von 100 bis einer von 300 Patienten).

Bislang wurde „händisch" abgedrückt, bei uns in Wien meistens durch Jungärzte, da diese relativ billige Arbeitskräfte sind. In einer Studie (erfunden!) wurde das händische Abdrücken mit einer mechanischen Abdrückvorrichtung verglichen. Solche Abdrückvorrichtungen gibt es wirklich und sie bestehen aus einer Art Stempel, der mit einem relativ genau vorgegebenen Gewicht auf die Leiste drückt. Der „Risikofaktor" ist hier die mechanische Abdrückvorrichtung (ja versus nein) und der Endpunkt ist das Auftreten eines Blutergusses (ja versus nein). Es wurden 76 Patienten in jeder Gruppe untersucht: In der händischen Gruppe (kein Risikofaktor) hatten sechs einen Bluterguss, 70 hatten keinen, und in der mechanischen Gruppe hatten neun einen Bluterguss bzw. 67 keinen (Tabelle 6.2).

Tabelle 6.2 Kreuztabelle für das Herzkatheterbeispiel

	Endpunkt eingetreten	Endpunkt nicht eingetreten
Risikofaktor	9	67
Kein Risikofaktor	6	70

Nach Tabelle 6.2 ist das Risiko bei Patienten, die mit einer mechanischen Abdrückvorrichtung behandelt wurden (Risikofaktor vorhanden), den Endpunkt zu erreichen, $a/(a + c) = 9/(9 + 67) = 12\,\%$ und das Risiko bei fehlendem Risikofaktor –

händische Kompression –, den Endpunkt zu erreichen, ist $b/(b + d) = 6/(6 + 70) =$ 8 %.

$$Risk\ Ratio = [a/(a + c)]/[b/(b + d)] \qquad \text{(siehe 6.1)}$$

Die *Risk Ratio* = $[9/(9 + 67)]/[6/(6 + 70)] = 12\,\%/8\,\% = 1{,}5$.

Eine *Risk Ratio* von 1 bedeutet, das Risiko, den Endpunkt zu erreichen, ist in beiden Gruppen gleich groß. Eine *Risk Ratio* > 1 bedeutet, das Risiko, den Endpunkt zu erreichen, ist in der Gruppe mit Risikofaktor größer. Eine *Risk Ratio* < 1 bedeutet, das Risiko, den Endpunkt zu erreichen, ist in der Gruppe mit dem Risikofaktor geringer (der Risikofaktor ist somit eigentlich ein Schutzfaktor).

In unserem Beispiel bedeutet die *Risk Ratio* von 1,5, dass das Risiko, einen Bluterguss zu bekommen, 1,5-mal größer ist, wenn so eine Vorrichtung verwendet wird, als wenn händisch abgedrückt wird.

Man kann die *Risk Ratio* auch verwenden, um den Anteil der Krankheitsfälle zu errechnen, die durch den Risikofaktor hervorgerufen werden:

$$Attributable\ Fraction = (1 - RR)/RR \qquad (6.2)$$

Die korrekte Interpretation bei Interventionsstudien klingt sehr eigenartig, wenn das Relative Risiko kleiner als 1 ist (Schutzfaktor). Wenn wir beispielsweise korrekt sagen, dass bei einem neuen Arzneimittel im Vergleich zu Placebo das Risiko zu versterben 0,75-mal höher ist, werden uns wahrscheinlich viele Leute nicht verstehen. Daher wird bei einem relativen Risiko < 1 oft die Relative Risiko Reduktion (RRR) verwendet, die sich auch aus dem Relativen Risiko leicht berechnen lässt:

$$Relative\ Risiko\ Reduktion = (1 - Relatives\ Risiko) * 100 \qquad (6.3)$$

In unserem Fall wäre das RRR = $(1 - 0{,}75) * 100 = 25\,\%$. Das Risiko zu versterben ist also um 25 % geringer, wenn man das neue Arzneimittel bekommt im Vergleich zur Placebogruppe. Das entspricht einem anderen Lösungsweg des Beispiels C in Kapitel 6.2, nur dass man hier die absoluten Risiken nicht kennen muss. Da müssen wir aber besonders aufpassen, weil diese Werte oft dramatisch hoch ausfallen und daher gerne zur Bewerbung einer neuen Intervention verwendet werden. Die absolute Risikoreduktion holt uns dann meistens wieder auf den Boden zurück, vor allem wenn das Risiko insgesamt nicht allzu hoch ist (siehe auch Kapitel 6.2).

6.2.1.2 Odds Ratio

Die *Odds Ratio* (kurz auch OR) beschreibt das Verhältnis von Wahrscheinlichkeiten und ist für unser persönliches Verständnis sehr abstrakt. Im Falle einer prospektiven Studie beschreibt die *Odds Ratio* das Verhältnis der Chance der Patienten mit Risikofaktor den Endpunkt zu erreichen im Vergleich zur Chance der Patienten ohne Risikofaktor.

$$Odds\ Ratio = [(a/c)/(b/d)] \qquad (6.4)$$

a/c ist die Chance, bei vorhandenem Risikofaktor den Endpunkt zu erreichen; b/d ist die Chance, bei fehlendem Risikofaktor den Endpunkt zu erreichen.

In einer retrospektiven Studie beschreibt die *Odds Ratio* das Verhältnis der Chance der Patienten, die den Endpunkt erreicht haben, den Risikofaktor zu haben, im Vergleich zur Chance der Patienten, die den Endpunkt nicht erreicht haben, den Risikofaktor zu haben.

$$Odds\ Ratio = [(a/b)/(c/d)] \tag{6.5}$$

a/b ist die Chance, bei erreichtem Endpunkt auch den Risikofaktor zu besitzen; c/d ist die Chance, bei nicht erreichtem Endpunkt auch den Risikofaktor zu besitzen.

Leider erscheint das etwas kompliziert, aber mathematisch gesehen macht es keinen Unterschied, ob es sich um eine prospektive oder retrospektive Studie handelt.

6.2.1.3 Rate Ratio

Wie im vorhergehenden Kapitel erwähnt gibt es Situationen, wo weder das Risiko als prozentualer Anteil noch die Chance (*Odds*) eine gerechte Beschreibung der Situation erlauben. Das trifft vor allem zu, wenn die Beobachtungszeit für die Studienteilnehmer variiert. In diesem Fall sollte die Ereignisrate erfasst werden (Anzahl der Ereignisse in Relation zur Beobachtungszeit). Analog zur *Risk Ratio* und zur *Odds Ratio* gibt es auch die *Rate Ratio*. Sie beschreibt das Verhältnis der Rate der Patienten mit Risikofaktor, den Endpunkt zu erreichen, im Vergleich zur Rate der Patienten ohne Risikofaktor.

$$Rate\ Ratio = [(a/PZ_a)/(b/PZ_b)] \tag{6.6}$$

a ist die Anzahl der Fälle in der Gruppe mit Risikofaktor; PZ_a ist die gesamte „**P**ersonen **Z**eit", während der die Gruppe mit Risikofaktor beobachtet wurde; b ist die Anzahl der Fälle in der Gruppe ohne Risikofaktor; PZ_b ist die gesamte „Personenzeit", während der die Gruppe ohne Risikofaktor beobachtet wurde.

Ein erfundenes Beispiel

Es werden 200 Patienten (100 pro Gruppe) über mehrere Jahre beobachtet. Die Studie dauert insgesamt fünf Jahre, es werden aber nicht alle Patienten gleichzeitig eingeschlossen, sondern im Verlauf des ersten Jahres. Die Beobachtungszeit endet dann entweder mit dem Erreichen des *Outcome* oder mit dem Ende der Studie. Manche Patienten können aber auch „verloren gehen", weil sie z. B. nicht mehr zu Folgeuntersuchungen erscheinen oder an anderen Erkrankungen versterben. Am Ende der Studienperiode ist der Endpunkt bei 68 Patienten der Gruppe a und bei 41 Patienten der Gruppe b aufgetreten. Da der Endpunkt nicht nur häufig ist, sondern Patienten

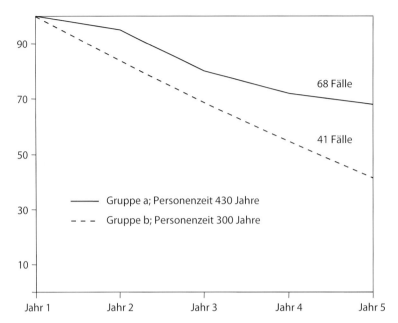

Abb. 6.1 Kohortenstudie über fünf Jahre mit unterschiedlichen Beobachtungszeiten pro Patient

aus anderen Gründen unterschiedlich lange beobachtet werden, ist es nicht gerecht, 68 von 100 mit 41 von 100 zu vergleichen.

Wenn man die gesamte Zeit, die jeder Patient in Gruppe a beobachtet wird, zusammenrechnet, kommt man auf 430 Jahre (= Personenzeit; PZa). In der Gruppe b kommt man auf 300 Jahre (PZb). Die Erkrankungsrate in Gruppe a ist 68 pro 430 Jahre oder 15,8 pro 100 Personenjahre. Die Erkrankungsrate in Gruppe b ist 41 pro 300 Jahre oder 13,7 pro 100 Personenjahre. Aus klinischer Perspektive sind das recht brauchbare Angaben. Die Relation der beiden Raten ist die *Rate Ratio* (15,8/13,7 = 1,15) und bedeutet, dass Patienten in der Gruppe a ein 1,15fach erhöhtes Risiko haben, ein „Fall" zu werden, also den Endpunkt zu erreichen. Die *Risk Ratio* für dieses Beispiel beträgt 1,66(= (68/100)/(41/100) und führt zu einer Überschätzung des Effekts, weil die unterschiedlichen Beobachtungszeiten nicht berücksichtigt wurden.

Die Interpretation der *Rate Ratio* ist analog zur *Risk Ratio* und *Odds Ratio*.

6.2.2 Der Zusammenhang zwischen Odds Ratio, Risk Ratio, und Rate Ratio

Dieser Absatz ist nur für besonders Interessierte gedacht und kann ohne weiteres ausgelassen werden. Bei seltenen Erkrankungen (< 1 % der Studienpopulation) entspricht die *Odds Ratio* dem *Relative Risk*.

Tabelle 6.3 Beispiel einer häufigen Krankheit

	Krank	Nicht krank
Risikofaktor	95	50
Kein Risikofaktor	100	900

In diesem Beispiel (Tabelle 6.3) sind 195 von 1.145 Probanden „krank", das heißt, die Inzidenz beträgt 17 %. Wenn der Risikofaktor vorhanden ist, so sind 95 von 145 (= 95 + 50) „krank", das heißt, das Risiko ist 66 %. Wenn der Risikofaktor nicht vorhanden ist, sind 100 von 1.000 (= 900 + 100) „krank", das heißt, das Risiko ist 10 %. Die *Risk Ratio* ist 6,6 (= 66 %/10 %), das heißt, das Risiko zu erkranken ist in der Gruppe mit dem Risikofaktor 6,6fach so hoch wie in der Gruppe ohne Risikofaktor.

Die *Odds Ratio* beträgt 17,1 (= (95/100)/(50/900)) und somit ist das Risiko, zu erkranken, in der Gruppe mit dem Risikofaktor „auch" 17,1fach so hoch wie in der Gruppe ohne Risikofaktor. Wie kann das Erkrankungsrisiko gleichzeitig 6,6fach und 17,1fach sein – sehr verwirrend, oder? Die *Odds Ratio* ist hier einfach nicht die richtige Methode!

Tabelle 6.4 Beispiel einer seltenen Krankheit

	Krank	Nicht krank
Risikofaktor	19	500
Kein Risikofaktor	10	9.500

In diesem Beispiel (Tabelle 6.4) sind 29 von 10.029 Probanden krank, das heißt, die Inzidenz beträgt 0,3 %. Wenn der Risikofaktor vorhanden ist, sind 19 von 519 (= 19 + 500) „krank", das heißt, das Risiko ist 3,7 %. Wenn der Risikofaktor nicht vorhanden ist, sind 100 von 9.600 (= 9.500 + 100) „krank", das heißt, das Risiko ist 1 %. Die *Risk Ratio* ist 3,6 (= 3,6 %/1 %), das heißt, das Risiko, zu erkranken, ist in der Gruppe mit dem Risikofaktor 3,6fach so hoch wie in der Gruppe ohne Risikofaktor.

Die *Odds Ratio* in diesem Beispiel beträgt 3,61 (= (19/100)/(500/9500)) und ist mit der *Risk Ratio* gut vergleichbar.

Die *Odds* und das Risiko sind miteinander eng verwandt. Man kann aus der *Odds* (Chance) das *Risk* (Risiko) berechnen

$$\text{Risiko} = \text{Chance}/(1 + \text{Chance}) \qquad (6.7)$$

und umgekehrt

$$\text{Chance} = \text{Risiko}/(1 - \text{Risiko}) \qquad (6.8)$$

Nur zur Erinnerung: Chance = a/b oder c/d und Risiko = $a/(a + b)$ oder $c/(c + d)$. Wenn das Ereignis jedoch häufig ist, können beträchtliche Unterschiede zwischen

Odds Ratio und *Risk Ratio* entstehen, wobei die *Odds Ratio* die das uns intuitiv vertrautere relative Risiko generell überschätzt.

Wenn, wie in dem Beispiel zur *Rate Ratio*, die Studienpopulation „instabil" ist, also große Fluktuationen zu erwarten sind, sollte die *Rate Ratio* verwendet werden. In diesem Fall wird die Effektgröße durch *Odds Ratio* und *Risk Ratio* überschätzt. In dem genannten Beispiel beträgt die *Odds Ratio* 3,10 (= (68/32)/(41/59)), die *Risk Ratio* 1,66 (= (68/100)/(41/100)) und die *Rate Ratio* 1,16 (= (68/430)/(41/300)).

6.3 Lesen Sie nur diesen Absatz …

… wenn Ihnen der vorangegangene Teil dieses Kapitels zu mühsam ist. Wir können es Ihnen gar nicht verübeln. In der Tabelle 6.5 finden Sie nochmals alle Risikovarianten anhand der bewährten Kreuztabelle und des Angiographiebeispiels (Tabelle 6.2) zusammengefasst. Die *Rate Ratio* lassen wir aus, weil hier die Beobachtungsdauer für alle Patienten gleich ist und für so eine Studie ohnedies nicht relevant wäre.

Die relative Risikoreduktion (Formel 6.3) wird hier nicht berechnet, da das relative Risiko größer als 1 ist.

Zusammengefasst beträgt das absolute Risiko 3,9 %: Wenn so eine Vorrichtung verwendet wird, erleiden 3,9 % mehr Patienten eine lokale Blutung mit Bluterguss. Man muss 25,6 Patienten mit so einer Vorrichtung behandeln, um einem Patienten zusätzlich einen Bluterguss zu „verpassen" (= *Number-needed-to-treat*). Anders gesagt: Wenn alle mit so einer Vorrichtung behandelt werden, so bekommt etwa jeder 26. Patient einen Bluterguss, den er nicht bekäme, würde ausschließlich manuell abgedrückt werden.

Tabelle 6.5 Verschiedene Darstellungsmöglichkeiten des absoluten und relativen Risikos

	Formel	Mechanische Verschlussvorrichtung v manuelle Kompression
Basisrisiko (= Risiko in Gruppe ohne Risikofaktor)	$b/(b+d)$	$6/(6+70) = 0{,}079 = 7{,}9\,\%$
Risiko in Gruppe mit Risikofaktor	$a/(a+c)$	$9/(9+67) = 0{,}118 = 11{,}8\,\%$
Absolutes Risiko		
Risikodifferenz (*Attributable Risk*)	$b/(b+d) - a/(a+c)$	$11{,}8\,\% - 7{,}9\,\% = 3{,}9\,\%$
Number-needed-to-treat	$100/(((a/(a+c)) - b/(b+d)))$	$100/3{,}9\,\% = 26$
Relatives Risiko		
Risk Ratio	$(a/(a+c))/(b/(b+d))$	$11{,}8\,\%/7{,}9\,\% = 1{,}49$
Odds Ratio	$(a/c)/(b/d)$	$(9/67)/(6/70) = 1{,}57$
Attributable Fraction	$(b/(b+d) - a/(a+c))/(b/(b+d))$	$3{,}9\,\%/7{,}9\,\% = 0{,}494 = 49{,}4\,\%$

Im Vergleich zu Patienten, bei denen manuell abgedrückt wird, haben die Patienten mit der Vorrichtung ein 1,49fach höheres Risiko, einen Bluterguss zu bekommen (*Risk Ratio*). Im Vergleich zu Patienten, bei denen manuell abgedrückt wird, haben die Patienten mit der Vorrichtung eine 1,57fach höhere Chance, einen Bluterguss zu bekommen (*Odds Ratio*). Hier ist der Unterschied zwischen *Risk Ratio* und *Odds Ratio* nicht so groß, weil das Basisrisiko < 10 % ist – eine Faustregel; die *Risk Ratio* ist aber die richtige Messgröße für dieses Beispiel.

Diese erfundene Studie untersucht die mechanische Abdrückvorrichtung als neue mögliche Methode. Wenn man nun so eine mechanische Vorrichtung in die klinische Praxis einführen würde – zum Beispiel, weil sie so wahnsinnig viel billiger wäre als manuelles Abdrücken –, so würde die Häufigkeit von Blutergüssen nach Angiographien um 49,4 % zunehmen (*Attributable Fraction*). Zum Glück würde das kein Gesundheitssystem zulassen.

Kapitel 7

Die Freunde des Epidemiologen: Zufallsvariabilität, Bias, Confounding und Interaktion

▸ Man kann leider nicht beweisen, dass ein Effekt tatsächlich vorhanden ist

▸ Wir kennen drei Mechanismen, die Effekte verzerren können: Zufall, *Bias* und *Confounding*

▸ Wir können einen Effekt für wahr halten, wenn wir ausschließen, dass Zufall, *Bias* und *Confounding* den Effekt erklären

▸ Zufallsvariabilität entsteht durch das Verwenden von Stichproben; der Zufall spielt also immer mit, Schwankungsbreiten durch Zufall können aber durch Statistik beschrieben werden

▸ *Bias* ist ein systematischer Fehler im Design oder in der Durchführung der Studie; wenn *Bias* vorhanden ist, entspricht der beobachtete Effekt nicht den Tatsachen

▸ Wenn relevanter *Bias* vorliegt, ist die Studie irreparabel verloren; *Bias* muss bereits in der Designphase vermieden werden

▸ *Confounding* bedeutet, dass der Zusammenhang zwischen einem Risikofaktor und dem Endpunkt teilweise oder zur Gänze durch einen anderen Faktor, den *Confounder*, erklärt wird

▸ *Confounding* kann, wenn es erkannt wird, vor allem in der Analyse berücksichtigt werden

▸ Interaktion bedeutet, dass der Zusammenhang zwischen dem Risikofaktor und dem Endpunkt über einen dritten Faktor variiert. Das ist keine Verzerrung, sondern wichtige Zusatzinformation. Das wird auch als *Effect modification* oder Heterogenität bezeichnet.

Der Zusammenhang zwischen einem Risikofaktor und dem Endpunkt ist der so genannte Effekt (siehe Kapitel 3). Wenn ich im Rahmen einer Studie einen Effekt entdecke, stellt sich die Frage, (1) ob der Effekt tatsächlich vorhanden ist oder lediglich durch Zufallsvariabilität verursacht wurde oder (2) ob der Effekt eigentlich durch einen Fehler zustande kam (*Bias*) oder (3) ob er teilweise, oder zur Gänze, durch einen oder mehrere andere Faktoren zu erklären ist (*Confounding*). Darüber hinaus wollen wir wissen, ob dieser Effekt in der ganzen Studienpopulation gleich ist oder in bestimmten Subgruppen unterschiedlich ist. Wir könnten also auch sagen, dass zwei Risikofaktoren neben dem jeweiligen Effekt einen zusätzlichen, gemeinsamen Effekt auf den Endpunkt haben, und dann spricht man von Interaktion.

7.1 Zufallsvariabilität

Jede klinische Studie verwendet in irgendeiner Form Stichproben. Dadurch entsteht die so genannte Zufallsvariabilität. Daher müssen wir uns immer fragen, ob ein Effekt nicht durch Zufall alleine zustande gekommen ist. Wir können den Zufall nicht ausschließen, aber wir können das Ausmaß seiner Wirkung sehr gut beschreiben. Dazu brauchen wir die Methoden der Statistik. Ein Konfidenzintervall etwa beschreibt uns einen Bereich um den Effekt, der durch Zufall alleine erklärt werden kann. Ähnlich beschreibt der p-Wert, wie groß die Wahrscheinlichkeit ist, dass der beobachtete Effekt zufällig entstanden ist, obwohl er tatsächlich nicht vorhanden ist. Ist der p-Wert sehr klein, ist die Wahrscheinlichkeit sehr klein, dass der Effekt durch Zufall alleine entstanden ist (siehe Kapitel 9). Manchmal wird diese Zufallsvariabilität auch als Random-Fehler bezeichnet.

7.2 Bias

Im Gegensatz zum unsystematischen Random-Fehler bezeichnet *Bias* einen systematischen Fehler. Uns ist keine sinngemäß entsprechende Übersetzung dieses Wortes bekannt – im Wörterbuch wird *Bias* mit „schräg" oder mit „Verzerrung" übersetzt. In der Epidemiologie bedeutet *Bias*, dass man einen Effekt beobachtet, der nicht den Tatsachen bzw. der Wahrheit entspricht: Wenn *Bias* vorhanden ist, so ist das Ergebnis irreparabel falsch! Obwohl es in der Literatur etwa an die hundert *Bias*-Formen gibt, kann *Bias* im Wesentlichen in zwei große Gruppen eingeteilt werden: Den so genannten *Information Bias* (Messbias) und den *Selection Bias* (Auswahlbias).

7.2.1 Information Bias

Information Bias ist ein systematischer Fehler, der entsteht, wenn sich die Informationsgewinnung zwischen den Vergleichsgruppen systematisch unterscheidet, wenn also unterschiedlich gemessen wird. *Information Bias* kann entstehen, wenn zum Beispiel im Rahmen von Kohortenstudien bei der Bestimmung des Endpunktes das Vorhandensein eines Risikofaktors bekannt ist. Dieses Wissen kann die Wahrnehmung des Endpunktes beeinflussen. So denkt man z. B. bei Frauen, welche die Pille nehmen, bei Wadenschmerzen vielleicht öfters an die tiefe Beinvenenthrombose, als wenn sie die Pille nicht nehmen. Bei Fall-Kontrollstudien kann das Wissen, ob der

Proband Fall oder Kontrolle ist, auch die Wahrnehmung in Bezug auf einen Risikofaktor beeinflussen. So können sich Patienten, die eine schwere Erkrankung haben
(z. B. einen bösartigen Tumor), eher an einen Risikofaktor (z. B. bestimmte Lebens-
umstände) erinnern als Gesunde, da kranke Menschen immer das Bedürfnis haben,
die Ursachen ihrer Erkrankung zu erklären (*Recall Bias*). Wenn man die Information über Risikofaktoren bei den (kranken) Fällen aus den Krankengeschichten sucht,
gibt es oft das Problem, dass man dann bei gesunden Kontrollen (die typischerweise
keine Krankengeschichten haben) die Information über Risikofaktoren durch andere Methoden – beispielsweise ein Interview – sammeln muss. Es liegt eigentlich klar
auf der Hand, dass diese verschiedenen Arten der Messung einen *Information Bias*
erzeugen können (*Chart Review Bias*). *Bias* kann aber auch insbesondere während
eines Interviews vom Befrager, z. B. durch Suggestivfragen, hervorgerufen werden
(*Interviewer Bias*).

7.2.2 Selection Bias

Selection Bias ist ein systematischer Fehler, der entsteht, wenn sich Ein- oder Ausschluss von Individuen zwischen den Vergleichsgruppen systematisch unterscheiden, wenn also unterschiedlich selektioniert wird. *Selection Bias* tritt bei Kohortenstudien auf, wenn in der Gruppe mit dem Risikofaktor selektiv mehr (oder weniger) Patienten verloren gehen als in der Gruppe ohne Risikofaktor. In diesem Fall
muss man annehmen, dass ein eventuell unbekannter Faktor in den Gruppen jeweils
unterschiedlich wirkt und das Ergebnis verzerrt. Sie untersuchen zum Beispiel die
Wirksamkeit eines neuen Schmerzmittels bei Rückenschmerzen im Rahmen einer
randomisierten kontrollierten Studie. Nach vier Wochen laden Sie die Patienten zu
einer Abschlussuntersuchung ein, aber es erscheinen einige Patienten aus der Kontrollgruppe nicht mehr zu dieser Untersuchung. Bei den verbliebenen Patienten ist
die gemessene Schmerzintensität in beiden Gruppen gleich. Das bedeutet leider nicht
unbedingt, dass beide Mittel gleich gut wirken. Hier ist ein *Selective-loss-to-follow-up*
zu vermuten – das Mittel wirkt vielleicht so gut, dass die Patienten nicht mehr kommen, weil es mühsam ist, zum Arzt zu gehen, wenn es einem doch schon gut geht;
vielleicht ist das Mittel so schlecht, dass die Patienten das Vertrauen verloren haben und einen anderen Arzt aufsuchten; vielleicht ist das Mittel so gefährlich, dass
viele Patienten einfach sterben. Das letzte Szenario ist bei Interventionsstudien unwahrscheinlich, bei langfristigen Kohortenstudien, die subtile Risikofaktoren messen, aber gut möglich.

    Bei Fall-Kontrollstudien kann *Selection Bias* auftreten, wenn die Fälle nicht aus
der Population stammen, die auch die Kontrollen hervorbringt. Im Klartext heißt
das, man muss sich immer fragen: „Wenn jemand aus der Kontrolle krank wird, würde ich ihn dann als Fall entdeckt haben?“, oder ob die Kontrollen repräsentativ für
die zugrunde liegende Population sind oder in irgendeiner Form „selektioniert“ sind
(siehe auch Kapitel 14)

7.2.3 Vermeidung von Bias

Jedes Studiendesign, wie auch viele Methoden, einen Risikofaktor zu messen (siehe Kapitel 3), ist für bestimmte Formen des *Bias* anfällig. Es gibt für alle Messmethoden und Designformen entsprechende Maßnahmen, *Bias* zu minimieren. Man sollte daher vor der Planung gut eingelesen sein, um solche Fehler vorherzusehen und so gut als möglich zu berücksichtigen. Allgemein gilt, dass (1) bei einer Messung welcher Art auch immer der Messende verblindet sein soll, um den *Information Bias* zu vermeiden (siehe Kapitel 8). Verblindung bedeutet, dass der Messende nicht weiß, ob der Untersuchte nun den Risikofaktor hat oder nicht. Weiters soll (2) bei der Auswahl von Studienteilnehmern wenn möglich immer der Zufall die Auswahl treffen, um einen Selektionsmechanismus zu vermeiden (siehe Kapitel 16). Letztlich (3) soll auch beim Randomisierungsprozess die Gruppenzugehörigkeit nicht vorhersehbar sein (*allocation concealment*). Wenn das nicht der Fall ist, kein *Allocation Concealment* durchgeführt wird, so kann es auch zu mehr oder weniger bewussten Auswahlmechanismen kommen (*Selection Bias*). In der Literatur gibt es viele Beispiele, wo die fehlende Verblindung zu falschen Ergebnissen führt (Schultz 1995; Koreny 2004). Man kann es nicht oft genug betonen: Wenn relevanter *Bias* einmal aufgetreten ist, ist die Studie unrettbar verloren!

7.3 Confounding

Anders als beim *Selection Bias*, wo eine fehlerhafte Auswahl zu einer Verzerrung des Effektes führt, finden wir bei Beobachtungsstudien auch in unselektierten Populationen oft deutliche Unterschiede verschiedenster Faktoren zwischen den Vergleichsgruppen. Es sind also viele Faktoren natürlich miteinander assoziiert. Wir sind aber meist an Risikofaktoren interessiert, die einen kausalen (unabhängigen) Zusammenhang mit dem *Outcome* haben. Die Beeinflussung des Risikofaktors soll das *Outcome* verändern. Nicht unabhängige Zusammenhänge, die über andere Risikofaktoren erklärt werden können, nennt man *confoundet*.

Confounding bedeutet also, dass der Zusammenhang zwischen dem Risikofaktor und dem Endpunkt teilweise oder zur Gänze durch einen so genannten *Confounder* erklärt wird. Dazu muss ein *Confounder* (1) sowohl mit dem Endpunkt (2) als auch mit dem Risikofaktor assoziiert sein und darf (3) nicht in der Kausalkette zwischen Risikofaktor und Endpunkt liegen. Um den dritten Punkt zu erklären, stellen Sie sich vor, Sie würden den Zusammenhang zwischen einem lipidsenkenden Arzneimittel und Herzinfarktrisiko für den vermeintlichen *Confounder* Cholesterin adjustieren. Damit hätten Sie den wesentlichen Teil des kausalen Wirkmechanismus entfernt, übrig blieben lediglich die *„non-lipid effects"*.

Ein Beispiel

> Wenn der Endpunkt Mortalität ist, so ist einer der klassischen *Confounder* das Lebensalter. Nehmen wir an, dass in einer Gruppe mit dem Risikofaktor (z. B. Rauchen) auch das Durchschnittsalter höher ist als in der Gruppe ohne den Risikofaktor. Im Verlauf versterben im Beobachtungszeitraum mehr Probanden in der Gruppe mit dem Risikofaktor, aber wir wissen letztlich nicht, wie „viel" der Sterblichkeit – welches Ausmaß der Sterblichkeit – durch Rauchen und wie viel durch das höhere Alter verursacht wird. Ein anderes Beispiel ist, dass in den 1980er Jahren ein Zusammenhang zwischen Kaffeekonsum und dem Auftreten der koronaren Herzerkrankung beobachtet wurde. Letztlich stellte sich heraus, dass es nicht der Kaffee war, sondern das Rauchen: Menschen, die viel Kaffee trinken, rauchen oft auch mehr als jene, die keinen oder nur wenig Kaffee trinken.

Im Gegensatz zu *Bias* ist *Confounding* ein geringes Problem, solange man weiß, dass *Confounder* vorhanden sind und diese entsprechend berücksichtigt werden. *Confounding* kann entweder auf der Ebene der Studienplanung minimiert bzw. ganz ausgeschaltet werden oder in der Analysephase meist zufrieden stellend behandelt werden.

7.3.1 Wie geht man mit Confounding um?

7.3.1.1 Vermeidung von Confounding in der Planungsphase

Confounding kann in der Planungsphase z. B. durch Restriktion, durch *Matching* und, bei Interventionsstudien, durch Randomisierung vermieden werden. Restriktion bedeutet, dass die Einschlusskriterien eng definiert werden, um den *Confounder* durch mangelnde Variabilität auszuschalten (wenn alle Patienten zwischen 30 und 40 sind, so wird das Alter nur einen vernachlässigbaren Effekt auf die Mortalität haben). Das Problem hier ist, dass (1) die Generalisierbarkeit abnimmt und (2) man mitunter sehr lange brauchen wird, um entsprechende Fallzahlen zu erlangen. Im Rahmen einer Fall-Kontrollstudie kann man die Fälle und Kontrollen im Bezug auf bekannte *Confounder matchen*. Das heißt im Fall von Alter, dass man für jeden Fall einen gleichaltrigen (z. B. ±5 Jahre) Kontrollprobanden sucht. In weiterer Folge kann ein Unterschied zwischen den Gruppen nicht mehr durch das Alter erklärt werden. Leider hat dieses Verfahren auch Nachteile. Wenn man für mehrere *Confounder* matchen möchte, kann das, vor allem aus logistischer Sicht, problematisch werden: Es finden sich nicht genug Kontrollprobanden. Weiters kann man den Effekt des *Confounders* nicht untersuchen. Oft sind die *Matching*-Kategorien relativ breit und *Residual Confounding* ist möglich. Wir möchten auch darauf hinweisen, dass *Matching* eine gematchte Analyse erfordert.

Die Rolle der Randomisierung, um *Confounding* zu vermeiden, wird in Kapitel 16 ausführlich besprochen.

7.3.1.2 Berücksichtigung von Confounding im Rahmen der Analyse

In Rahmen der Analyse kann *Confounding* entweder durch Stratifikation oder durch multivariates *Modelling* erkannt und korrigiert werden. Das ist aber nur möglich, wenn man in der Planungsphase schon daran gedacht hat, welche Parameter möglicherweise *Confounder* sind, und diese mit ausreichender Genauigkeit erfasst hat.

Stratifikation bedeutet, dass man die Population in Subgruppen des vermeintlichen Störfaktors, so genannte Strata, aufteilt und dann neuerlich analysiert. Das ist einfach, wenn sich diese Strata automatisch anbieten, wenn zum Beispiel vermutet wird, dass Geschlecht ein *Confounder* ist (siehe auch Kapitel 12). Schwieriger ist es schon, wenn der *Confounder* viele Ausprägungen haben kann, zum Beispiel Alter. Dann muss man mehr oder weniger künstliche Gruppen bilden.

Ein Beispiel für Stratifikation

Ähnlich wie in dem oben genannten Beispiel wurde Kaffeekonsum auch mit dem Auftreten des Pankreaskarzinoms in Zusammenhang gebracht. Sie wollen nun im Rahmen einer Fall-Kontrollstudie diesem Zusammenhang nachgehen. Der verdächtigte Risikofaktor ist also der Kaffeekonsum (ja *v* nein), das Auftreten eines Pankreaskarzinoms ist der Endpunkt und Nikotinkonsum (ja *v* nein) ist der *Confounder*.

Zuerst konstruiert man eine normale 4-Felder-Tabelle und errechnet die *Odds Ratio* (siehe Kapitel 6) (Tabelle 7.1).

Die *Odds Ratio* beträgt für dieses Beispiel 1,9 (= (450/200)/(300/250)) – Kaffeetrinker haben, im Vergleich zu denen, die keinen Kaffee trinken, ein 1,9fach erhöhtes Risiko, an einem Pankreaskarzinom zu erkranken.

Nun macht man die gleiche Tabelle für Raucher und Nichtraucher getrennt (Tabelle 7.2) und berechnet die *Odds Ratio* für jede Tabelle. Diesen Vorgang nennt man Stratifikation.

Die *Odds Ratio* beträgt für die Raucher 1,0 (= (400/100)/(200/50)) – Kaffeetrinker haben, im Vergleich zu denen, die keinen Kaffee trinken, ein einfach erhöhtes Risiko, an einem Pankreaskarzinom zu erkranken (das heißt, das Risiko ist in beiden Gruppen gleich groß).

Für Nichtraucher beträgt die *Odds Ratio* ebenso 1,0 (= (50/100)/(100/200)) – Kaffeetrinker haben, im Vergleich zu denen, die keinen Kaffee trinken, ein einfach erhöhtes Risiko, an einem Pankreaskarzinom zu erkranken (das heißt, das Risiko ist auch hier in beiden Gruppen gleich groß).

Tabelle 7.1

	Patienten mit Pankreas-CA	Gesunde Kontrollen
Kaffeetrinker	450	200
Kein Kaffee	300	250

Tabelle 7.2

	Patienten mit Pankreas-CA	Gesunde Kontrollen
Raucher		
Kaffeetrinker	400	100
Kein Kaffee	200	50
Nichtraucher		
Kaffeetrinker	50	100
Kein Kaffee	100	200

> Durch die Stratifikation konnte der störende Einfluss des Rauchens elimi-
> niert werden und es zeigt sich, dass Kaffeekonsum keinen Einfluss auf das
> Auftreten der Erkrankung hat.

Leider erlaubt der Rahmen dieses Buches nur eine oberflächliche Diskussion der
vielen Möglichkeiten, um *Confounding* zu untersuchen und dafür zu kontrollieren.
In Kapitel 12 gehen wir noch weiter auf Möglichkeiten zur Behandlung von *Confounding* ein. Wir können jedem die Einführung in die Welt der multivariaten Methoden von Katz (1999) empfehlen: ein großartiges Buch, das komplexe Inhalte einfach und ohne eine einzige Formel (!) erklären kann. Die Grundzüge von *Bias* und
Confounding werden auch von Hennekens (1987) ausgezeichnet erklärt. Wenn es jemand wirklich wissen will, dann empfehlen wir ein Buch von Rosenbaum (2002)
über Beobachtungsstudien. Für dieses Buch sind gewisse mathematische Vorkennt-
nisse empfehlenswert.

7.4 Interaktion

Zuletzt möchten wir noch das Konzept der Interaktion kurz besprechen. Interaktion oder *Effect Modification* bedeutet, dass der Effekt eines Risikofaktors über die
Größe eines dritten Risikofaktors variiert. In anderem Zusammenhang wird dieses
Phänomen auch als Subgruppeneffekt oder als Heterogenität bezeichnet. Interaktion
ist kein Fehler, sondern ein Effekt, den es zu entdecken und beschreiben gilt. Leider
ist das Konzept der Interaktion kompliziert und wir erklären das am besten anhand
zweier Beispiele.

Ein Beispiel

> Mit zunehmendem Alter nimmt bei uns leider auch das Gewicht zu. In Ab-
> bildung 7.1 sieht man den linearen Zusammenhang zwischen Alter und Ge-
> wicht: Mit jeder Einheit Alterszunahme steigt das Gewicht ein wenig (mehr
> über Regression gibt es in Kapitel 11).

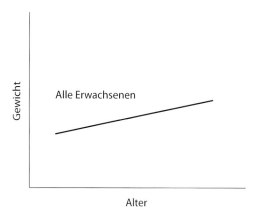

Abb. 7.1 Linearer Zusammenhang zwischen Alter (*x*-Achse) und Gewicht (*y*-Achse) bei Erwachsenen: Mit jeder „Einheit" Alter (z. B. pro Jahr) nimmt unser Gewicht zu

In dieser Abbildung beschreibt die Regressionslinie das Gewicht für Männer und Frauen gemeinsam. Wir wissen natürlich, dass Männer im Durchschnitt etwas schwerer sind als Frauen. Wenn wir jeweils für Männer und Frauen den Zusammenhang zwischen Alter und Gewicht darstellen, sehen wir, dass die Linien parallel verlaufen (Abbildung 7.2).

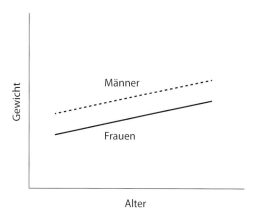

Abb. 7.2 Linearer Zusammenhang zwischen Alter (*x*-Achse) und Gewicht (*y*-Achse) bei Männern und Frauen getrennt: Männer sind schwerer als Frauen, aber die Gewichtszunahme ist mit zunehmendem Alter gleich

Die Differenz zwischen den Linien entspricht der durchschnittlichen Gewichtsdifferenz zwischen Männern und Frauen. Wenn ich in einer Studie das Gewicht zwischen zwei Gruppen vergleiche und einen Unterschied finde, gleichzeitig aber auch entdecke, dass in einer Gruppe viel mehr Männer als Frauen sind, so kann ich vermuten, dass ein Teil des Gewichtsunterschieds durch die ungleichmäßige Geschlechtsverteilung zu erklären ist. Hier besteht lediglich *Confounding*.

Anders ist das bei Kindern. Hier nimmt das Gewicht von Buben in den ersten 15 Lebensjahren stärker zu als das von Mädchen, da diese schneller wachsen (Körpergröße und Muskelmasse): der Gewichtsunterschied zwischen Buben und Mädchen ist in den ersten Lebensjahren deutlich geringer als in der Pubertät (Abbildung 7.3).

Sie sehen, wie das Gewicht über das Alter – in Abhängigkeit vom Geschlecht – variiert. Das ist eine Interaktion. In diesem Fall ist eine durchschnittliche Regressionsgerade, bei der das Geschlecht ignoriert wird, wie in Abbildung 7.4, irreführend und sollte nicht präsentiert werden.

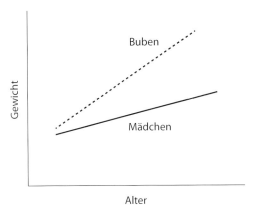

Abb. 7.3 Linearer Zusammenhang zwischen Alter (*x*-Achse) und Gewicht (*y*-Achse) bei Buben und Mädchen getrennt: In den ersten Lebensjahren sind Buben kaum schwerer als Mädchen, aber im weiteren Verlauf ist die Gewichtszunahme bei Buben höher als bei Mädchen

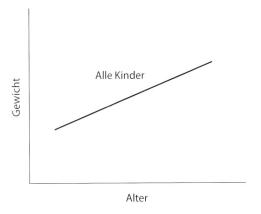

Abb. 7.4 Der lineare Zusammenhang zwischen Alter (*x*-Achse) und Gewicht (*y*-Achse) bei Buben und Mädchen gemeinsam ist irreführend und sollte nicht als Durchschnittswert angegeben werden

Ein Beispiel aus der klinischen Praxis

Fehlt das Enzym alpha1-Antitrypsin (ein angeborener Defekt), so funktioniert die Selbstreinigungskraft der Lunge nicht ausreichend und es kommt schon in relativ jungem Alter zur chronischen Lungenerkrankung. Wenn Betroffene auch noch rauchen, so tritt die chronische Lungenerkrankung noch früher und stärker auf. Der alpha1-Antitrypsinmangel ist der Risikofaktor, das Auftreten der chronischen Lungenerkrankung ist der Endpunkt und Rauchen ist der Effektmodifikator: Der Effekt eines Risikofaktors (Schwere und Zeitpunkt der Lungenerkrankung) variiert über die Größe eines dritten Risikofaktors (je mehr der Betroffene raucht, desto schwerer/früher die Lungenerkrankung).

Interaktion ist kein Störfaktor, sondern ein richtiger Effekt, der, wenn er nachgewiesen werden kann, auch präsentiert werden muss.

Kapitel 8

Verblindung und Bias

▸ Verblindung ist notwendig, um einen systematischen Fehler zu vermeiden

▸ Ein systematischer Messfehler führt zu falschen Ergebnissen (*Information Bias*)

▸ Im Rahmen einer Fall-Kontrollstudie sollte den Untersuchern bei der Erhebung von Risikofaktoren nicht bekannt sein, ob es sich um einen Fall oder eine Kontrolle handelt

▸ Im Rahmen einer Kohortenstudie sollte den Untersuchenden bei der Erhebung des Endpunktes nicht bekannt sein, ob der Proband den Risikofaktor hat

▸ Bei randomisiert kontrollierten Studien darf die Gruppenzugehörigkeit nicht vorhersehbar sein, da es sonst zu einem selektiven Einschluss bzw. Nichteinschluss kommen kann (*Allocation Concealment* zur Vermeidung von *Selection Bias*)

8.1 Wir sehen nur, was wir sehen wollen

Wissen ist im Wesentlichen kein objektives Gut, sondern immer Konstrukt der jeweiligen Gesellschaft. So wissen wir heute, dass die Erde kugelförmig ist; einige Jahrhunderte zuvor „wussten" unsere Vorfahren um ihre Scheibenform. Wahrnehmung wird also nicht nur vom „wahren" Zustand (wenn es diesen überhaupt gibt), sondern vom gesellschaftlich definierten Wahrnehmungsvermögen beeinflusst. Dieser Hintergrund ist wichtig, um zu verstehen, warum Verblindung in der klinischen Forschung so wichtig ist.

Es ist eine menschliche Eigenschaft, Sachverhalte so zu sehen, wie sie am besten in unser Weltbild und Wertgefüge passen. Das heißt, wir haben vorgeprägte Anschauungen und Meinungen und handeln danach. Diese Prozesse laufen meist unbewusst ab. Verblindung im Rahmen der klinischen Forschung bedeutet, dass die Wahrnehmung so gut wie möglich aus dem Kontext genommen wird: Der Wahrnehmende hat nicht mehr die Möglichkeit, das Beobachtete so einzuordnen und zu bewerten, wie es am besten in die „Weltordnung" passt.

Vorgeprägte Anschauungen und Meinungen können die Ergebnisse von wissenschaftlichen Projekten auf besondere Art stören: Es kommt zu einem systematischen Messfehler, und was auch immer wir beobachten oder messen entspricht nicht dem wahren Effekt (siehe Kapitel 7, Day 2000). Wir möchten den Einfluss der (fehlenden) Verblindung auf den Messfehler gemeinsam mit verschiedenen Studienformen erklären.

8.2 Verblindung bei Fall-Kontrollstudien

Fall-Kontrollstudien sind retrospektiv, das heißt, der Risikofaktor wird rückwirkend gemessen, nachdem der Endpunkt bereits eingetreten ist (siehe Kapitel 14). Hier muss man versuchen, die Untersucher, die den Risikofaktor erheben, zu verblinden. Das heißt, sie sollten nicht wissen, ob der betroffene Studienteilnehmer zu den Fällen oder den Kontrollen zählt. Selbst wenn die Risikofaktoren „hart" sind, wie zum Beispiel in eine Krankenkurve eingetragene Laborwerte, sind unbewusste Rundungsfehler möglich. Wenn die Risikofaktoren „weich" sind, also eine subjektive Einschätzung des Untersuchers notwendig ist, ist der Messfehler bei fehlender Verblindung mitunter beträchtlich. Wenn der Risikofaktor durch ein Interview erhoben wird, lässt es sich oft nicht vermeiden, dass der Interviewer im Rahmen der Befragung erfährt, ob der Befragte Fall oder Kontrolle ist.

Um den Fehler zu minimieren, sollte man mit allen Mitteln versuchen, den Fall- bzw. Kontrollstatus geheim zu halten. Bei Interviews sollte man den Interviewern immer gleich viele Fälle und Kontrollen zuordnen. Wenn man ein epidemiologischer Saubermann ist, erhebt man auch, ob der Interviewer oder Datenüberträger glaubt, dass es sich jeweils um einen Fall oder eine Kontrolle gehandelt hat. Man kann den Messfehler so zwar nicht vermeiden, aber zumindest beschreiben, wie gut die Verblindung gelungen ist. Wenn man sich redlich um Verblindung bemüht hat, aber gescheitert ist, so ist das keine Schande und sollte in der Arbeit erwähnt werden – insbesondere wenn man überzeugt ist, dass es einfach nicht besser geht.

8.3 Verblindung bei Kohortenstudien

Bei Kohortenstudien ist der Zugang zur Analyse genau andersherum als bei der Fall-Kontrollstudie: Der Risikofaktor wird gemessen und dann das Auftreten des Endpunktes abgewartet (siehe Kapitel 15). Das kann prospektiv oder retrospektiv ablaufen. Bei retrospektiven Kohortenstudien gilt im Wesentlichen das Gleiche wie für Fall-Kontrollstudien. Bei prospektiven Kohortenstudien sollten alle für die Erfassung des Endpunktes Verantwortlichen verblindet sein (siehe Kapitel 15). Das heißt, sie sollten nicht wissen, ob der Risikofaktor vorhanden ist. Wenn das nicht gewährleistet ist, könnte es sein, dass der Endpunkt wegen dieses Wissens häufiger erkannt wird.

> ### Ein (erfundenes) Beispiel
>
> Der Risikofaktor ist Rauchen und der Endpunkt Lungenkrebs, der durch eine Röntgenuntersuchung festgestellt wird. Frühphasen der Krebserkrankung sind im Röntgenbild schwer zu erkennen, daher sind so genannte Messfehler unvermeidlich. Unsere Untersucherin kennt die Studienhypothese, und während sie das Röntgenbild macht, befragt sie alle Probanden, ob sie rauchen. Bei den Rauchern sucht sie nun besonders genau nach Anzeichen der Erkrankung. Wenn sie in der Gruppe der Raucher mehr Karzinomfälle entdeckt, wissen wir nicht, ob der Effekt wahr ist oder durch genauere Untersuchung vorgetäuscht wurde.

In diesem Fall kann man das Problem vermeiden, indem man die Untersucherin verblindet (kein Gespräch mit den Patienten) oder statt dem „weichen" Endpunkt (Röntgenbild) einen harten Endpunkt wählt, wie zum Beispiel den Tod. Das ist aber nicht immer möglich. Wenn der Untersucher bezüglich des Risikofaktors verblindet ist, macht er zwar noch immer Fehler, aber der Fehler ist für beide Gruppen gleich.

8.4 Verblindung bei randomisierten, kontrollierten Studien

8.4.1 Verblindung vor der Randomisierung

Ärzte und wissenschaftliches Personal, die Patienten in eine randomisierte kontrollierte Studie einschließen, sollten nicht wissen, welcher Gruppe der nächste Patient zugeteilt wird (*allocation concealment*). Das ist von Bedeutung, da die oben diskutierten Vorlieben auch zu einem selektiven Einschließen bzw. Nichteinschließen von Patienten führen können. In der klinischen Praxis heißt das zum Beispiel, dass wir von zwei möglicherweise gleichwertigen Therapieformen meist eine bevorzugen. In so einem Fall verordnen wir eine lieber als die andere und sind auch geneigt, Ergebnisse positiver zu empfinden, als es den Tatsachen entspricht. Wenn solche Mechanismen wirksam sind, verfälschen sie den Effekt der Intervention (*Selection Bias*).

Das bedeutet, dass die Gruppenzuteilung vor dem Einschluss in eine Studie auf keinen Fall bekannt sein sollte. Das ist z. B. gewährleistet, wenn die Gruppenzugehörigkeit jedes Patienten in einem versiegelten, blickdichten Kuvert aufbewahrt ist, das erst nach Einschluss des Patienten geöffnet wird. Randomisierung über Telefon hat den gleichen Effekt. Gruppenzuteilung nach alternierenden Tagen (z. B. gerade *v* ungerade) oder offene Randomisierungslisten sollten vermieden werden, da so die Gruppenzugehörigkeit vorhersehbar ist. Da *Allocation Concealment* technisch einfach durchzuführen ist, können wir uns keine guten Gründe vorstellen, warum die letztgenannten, schlechteren Alternativen verwendet werden sollten.

8.4.2 Verblindung der Intervention

Auch der Patient sollte nicht wissen, welche Intervention er erhalten hat, da das Wissen um die Gruppenzugehörigkeit das Ergebnis beeinflussen kann, insbesondere wenn es ein subjektiv beeinflusster Endpunkt ist (z. B. Schmerzen). In manchen medizinischen Situationen, wie z. B. bei chirurgischen Eingriffen, ist die Verblindung des Patienten unmöglich. Für viele medizinische Situationen, vor allem bei Arzneimittelstudien, ist Verblindung meist möglich, wenn man entweder das aktive Arzneimittel oder eine unwirksame Substanz (ein so genanntes Placebo) verabreicht. Bei Interventionen wie z. B. der Akupunktur ist die Verblindung der Patienten nur bedingt möglich.

Es sollte auch die so genannte Placebowirkung berücksichtigt werden. Obwohl das Placebo unwirksam ist, kann es beim Patienten eine gewisse „Wirkung" zeigen, da der Patient von der Wirksamkeit überzeugt ist. Dieser Effekt ist, in Abhängigkeit von der behandelten Erkrankung, minimal bis beträchtlich. Placebos wirken auch durch ihre Erscheinungsform (bei Tabletten Farbe, Größe, Geschmack). Daher sollen Placebos in Aussehen, Konsistenz, Lösungsverhalten, Geruch und Geschmack von der aktiven Medikation nicht zu unterscheiden sein.

Möglichkeiten der Verblindung bei randomisierten Studien sind folgende:

- Der Untersucher weiß nicht, ob der Patient die Intervention erhält oder in der Kontrollgruppe ist (*single blind*)
- Weder Untersucher noch Patient wissen, ob der Patient die Intervention erhält, oder ob er in der Kontrollgruppe ist (*double blind*)
- Bei einem Arzneimittelvergleich erhält der Patient zweimal ein Arzneimittel, eines davon ist Placebo (*double dummy*)

Eine Studie, bei der sowohl der Untersucher als auch der Patient weiß, in welcher Gruppe der Patient ist, heißt offene Studie.

Am Ende einer verblindeten randomisiert kontrollierten Studie sollte immer erfasst werden, ob die Verblindung erfolgreich war. Bei einer Einfachblind-Studie sollte der Untersucher befragt werden, welcher Interventionsgruppe seiner Meinung nach der Patient angehört. Bei einer Doppelblind-Studie sollten sowohl Patient als auch Untersucher danach befragt werden. Eine Verblindung der Intervention ist natürlich nicht immer möglich, wie wir in einem Beispiel weiter unten zeigen werden. Bei Arzneimitteln geht das allerdings meist sehr unproblematisch und auch sonst kann man sich oft etwas einfallen lassen. Vorteilhaft ist eine Verblindung vor allem, um subjektive Einflüsse während der Studienphase zu reduzieren und bei „weichen" Endpunkten *Informations Bias* zu verhindern (siehe unten). Darüber hinaus reduziert Verblindung aber auch die Häufigkeit unkontrollierter Begleittherapie, oder Wechsel zwischen den Vergleichsgruppen (eine „Verwässerung" des Effektes, auch Kontamination genannt). Generell empfehlen wir also zu verblinden, wo immer es machbar ist.

8.4.3 Verblindung bei der Messung des Endpunktes

Die randomisierte kontrollierte Studie ist eine Sonderform der Kohortenstudie. Der Risikofaktor ist eine Intervention und nur der Zufall entscheidet, ob der Proband den Risikofaktor „erhält" oder nicht (siehe Kapitel 16). Analog zur Kohortenstudie sollte der Untersucher, der den Endpunkt erhebt, nicht wissen, welche Intervention der Proband erhalten hat, um *Information Bias* zu verhindern. Je mehr subjektives Urteil in die Messung des Endpunktes einfließt, umso bedeutender ist die Verblindung. Ähnlich wie *Allocation Concealment* ist die verblindete Erfassung des Endpunktes praktisch immer machbar und sollte wann immer möglich auch stattfinden.

8.4.4 Wie Verblindung auf verschiedene Ebenen wirken kann

Ein erfundenes Beispiel

In diesem Beispiel sind alle möglicherweise auftretenden Probleme eines offenen Designs mit alternierender Gruppenzuteilung diskutiert.

Es ist bekannt, dass Digitalis bei Patienten mit Herzinsuffizienz und regelmäßigem Herzschlag (Sinusrhythmus) die Häufigkeit der Krankenhausaufnahme senkt (The Digitalis Investigation Group 1997), aber nicht das Überleben verlängert. Ein großer Teil der Patienten mit Herzinsuffizienz hat aber unregelmäßigen Herzschlag (Vorhofflimmern). Vorhofflimmern hat einen negativen Einfluss auf die Funktionsfähigkeit des Herzens. Es ist nicht bekannt, ob Digitalis bei Patienten mit Vorhofflimmern den gleichen Effekt hat wie bei Patienten mit Sinusrhythmus. Nun ist eine neue Studie geplant, in deren Rahmen auch Patienten mit Vorhofflimmern untersucht werden sollen. Die Studie ist offen (Patienten und Untersucher kennen die Gruppenzugehörigkeit) und die Gruppenzugehörigkeit wird nach alternierenden Tagen entschieden: Patienten, die an geraden Tagen kommen, erhalten Digitalis, Patienten die an ungeraden Tagen kommen werden beobachtet.

Diejenigen Ärzte und Studienassistenten, die dazu neigen, an die Wirksamkeit von Digitalis zu glauben, und wissen, ob der Patient Digitalis oder Placebo bekommt, werden sich nicht immer objektiv verhalten:

- Vielleicht werden Patienten, die eigentlich in die Placebo-Gruppe gehören, nicht in die Studie eingeschlossen, weil der Arzt überzeugt ist, dass dieser spezielle Patient von der Digitalistherapie profitieren würde.
- Vielleicht werden Patienten mit sehr schwerer Herzinsuffizienz nicht eingeschlossen, weil man ihnen die möglichen Nebenwirkungen des Arzneimittels „ersparen" will.
- Vielleicht neigt der Arzt dazu, die Befindlichkeit des Patienten am Ende der Studie eher besser zu bewerten, wissend, dass dieser eine „wirksame" Therapie erhält.

- Vielleicht werden Patienten, die Digitalis erhalten, leichter im Rahmen von Folgeuntersuchungen ausgeschlossen, wenn sie sich schlechter/kränker fühlen, da es als Digitalisnebenwirkung interpretiert werden kann (Digitalis kann in hohen Dosen Übelkeit hervorrufen).

Patienten haben natürlich auch Vorlieben:

- Vielleicht neigt auch der Patient dazu, sein Befinden als besser wahrzunehmen, weil er weiß, dass er eine „wirksame" Therapie erhält.
- Vielleicht verlassen Patienten in der Kontrollgruppe selektiv die Studie, da sie von einem anderen Arzt endlich die „wirksame" Therapie erhalten wollen.

Wie schon erwähnt, gibt es Studien, wo Verblindung schwer oder gar nicht möglich ist. In der Chirurgie ist Verblindung oft nur schwer möglich, da ein „Placeboeingriff" von vielen Menschen als unethisch abgelehnt wird.

Ein Beispiel

Viele Gelenke zeigen im Lauf der Zeit Abnutzungserscheinungen, insbesondere die Knie (Gonarthrose). Aus der Perspektive des Betroffenen ist dieses Problem von großer Bedeutung: Das Problem verkürzt zwar nicht unser Leben, kann aber die Lebensqualität nachhaltig beeinträchtigen. Etwa jeder siebente über 55-Jährige leidet unter heftigen Schmerzen und reduzierter Lebensqualität. Aus volksgesundheitlicher Perspektive ist die Gonarthrose auch ein großes Problem durch den Ausfall von Arbeitskraft und die Verwendung von Gesundheitsressourcen. Eine häufig angewandte Untersuchung ist die Arthroskopie – eine Gelenksspiegelung. Im Rahmen der Untersuchung kann der Chirurg raue Oberflächen glätten und eventuell Teile der Menisken (Gelenksscheiben der Knie) entfernen, wenn diese fehlerhaft sind. Orthopäden schwören auf die Wirksamkeit dieses Eingriffs. Nun wurde unlängst tatsächlich eine randomisierte, „placebokontrollierte" Studie durchgeführt, um die Wirksamkeit zu untersuchen (Moseley 2002). In der Kontrollgruppe erhielten die Patienten wirklich Vollnarkose und einen Hautschnitt und der Chirurg manipulierte durch diesen Schnitt am Knie, ohne aber in das Gelenk einzudringen. In dieser Studie konnte kein Vorteil für den Eingriff gefunden werden: Die Schmerzen nach dem Eingriff waren in beiden Gruppen weiterhin gleich. Die chirurgischen Orthopäden betonen, dass diese Studie problematisch ist und die Ergebnisse nicht der Wirklichkeit entsprechen. Ob das wohl damit etwas zu tun hat, dass solche Eingriffe für Ärzte ein einträgliches Geschäft sind?

Diese Studie ist ein gutes Beispiel, dass die Verblindung hier nicht unethisch war, sondern, ganz im Gegenteil, aus einer utilitaristischen Perspektive zu fordern ist (Kapitel 32).

Die Liste der möglichen Einflüsse kann beliebig fortgesetzt werden. Es ist nicht vorhersehbar, welchen Einfluss ein nicht verblindetes Design auf eine Studie haben wird: Der Effekt der Intervention kann unterschätzt werden, gleich bleiben (siehe auch Kapitel 7) oder überschätzt werden – schlechtes Design führt meist zu einer Überschätzung des Effekts (Schulz 1995). Jedenfalls wissen wir nicht, ob unser Ergebnis der klinischen Realität nahe kommt.

8.5 Weiterführende Literatur

Neben den Standardwerken der Epidemiologie (z. B. Hennekens 1987), der Statistik (Altman 1992) und über das Design von randomisierten, kontrollierten Studien (Pocock 1983) können wir den Artikel von Day (2000) als Zusammenfassung empfehlen.

Kapitel 9

Zufallsvariabilität – das Wichtigste über *p*-Wert und Konfidenzintervall

- Um Gruppen statistisch vergleichen zu können, muss man eine *Nullhypothese* (die Gruppen unterscheiden sich nicht) und eine *Alternativhypothese* aufstellen (die Gruppen unterscheiden sich)

- Das Ergebnis des statistischen Tests gibt an, wie wahrscheinlich es ist, den vorliegenden Unterschied zwischen den Gruppen zu beobachten, obwohl kein Unterschied besteht

- Wenn diese Wahrscheinlichkeit unter 5 % ist ($p < 0{,}05$), kann die Nullhypothese abgelehnt und die Alternativhypothese angenommen werden

- Der Typ-I-Fehler beschreibt die Wahrscheinlichkeit, rein zufällig einen Unterschied zu entdecken, obwohl keiner besteht

- Der Typ-II-Fehler beschreibt die Wahrscheinlichkeit, einen Unterschied zu übersehen, obwohl er vorhanden ist

- Das 95 %-Konfidenzintervall (*Confidence Interval*) gibt an, dass man 95 % sicher sein kann, dass das Ergebnis eines Experimentes in der Bevölkerung auch in diesem Bereich liegt

9.1 Allgemeines

Die meisten Menschen denken bei „Statistik" an eine trockene Aufstellung von irgendwelchen Merkmalen. Bei der Statistik Austria werden die Einwohner Österreichs gezählt, die Erwerbstätigen und Arbeitslosen, die Verstorbenen, Wirtschaftsdaten und so weiter. Die beschreibende Statistik mag vordergründig zwar trocken erscheinen, übermittelt uns aber eine gute Übersicht, wie eine Gruppe – in der Sprache der Statistik ist das die Population – aussieht, welche Merkmale sie hat und wie sie sich von anderen unterscheidet.

Statistik kann aber noch viel mehr als Zustände beschreiben. In der klinischen Epidemiologie verwenden wir die Statistik und ihre Methoden, um die Auswirkungen des Zufalls auf unsere Ergebnisse beschreiben zu können. Damit können wir die Zufallsvariabilität berechnen und so von Stichproben auf die Gesamtheit rückschließen. Das erlaubt uns einerseits, die Präzision eines Ergebnisses anzugeben, und natürlich auch Gruppen miteinander zu vergleichen. Voraussetzung ist, dass wir es mit repräsentativen Stichproben zu tun haben, um wiederum Rückschlüsse für die Population ableiten zu können. Dieses Vorgehen – Rückschlüsse von einzelnen Details auf die große „Wahrheit" – nennen wir induktives Schließen. Schlussfolgerungen, die vom Großen zum Detail führen, nennen wir deduktives Schließen. Genau genommen kann man der Wahrheit nur näher kommen, wenn wir einem deduktiven Weg folgen, aber wir leben eben nicht in einer perfekten Welt (siehe Kapitel 34).

In der medizinisch-wissenschaftlichen Literatur finden sich dann Sätze wie „… die Gruppen unterschieden sich signifikant ($p < 0{,}05$)", oder „… X korreliert signifikant mit Y". Wenn wir einen Gruppenvergleich durchführen, wollen wir wissen, ob der beobachtete Unterschied tatsächlich besteht oder ob es doch nur Zufallsschwankungen sind. Systematische Fehler (*Bias*) und Störfaktoren (*Confounding*) können das Ergebnis gleichfalls beeinflussen beziehungsweise erklären (siehe Kapitel 7).

Das Prinzip der Statistik in wenigen Worten anhand eines Beispiels

Wir haben Blutdruckwerte einer repräsentativen Stichprobe als Endpunkt einer Studie gewählt und möchten wissen, wie sich diese Werte in Bezug auf die Gesamtpopulation verhalten. Von unserer Stichprobe kennen wir (1) den Mittelwert, (2) die Standardabweichung und (3) die Gruppengröße (Kapitel 26).

Wir können uns nun die Erkenntnisse der Statistiker zunutze machen, die anhand riesiger simulierter „Grundgesamtheiten" einen recht einfachen Zusammenhang zwischen Standardabweichungen und Gruppengröße von Stichproben gefunden haben, den man als Standardfehler (oder auch SEM – Standard Error of the Mean) bezeichnet. Dieser Standardfehler beschreibt die Schwankungsbreite von Stichprobenmittelwerten um den „wahren" Mittelwert der Gesamtpopulation.

Die Formel ist eigentlich recht einfach:

$$\text{Standardfehler}_{\text{Mittelwert}} = \frac{\text{Standardabweichung}}{\sqrt{\text{Gruppengröße}}} \tag{9.1}$$

Mit Hilfe dieses Standardfehlers können wir also errechnen, wie sich unsere Stichprobe im Verhältnis zum wahren Mittelwert verhält: Der Standardfehler beschreibt die Zufallsvariabilität. Je kleiner die Streuung unserer Stichprobe und umso größer die Stichprobe, umso näher wird unser Mittelwert der Stichprobe am „wahren" Mittelwert der Gesamtpopulation liegen – und umgekehrt. Für praktisch alle relevanten Maßzahlen und Effekte gibt es Formeln zur Berechnung des jeweiligen Standardfehlers. Das ist sozusagen das Herzstück unserer statistischen Berechnungen. Wir haben im Prinzip zwei Möglichkeiten, diese Zufallsvariabilität zu beschreiben: (1) einen *p*-Wert, der uns angibt, wie wahrscheinlich unser Ergebnis durch Zufall alleine zustande kommt, und (2) das Konfidenzintervall, das uns einen Bereich angibt, innerhalb dessen wir den wahren Mittelwert der Gesamtpopulation aufgrund der Zufallsvariabilität erwarten können.

Wir werden diese Konzepte im Folgenden detaillierter erklären, aber wenn sie diesen Absatz verstanden haben, kennen Sie das wesentliche Grundprinzip der Statistik, das wir in der klinischen Epidemiologie brauchen.

9.2 Nullhypothese und Alternativhypothese

Der Beweis, dass ein beobachteter Unterschied nicht durch Zufall verursacht, sondern wahr ist, kann leider nur indirekt geführt werden. Wir können nicht beweisen, dass sich beobachtete Gruppen hinsichtlich eines Merkmals (z. B. Körpergröße) unterscheiden. Man kann aber zeigen, dass diese Gruppen wahrscheinlich nicht gleich sind. Das funktioniert folgendermaßen (beim Lesen bitte konzentrieren):

1. Man vergleicht die Gruppen vorerst durch Betrachtung der Daten bzw. durch beschreibende Statistik. Es kommt nur selten vor, dass der zu vergleichende Wert (z. B. Blutdruck, Altersverteilung, Geschlechtsverteilung usw.) zwischen zwei oder mehreren Vergleichsgruppen genau gleich ist.

2. Dann stellt man eine Nullhypothese auf (z. B. zwei Gruppen haben die **gleiche** Altersverteilung; etwas salopp ausgedrückt: „Der Unterschied im Alter = 0"). Wenn die Nullhypothese wahr ist, dann ist der beobachtete Unterschied lediglich Ausdruck der Zufallsschwankung.

3. Nun stellt man eine Alternativhypothese auf (z. B. zwei Gruppen haben **nicht die gleiche** Altersverteilung; wieder etwas salopp ausgedrückt: „Der Unterschied im Alter ≠ (ist nicht gleich) 0"), die dann gilt, wenn man die Nullhypothese widerlegen kann.

4. Zum Widerlegen der Nullhypothese führt man einen geeigneten statistischen Test durch (siehe Kapitel 10). Das Ergebnis eines statistischen Tests ist letztlich der so genannte p-Wert.

5. Nun interpretiert man den p-Wert. Der p-Wert beschreibt die Wahrscheinlichkeit (p wie *Probability*), den Unterschied der beobachteten Größe (oder mehr) zu beobachten, obwohl „in Wahrheit", und damit ist eine hypothetische, universelle Wahrheit gemeint, kein Unterschied besteht. Wenn man nun einen Unterschied beobachtet, obwohl er nicht wirklich besteht, heißt das, der Unterschied ist nicht echt, sondern lediglich Ausdruck der Zufallsschwankung. Ein kleiner p-Wert bedeutet, dass die Wahrscheinlichkeit gering ist, einen Unterschied der beobachteten Größe (oder mehr) zu beobachten, obwohl er nicht vorhanden ist, also nur aus Zufall. Wenn der p-Wert kleiner als 5 % ist, kann man die Nullhypothese ablehnen. Dieser Grenzwert bei 5 % ist Konvention. Bitte nehmen Sie ihn vorerst einfach hin. Wenn man die Nullhypothese wegen der geringen Wahrscheinlichkeit ablehnen kann, gilt die Alternativhypothese – es besteht ein Unterschied. Der statistische Test ist also ein Vorgehen, um nachzuweisen, ob die Daten, die wir untersuchen, mit unserer Nullhypothese **kompatibel** sind.

Ein Beispiel (Beispiel A)

Das Durchschnittsalter in einer Gruppe von 1.194 Männern ist 51 Jahre, mit einer Standardabweichung von 6 Jahren. In einer zweiten Gruppe (483 Männer) beträgt das Durchschnittsalter 56 Jahre, mit einer Standardabweichung von 7 Jahren. Die Nullhypothese ist daher, dass das Alter der einen Gruppe sich vom Alter der anderen Gruppe nicht unterscheidet und daher dieser beobachtete Altersunterschied von 5 Jahren nur ein Ausdruck der Zufallsschwankung ist. Wenn man einen t-Test durchführt (siehe Kapitel 24), findet man, dass der Altersunterschied von 4,9 Jahren ein Signifikanzniveau von $p < 0{,}001$ erreicht. Der *p*-Wert, meistens als Fraktion angegeben, bedeutet, dass die Wahrscheinlichkeit, einen Unterschied dieser Größe – oder noch größer – zufällig zu beobachten, kleiner als 0,1 % ist, wenn die Nullhypothese stimmt. Somit können wir die Nullhypothese (beide Gruppen haben gleiches Alter) ablehnen und die Alternativhypothese annehmen: Die beiden Gruppen unterscheiden sich hinsichtlich des Alters.

Noch ein (erfundenes) Beispiel (Beispiel B)

Sie wollen wissen, ob die Anzahl der Raucher zwischen zwei Gruppen – Patienten mit und ohne Herzinfarkt – unterschiedlich ist. In der einen Gruppe sind 45 von 75 Patienten *mit* Herzinfarkt Raucher (60 %), in der anderen sind 30 von 75 Patienten *ohne* Herzinfarkt Raucher (40 %). Unsere Nullhypothese ist, dass der Anteil der Raucher, auch hier stellvertretend für die Gesamtheit, in beiden Gruppen gleich groß ist. Wenn man einen entsprechenden Test (Chi-Quadrat) durchführt, findet man, dass dieser Unterschied von 20 % ein Signifikanzniveau von $p = 0{,}036$ erreicht ($\chi^2 = 4{,}39$).

Wenn die Nullhypothese stimmt, also kein Unterschied zwischen den Gruppen besteht, ist die Wahrscheinlichkeit, einen Unterschied dieser Größe zufällig zu beobachten, 3,6 %. Mit anderen Worten: Würde dieses Experiment 100-mal durchgeführt werden (was natürlich unrealistisch ist), könnten wir einen Unterschied von 20 % auch in drei bis vier Versuchsanordnungen nur durch Zufall beobachten, obwohl der Anteil der Raucher in beiden Gruppen gleich ist.

Da der *p*-Wert kleiner als 5 % ist (0,036 < 0,05), können wir die Nullhypothese ablehnen und die Alternativhypothese annehmen. Die Alternativhypothese besagt, dass der Anteil der Raucher in den Gruppen unterschiedlich ist.

Ein letztes Beispiel (Beispiel C)

Dieses Beispiel ist eine Variante von Beispiel B. Wenn sich nun die Gesamtanzahl der Gruppen verringert, steigt auch die Möglichkeit, dass durch

Zufallsschwankungen große Unterschiede zwischen den Gruppen entstehen. In der einen Gruppe sind 24 von 40 Patienten **ohne** Herzinfarkt Raucher (60 %), in der anderen 16 von 40 Patienten **mit** Herzinfarkt Raucher (40 %). Die Relation von Rauchern zu Nichtrauchern bleibt gleich, aber das Signifikanzniveau des Unterschiedes von 20 % ändert sich (χ^2 = 3,2, p = 0,074).

Da der p-Wert größer als 5 % ist (0,074 > 0,05), können wir die Nullhypothese **nicht** ablehnen: Der Anteil der Raucher in den beiden Gruppen ist nicht sicher unterschiedlich. Stimmt die Nullhypothese (der Anteil der Raucher ist in beiden Gruppen gleich) und ich wiederhole das Experiment 100-mal, kann ich trotzdem in 7,4 Fällen einen Unterschied von 20 % oder mehr beobachten.

9.3 Die Power

Der p-Wert ist also ein Maß für die Wahrscheinlichkeit, einen Unterschied zu beobachten, obwohl in Wirklichkeit doch kein Unterschied vorhanden ist. Es ist gar nicht einfach zu verstehen, was der p-Wert bedeutet, was durch die Konvention, einen p-Wert < 0,05 als „statistisch signifikant" zu betrachten, sicherlich nicht vereinfacht wird. Ist die Aussagekraft des Signifikanzniveaus in Beispiel B wirklich besser als in Beispiel C? Der p-Wert beschreibt den so genannten Typ-I-Fehler (oder α-Fehler), also dass man einen Unterschied rein zufällig beobachtet, obwohl er eigentlich nicht besteht. Bei dem angenommenen α-Fehler von 5 % bedeutet das, dass einer von 20 Signifikanztests „positiv" ist, obwohl kein Unterschied besteht. Im Gegensatz dazu gibt es den Typ-II-Fehler (oder β-Fehler), der die Wahrscheinlichkeit beschreibt, einen Unterschied zu übersehen, obwohl er besteht. Die so genannte *Power* wird im Wesentlichen durch die Studiengröße und durch die Größe des zu erwartenden Effektes beeinflusst. Die *Power* einer Studie ist ein wichtiger Bestandteil in der Planung von Studien. Wenn die *Power* zu gering ist, kann man einen Effekt oft nicht nachweisen, obwohl er vorhanden ist. Der Zusammenhang zwischen p-Wert, *Power*, Effektgröße und Stichprobengröße wird in Kapitel 20 ausführlicher besprochen.

Wenn prospektive Studien durchgeführt werden, ohne vorherige Berechnung der notwendigen Fallzahl, soll man die *Power* im Nachhinein auch nicht mehr berechnen, da die Studie bereits durchgeführt wurde, also die Stichprobengröße einfach feststeht und ebenso die Effektgröße. Eine Studie, die keinen statistisch signifikanten Unterschied findet, hat – da sie ja nun abgeschlossen ist – eine *Power* von 0 %. In diesem Fall sollte man die Konfidenzintervalle zur Abschätzung der möglichen Effektgröße verwenden. Wir erwähnen das, da wir immer wieder die Erfahrung machen, dass insbesondere Gutachter und Editoren von Journalen bei ‚negativen' Studien nach so genannten Post-hoc-*Power*-Berechnungen fragen.

9.4 Konfidenzintervalle

Wahrscheinlich ist es noch sinnvoller, statt dem Signifikanzniveau die Effektgröße anzugeben. Vertrauensbereiche (auch Konfidenzintervalle oder im Englischen *Confidence Intervals*) geben einen Bereich an, der alleine durch Zufallsvariabilität zustande kommen kann. Es ist üblich, 95 %-Konfidenzintervalle zu verwenden, da diese Begrenzung auch dem 5 % Typ-I-Fehler-Limit entspricht; aber 99 % oder 90 % sind ebenso zweckmäßig. Bei einem 95 %-Konfidenzintervall können wir also sagen, dass wir uns zu 95 % sicher sein können, dass der wahre Mittelwert der Gesamtpopulation innerhalb dieses Konfidenzintervalls liegen wird, und umgekehrt, dass wir zu 5 % damit rechnen müssen, dass dieses Konfidenzintervall den wahren Mittelwert der Gesamtpopulation nicht einschließt. Wir könnten also alles außerhalb des Konfidenzintervalls als „überzufällig" oder „signifikant" bezeichnen.

Wenn man Konfidenzintervalle für die drei oben genannten Beispiele errechnet, kann man die Effektgröße, beziehungsweise deren praktische Bedeutung, besser abschätzen. Das 95 %-Konfidenzintervall der Altersdifferenz aus Beispiel A ist 4 bis 6 Jahre: Wir können zu 95 % sicher sein, dass der wahre mittlere Altersunterschied in der Bevölkerung zwischen vier und sechs Jahren liegt. In anderen Worten: Wenn man das Experiment 100-mal durchführt, wird der durchschnittliche Altersunterschied in 95 Fällen zwischen vier und sechs Jahren liegen.

Für Beispiel B ist das 95 %-Konfidenzintervall des Unterschiedes des Anteils an Rauchern zwischen den beiden Gruppen 4 % bis 36 %. Wir können zu 95 % sicher sein, dass der Unterschied zwischen 4 % und 36 % liegt. Dieses Konfidenzintervall ist sehr weit, das heißt, die Präzision dieser Schätzung ist gering. Sie können daher schon sehr gut erkennen, wie sehr hier die Zufallsvariabilität mitspielt.

Für Beispiel C reicht das 95 %-Konfidenzintervall des Unterschiedes von −2 % bis 42 %. Wir können also zu 95 % sicher sein, dass bei oftmaliger Wiederholung des Experiments durchschnittlich in einer Gruppe in 42 % **mehr** Raucher bis 2 % **weniger** Raucher sind. Bitte beachten Sie, dass hier der Punkt Null (d. h. kein Unterschied) überschritten wird. Der Test ist also nicht signifikant, trotzdem scheint der Unterschied eine eindeutige Richtung zu haben. Hier könnte ein Effekt vorhanden sein, aber die Anzahl der Studienteilnehmer ist nicht groß genug, um den Effekt sicher zu erkennen. Wenn eine Studie bereits durchgeführt wurde, sind diese Angaben verständlicher als eine retrospektive *Power*-Berechnung. Wenn die retrospektive *Power*-Berechnung nun eine *Power* von z. B. 50 % ergibt, heißt das lediglich, dass ich eine 50%ige Chance habe, einen Effekt zu entdecken, wenn er vorhanden ist, ich weiß aber nicht, ob ich einen Effekt annehmen kann oder nicht. Das Konfidenzintervall hilft mir da eher weiter.

Das Konfidenzintervall gibt also an, wie groß der zu erwartende Effekt ist und damit, ob der Punkt der Einheit (die Nullhypothese) berührt wird. Der Punkt der Einheit gibt an, dass kein Unterschied zwischen zum Beispiel zwei untersuchten Gruppen besteht. Wenn ich Gruppen vergleiche, errechne ich meist eine Differenz (siehe oben) oder ein Verhältnis, eine Ratio (z. B. *Odds Ratio*, *Risk Ratio* – siehe Kapitel 6).

Wenn ich die Differenz verwende, so ist der Punkt der Einheit 0 (Null Unterschied), wenn ich eine Ratio verwende, ist der Punkt der Einheit 1 (Nenner und Zähler sind gleich groß). Wenn also ein Konfidenzintervall einer Differenz die Null einschließt, so kann der Effekt in beide Richtungen gehen (siehe Beispiel C). Wenn das Konfidenzintervall einer *Ratio* die Eins einschließt, so heißt das auch hier, dass der Effekt in beide Richtungen gehen kann. Nur wenn der Effekt in eine Richtung geht, vermuten wir, dass ein signifikanter Zusammenhang besteht.

Auf das Prinzip der Berechnung von Konfidenzintervallen und deren praktische Berechnung wollen wir hier nur exemplarisch eingehen und verweisen unsere interessierten Leser auf die klassischen Statistikbücher (z. B. Kirkwood 2003). Zum Verständnis sei erwähnt, dass innerhalb von ±1,96 Standardabweichungen vom Mittelwert einer Normalverteilung genau 95 % aller einzelnen Messwerte liegen. Das gilt für normalverteilte Blutdruckwerte in unserer Stichprobe mit bekannten Daten, genauso aber auch in der theoretischen uns nicht bekannten Gesamtpopulation. Da sich die (vielen uns nicht bekannten theoretischen) Mittelwerte von vergleichbaren Stichproben auch nach dem Muster der Normalverteilung verhalten, können wir mit dem Standardfehler des Mittelwertes die Variabilität unseres Stichprobenmittelwertes beschreiben. Gehen wir also noch einmal zurück zum Beispiel ganz zu Beginn dieses Kapitels: Wir haben Blutdruckwerte einer repräsentativen Stichprobe als Endpunkt und möchten wissen, wie sich diese Werte in Bezug auf die Gesamtpopulation verhalten.

Von unserer Stichprobe kennen wir:

1. den *Mittelwert*,
2. die *Standardabweichung* und
3. die *Gruppengröße* (siehe auch Kapitel 26).

Aus Standardabweichung und Gruppengröße können wir den Standardfehler des Mittelwertes berechnen, wie wir zu Beginn des Kapitels gezeigt haben. Wenn wir diesen Standardfehler mit 1,96 multiplizieren und diesen Wert oberhalb und unterhalb des Mittelwertes unserer Stichprobe auftragen, haben wir ein 95 %-Konfidenzintervall errechnet. Damit kennen wir die Streuung möglicher Stichprobenmittelwerte aus einer (unbekannten) Gesamtpopulation, auf den wir rückschließen wollen. Dieses Rückschließen bezeichnen wir als statistische Inferenz.

$$95\,\%\text{-Konfidenzintervall} = \text{Mittelwert der Stichprobe} \pm 1{,}96$$
$$\times \text{Standardfehler}_{\text{Mittelwert}} \qquad (9.2)$$

Dieses Beispiel soll das Prinzip der Konfidenzintervalle erläutern, allerdings möchten wir darauf hinweisen, dass diese Berechnung ein paar grundlegende Annahmen voraussetzt. So müssen die Einzelwerte aus der Studie voneinander unabhängig sein, das heißt, wir dürfen nicht etwa zwei Werte pro Patient als unabhängige Werte betrachten. Außerdem sollten die Werte annähernd einer so genannten Normalverteilung folgen. Auch sonst sollten die Voraussetzungen erfüllt sein, die bei den üblichen statistischen Tests gefordert werden.

Der Unterschied zwischen dem statistischen Test und den Konfidenzintervallen ist zusammenfassend so zu verstehen: Ein statistischer Test untersucht, ob die vorliegenden Daten mit einer Hypothese kompatibel sind; Konfidenzintervalle zeigen, ob der tatsächliche Zustand mit den vorliegenden Daten kompatibel ist.

9.5 *p*-Wert oder Konfidenzintervall?

Abschließend wollen wir noch erwähnen, dass die oben erwähnten Sätze („… die Gruppen unterschieden sich signifikant ($p < 0,05$)" oder „… *X* korreliert signifikant mit *Y*") zwar häufig zu lesen sind, aber leider auch sehr unbefriedigend sind, da nur der *p*-Wert ohne Effektgröße angegeben wird. Der Nachweis eines statistischen Unterschiedes zwischen z. B. zwei bestimmten Gruppen hat an sich nur geringen Wert. Die Bedeutung eines Gruppenvergleichs liegt in der Möglichkeit, auf die Gesamtheit rückschließen zu können. Der Leser will nicht unbedingt wissen, dass ein blutdrucksenkendes Arzneimittel bei den Patienten eines bestimmten Autors gewirkt hat, sondern wie gut dieses Arzneimittel bei Patienten mit Hypertonie allgemein wirkt. Daher gilt jede Studie als Stichprobe aus der gesamten Gruppe der Betroffenen. Diese Stichprobe lässt Aussagen über die Gesamtheit zu, ist aber mit Unsicherheit behaftet. Diese Unsicherheit findet ihren Ausdruck im 95 %-Konfidenzintervall (Gardner 1989) (siehe auch Kapitel 26). Letztlich möchten wir nochmals in Erinnerung rufen, dass das Signifikanzniveau von 5 % ($p < 0,05$) eine Konvention ist; es könnte genauso gut bei 7 % liegen.

9.6 Non-inferiority und Äquivalenz

Bisher haben wir das Konzept der Unterschiedlichkeit (Nicht-Äquivalenz) beschrieben. Beispielsweise wird in klinischen Studien typischerweise die Frage gestellt: Ist die Intervention A überzufällig anders als Intervention B. Das wird auch oft als zweiseitiges Testen bezeichnet: A kann besser als B sein oder B besser als A, aber in jedem Fall sind A und B unterschiedlich. In den letzten Jahren stellte sich aber zunehmend die Frage, ob zwei Interventionen gleich gut sind (Äquivalenz) oder zumindest die neue Therapie nicht schlechter ist als eine etablierte Therapie – etwa wenn sie billiger oder praktikabler ist (*Non-inferiority*) oder wenn eine Therapie so gut eingeführt ist, dass eine Placebokontrolle als unethisch angesehen wird. Hier stoßen wir an die Grenzen unserer klassischen statistischen Tests, denn die Nullhypothese (kein Unterschied zwischen A und B) ist hier plötzlich unsere Alternativhypothese, und damit wird das Zurückweisen der Nullhypothese zu einem absurden Vorgehen. Daher machen wir uns hier die Konfidenzintervalle zunutze und legen einen Bereich fest, über den das Konfidenzintervall des Effektes nicht hinausragen darf. Typischerweise wird hier nur einseitig getestet, es wird also die Frage beantwortet, ob A (neu) zumindest nicht schlechter als B (alt) ist (*Non-inferiority*).

Die Glaubwürdigkeit solcher Studien steht und fällt mit der Festlegung dieser *Non-inferiority*-Grenze. Auch sonst gibt es eine Reihe von Unterschieden in Design, Analyse und Interpretation von Äquivalenz/*Non-inferiority*-Studien im Vergleich zum klassischen Studiendesign. Eine verständliche kurze Zusammenfassung bietet der Einleitungstext der entsprechenden Erweiterung des CONSORT Statements (*www.consort-statement.org/extensions*).

Für dieses Kapitel bringen wir keine gesonderte weiterführende Literatur, sondern verweisen auf unsere Statistikbücher, die wir im Epilog ausführlicher darstellen.

Kapitel 10

Welcher statistische Test ist der richtige?

▸ Vergleich von zwei unabhängigen Gruppen kontinuierlicher Variablen, wenn diese annähernd normal verteilt sind: ungepaarter t-Test

▸ Vergleich von zwei unabhängigen Gruppen kontinuierlicher Variablen, wenn diese nicht normal verteilt sind: Wilcoxon Rank Sum Test oder Mann-Whitney U-Test

▸ Vergleich von zwei gepaarten Gruppen kontinuierlicher Variablen, wenn diese annähernd normal verteilt sind: gepaarter t-Test

▸ Vergleich von zwei gepaarten Gruppen kontinuierlicher Variablen, wenn diese nicht normal verteilt sind: Wilcoxon Signed Rank Test

▸ Vergleich von zwei oder mehr Gruppen binärer oder kategorischer, unabhängiger Variablen: Chi Quadrat oder Fisher's Exact Test

▸ Vergleich von zwei Gruppen binärer, gepaarter Variablen: McNemar Test

▸ Wenn Daten mit den genannten Möglichkeiten nicht analysiert werden können, suchen Sie einen Biometriker oder einen klinischen Epidemiologen auf

▸ Besuchen Sie einen Grundkurs für (medizinische) Statistik

Die oben genannten Grundregeln sind extreme Vereinfachungen, wie es sich überhaupt in diesem Kapitel um eine schematische Darstellung handelt. Die einzelnen Abschnitte sollten aber als Faustregel ganz brauchbar sein. Jeder Test verlangt nach bestimmten Voraussetzungen, die wir im Weiteren kurz beschreiben möchten. Wir empfehlen aber jedem, der mit statistischen Tests arbeiten möchte, selbst wenn es nur die hier genannten sind (also die einfachsten), einen Grundkurs in Statistik zu besuchen. Noch besser ist es, wenn Sie einen Grundkurs mehrfach besuchen: Wir versichern Ihnen, dass Sie sonst im Handumdrehen wieder vergessen, was Sie dort lernen.

10.1 Die wichtigsten Tests

[handwritten: unterschiedl) gruppen
kontinuierliche Variablen → Normalv.
nicht → nur mittelwerte
→ kleine Stichproben (<50)]

10.1.1 Der ungepaarte t-Test

Der ungepaarte t-Test dient zum Vergleich von zwei unabhängigen Gruppen kontinuierlicher Variablen (z. B. Blutdruck, Gewicht, Cholesterinspiegel, Alter) bei zwei unterschiedlichen, und damit aus der Sicht des Statistikers unabhängigen, Gruppen.

Diesen Test darf man anwenden, wenn (1) die Werte dieser Variablen annähernd einer Normalverteilung folgen und (2) die Standardabweichungen beider Gruppen etwa gleich groß sind. Wenn die Rohdaten vorliegen, kann man die Normalverteilung am besten durch ein Histogramm feststellen (siehe Kapitel 26). Wenn nur Mittelwerte angegeben sind, ist eine fehlende Normalverteilung anzunehmen, ebenso, wenn kleine Stichproben vorliegen (z. B. < 50) und/oder die Standardabweichung so groß bzw. größer als der Mittelwert ist.

[handwritten margin: Resultat] Die Formel des ungepaarten t-Tests und ihre Anwendung ist einfach, dennoch bitten wir den interessierten Leser, diesbezüglich die Lehrbücher der Statistik heranzuziehen. Das Ergebnis des t-Tests ist letztlich ein p-Wert, der die Wahrscheinlichkeit angibt, eine Differenz der Mittelwerte zu beobachten, obwohl die Nullhypothese wahr ist. Die Nullhypothese besagt, dass kein Unterschied zwischen den Gruppen besteht (siehe Kapitel 9). *[handwritten: p kleiner als 5 % H₀ verwerfen]*

> ### Ein erfundenes Beispiel
>
> Im Rahmen einer randomisiert kontrollierten Studie wird die Wirksamkeit einer blutdrucksenkenden Therapie (Gruppe A) mit einem Placebo (Gruppe B) verglichen. Gruppe A besteht aus 25 Patienten, und der durchschnittliche Blutdruck am Ende der Studienperiode betrug in dieser Gruppe 148 mmHg, mit einer Standardabweichung von 9 mmHg. Gruppe B besteht aus 26 Patienten, der durchschnittliche Blutdruck am Ende der Studienperiode betrug in dieser Gruppe 154 mmHg, mit einer Standardabweichung von 11 mmHg. Die Differenz zwischen den Gruppen beträgt 6 mmHg und der entsprechende p-Wert ist 0,039.
>
> Wenn der p-Wert 0,039 beträgt, bedeutet das, die Wahrscheinlichkeit, einen Unterschied von 6 mmHg oder mehr zwischen den beiden Gruppen zu entdecken, obwohl eigentlich keiner besteht – also der Unterschied lediglich durch Zufallsvariabilität zustande kommt –, ist nur 3,9 %. Das konventionelle Signifikanzniveau liegt bei 5 %. Wir können die Nullhypothese ablehnen. Die Alternative zur Nullhypothese ist, dass ein Unterschied besteht, das heißt, der systolische Blutdruckwert ist in der einen Gruppe signifikant höher als in der anderen.

Übrigens, wenn Sie die Daten mit einem Regressionsmodell untersuchen, wo Blutdruck als abhängige Variable (y) und die Behandlung (Gruppe A oder B) als unabhängige Variable verwendet werden, bekommen Sie genau die gleichen Ergebnisse wie bei einem t-Test.

10.1.2 Der gepaarte t-Test

Der gepaarte t-Test dient zum Vergleich von zwei gepaarten Messungen, wie z. B. Blutdruck, Gewicht, Cholesterinspiegel usw., vor und nach einem Eingriff bzw. Therapieversuch. Dieser Test berücksichtigt, dass sich jeweils zwei Werte, die man intra-individuell misst, ähnlicher sind als Werte, die bei unterschiedlichen Studienteil-nehmern gemessen wurden (inter-individueller Unterschied). Einen gepaarten Test muss man auch verwenden, wenn ein Vergleich zwischen kontinuierlichen Werten im Rahmen einer gematchten Fall-Kontrollstudie durchgeführt wird. Auch hier sind die Werte ähnlicher, und somit abhängig, als es in einem ungematchten Design der Fall wäre.

Diesen Test darf man anwenden, wenn die Werte dieser Variablen annähernd einer Normalverteilung folgen.

Ein erfundenes Beispiel

Sie wollen messen, wie stark ein bestimmter Belastungsgrad die Herzfre-quenz beeinflusst. Sie messen bei ihren Probanden die Herzfrequenz vor und nach Belastung. Da diese Werte jeweils zweimal bei einem Menschen gemes-sen werden und auch von Einflüssen wie Trainingszustand, Müdigkeit und angeborener Leistungsfähigkeit abhängen, ist offensichtlich, dass diese zwei Messwerte nicht unabhängig voneinander sind.

Sie führen also den Versuch durch, messen bei jedem Patienten die Herzfrequenz zu den vorgegebenen Zeitpunkten, geben die Werte in den Computer ein und lassen ein Programm den statistischen Test rechnen. Die Ergebnisse sehen so aus: Die durchschnittliche Herzfrequenz bei den neun Teilnehmern betrug 87/min vor der Belastung und 114/min unmittelbar danach. Die Differenz zwischen vorher und nachher beträgt $(114 - 87 =)$ 27/min mit einer Standardabweichung der Differenz von 8/min. Der p-Wert ist sehr, sehr klein ($< 0{,}0001$). Das heißt, diese Belastung führt zu einem Herzfrequenzanstieg, der ziemlich sicher nicht durch Zufall zu erklären ist.

10.1.3 Wilcoxon Rank Sum Test, Mann-Whitney U-Test und Wilcoxon Signed Rank Test

Wenn man kontinuierliche Zahlen zwischen Gruppen vergleichen will, diese aber nicht normalverteilt sind, kann man t-Tests, auch parametrische Tests genannt, nicht verwenden. Man hat nun zwei Möglichkeiten: Entweder man transformiert die nicht normalverteilte Variable in Werte, die annähernd einer Normalverteilung folgen (sie-he unten), oder man verwendet einen entsprechenden nicht parametrischen Test.

Nicht parametrische Tests werden auch verwendet, um Scores zwischen Gruppen zu vergleichen (z. B. NYHA-Score bei Herzinsuffizienz).

Ein teilweise erfundenes Beispiel

In einer retrospektiven Studie wollen Sie bei Patienten mit erfolgreicher Wiederbelebung untersuchen, ob die Stillstandsdauer mit der neurologischen Erholung zusammenhängt. Bei graphischer Betrachtung der Daten ist offensichtlich, dass diese nicht normalverteilt sind (Abbildung 10.1). Daher geben Sie den Median und den Interquartilen-Range für jede Gruppe an (siehe auch Kapitel 22) und verwenden den Mann-Whitney Test. Patienten mit schlechter neurologischer Erholung hatten eine mediane Stillstandsdauer von 25 Minuten (IQR 15 bis 38 Minuten). Patienten mit guter neurologischer Erholung hingegen hatten eine mediane Stillstandsdauer von 5 Minuten (IQR 2 Minuten bis 14 Minuten). Der Unterschied zwischen den Gruppen ist statistisch signifikant ($p < 0{,}001$). Die Daten stammen aus einer Studie, in welcher der Einfluss des Blutzuckerspiegels auf die neurologische Erholung nach erfolgreicher Wiederbelebung untersucht wurde (Müllner 1997).

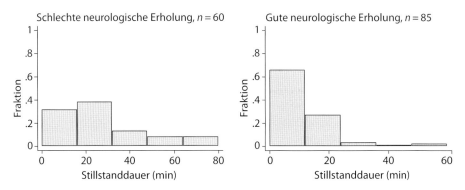

Abb. 10.1 Histogramm der Stillstandsdauer für Patienten mit schlechter Neurologie und für Patienten mit guter Neurologie. Patienten mit guter Neurologie hatten deutlich kürzere Stillstandszeiten. Die Daten sind nicht normalverteilt

Der Wilcoxon Rank Sum Test und der Mann-Whitney U-Test sind das Äquivalent zum ungepaarten t-Test, der Wilcoxon Signed Rank Test kann statt dem gepaarten t-Test verwendet werden.

Der Vorteil dieser Tests ist, dass sie fast immer anwendbar sind. Der Nachteil ist, dass nicht parametrische Methoden rechentechnisch etwas komplizierter sind, und vor allem, dass das Testergebnis, das Signifikanzniveau, einem abstrakten Konzept entspricht (siehe auch Kapitel 9 und zum Beispiel Altman 1992).

10.1.4 Chi Square, Fisher's Exact und McNemar Test

Wenn Sie binäre oder kategorische Variablen zwischen zwei oder mehr Gruppen vergleichen wollen, sollten Sie einen so genannten Mehrfeldertest verwenden. Der bekannteste ist sicherlich der *Chi Square Test*.

Wenn man nun zum Beispiel wissen will, ob in einer Gruppe mehr Männer (oder mehr Hypertoniker) sind als in einer unabhängigen Vergleichsgruppe, kann man das mit einer *Chi-Square*-Statistik testen. Dazu sollte aber die Gesamtzahl der Teilnehmer > 40 sein. Wenn die Teilnehmerzahl < 20 ist, sollte in jedem Fall der *Fisher's Exact Test* verwendet werden und wenn die Teilnehmerzahl zwischen 20 und 40 liegt, darf der *Chi Square Test* nur unter bestimmten Voraussetzungen verwendet werden (z. B. Kirkwood 2003).

> **Wieder ein teilweise erfundenes Beispiel**
>
> In der oben genannten Studie (Müllner 1997) wollen Sie auch untersuchen, ob das Geschlecht einen Einfluss auf die neurologische Erholung hat. Dazu konstruieren Sie am besten eine Tabelle mit vier Feldern (Tabelle 10.1).
>
> Der entsprechende Test ist der *Chi Square Test*. In der Gruppe mit schlechter neurologischer Erholung waren geringfügig mehr Männer als in der Gruppe mit guter neurologischer Erholung (80 % *v* 73 %), der Unterschied war aber nicht statistisch signifikant (X2 = 0,957, d. f. = 1, p = 0,328).

Tabelle 10.1

	Schlechte Neurologie	Gute Neurologie
Frauen	12 (20 %)	23 (27 %)
Männer	48 (80 %)	62 (73 %)
Total	60 (100 %)	85 (100 %)

Binäre und kategorische Variablen können, wie auch kontinuierliche Variablen, voneinander abhängig sein. Ein gepaarter Vergleich ist zum Beispiel, wenn zwei Radiologen unabhängig voneinander das gleiche Röntgenbild hinsichtlich einer krankhaften Veränderung beurteilen (vorhanden/nicht vorhanden). Wenn man nun abhängige (gepaarte) Gruppen vergleicht, muss der *McNemar Test* verwendet werden.

10.2 Andere Tests

Wenn Ihr Studiendesign die oben genannten Methoden nicht erlaubt, sollten Sie unbedingt (!) einen Biometriker kontaktieren. Unserer Erfahrung nach werden viel zu oft komplexe Designformen für relativ einfache Fragestellungen verwendet. Das kommt meist daher, dass der Wunsch groß ist, mehrere eventuell verwandte Fragestellungen innerhalb einer, meist kleinen, Studie zu beantworten. Was viele nicht wissen, ist, dass der Vergleich von mehreren Gruppen oder von Messwiederholungen mathematisch komplex und auch die Interpretation der Ergebnisse oft schwierig ist. Im Weiteren gehen wir auf andere häufig verwendete Methoden nur kurz ein.

10.2.1 Unterschiedliche Beobachtungszeiten

Es ist nicht immer möglich, zwei Gruppen über den gleichen Zeitraum, also gleich lange, zu beobachten. In so einem Fall ist es nicht korrekt, wenn man das nicht berücksichtigt, da mit längerer Beobachtungszeit natürlich auch die Wahrscheinlichkeit steigt, ein Ereignis zu beobachten.

In der Abbildung 10.2 sind der Beobachtungsbeginn und das Ende eingezeichnet. Ereignisse können innerhalb des Beobachtungszeitraums oder danach auftreten. Was nach Beobachtungsende passiert, wissen wir meist aber nicht, und für uns ist nur dieses gegebene Zeitfenster von Interesse. Sie können sehen, dass innerhalb des Beobachtungszeitraums ein Ereignis (gekennzeichnet durch ein Dreieck) bei einem von fünf Teilnehmern der Gruppe 1 und bei zwei von fünf Teilnehmern der Gruppe 2 eintritt. Wenn man nun einen *Fisher's Exact Test* verwendet, ist das nicht korrekt, da man sichergehen muss, dass die Beobachtungszeit in beiden Gruppen be-

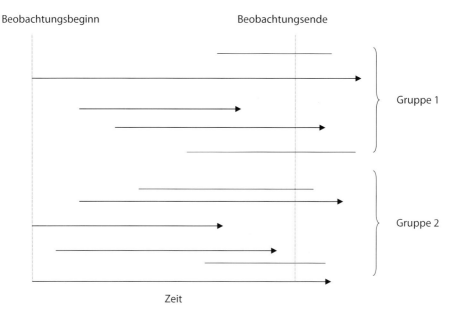

Abb. 10.2 Zwei Gruppen mit jeweils fünf Teilnehmern werden innerhalb eines Beobachtungszeitraums rekrutiert und beobachtet. Wenn ein Ereignis eintritt, wird es mit einem Dreieck markiert. Relevant sind nur Ereignisse, die innerhalb der Beobachtungsperiode eintreten

rücksichtigt wird. Es scheint zumindest, dass die Beobachtungszeit in der Gruppe 2 länger ist.

In diesem Fall muss man so genannte Überlebensanalysen verwenden. Am häufigsten wird dafür die Kaplan-Meier-Methode verwendet (siehe z. B. Kirkwood 2003; Altman 1992).

10.2.2 Regressionsmodelle

Wir werden im nächsten Kapitel die einfache Regressionsanalyse ausführlicher beschreiben, hier wollen wir nur einen kurzen Überblick über ein paar Möglichkeiten dieser außerordentlich flexiblen Methoden geben. Wenn etwa die abhängige Variable kontinuierlich ist (zum Beispiel Körpertemperatur), dann sind lineare Regressionsmodelle die erste Wahl. Wenn wir ein binäres *Outcome* untersuchen, werden oft logistische Regressionsmodelle verwendet. Es gibt ein ganzes Netzwerk von Modellfamilien, die auf alle möglichen Datenstrukturen und Dateneigenschaften Rücksicht nehmen können.

Regressionsanalysen können im Prinzip wie die einfachen statistischen Tests verwendet werden, denn als „Nebenprodukt" bekommt man immer einen p-Wert, der uns zum Beispiel Gruppenunterschiede, lineare Trends etc. anzeigen kann. Auch erhalten wir Konfidenzintervalle, die uns den Bereich der Zufallsvariabilität des Effektschätzers angeben. Regressionsmodelle sind auch gut geeignet, um mehrere Variablen gleichzeitig zu behandeln, weshalb sie gerne bei Beobachtungsstudien zum Adjustieren für potentielle *Confounder* verwendet werden. Aber auch zeitliche Abläufe können in Regressionsmodellen integriert werden, wenn sich etwa einige der verwendeten Variablen über die Beobachtungsdauer verändern. Wenn die Beobachtungszeit zwischen den Individuen variiert können wir Überlebenszeitmodelle verwenden. Beispielsweise werden *Cox-proportional-Hazards*-Modelle gerne bei klinischen Studien eingesetzt. Aber auch für korrelierte Daten gibt es elegante Lösungen, wie das zum Beispiel bei Messwiederholungen notwendig ist. *Random-Effects*-Modelle kommen hier etwa zum Einsatz. Da die Meta-Analyse ein gutes Beispiel für Daten mit Variabilität auf verschiedenen Ebenen ist, finden hier solche *Random-Effects*-Modelle oft Verwendung. Aber selbst die wirklich komplizierten Modelle, wie sie bei diagnostischen Meta-Analysen notwendig sind, beruhen auf dem Prinzip der Regressionsanalyse.

Zu diesem Kapitel gibt es keine Literaturempfehlung, da wir am Ende des Buchs (Kapitel Epilog) auf besonders empfehlenswerte Bücher eingehen. Dort gibt es auch Empfehlungen für Statistikbücher, die unterschiedlichen Anwenderniveaus entsprechen.

Kapitel 11

Korrelation und Regression ist nicht das Gleiche

▸ *Korrelation* erfasst, wie stark zwei Parameter zusammenhängen

▸ Wenn zwei Parameter voneinander abhängen, kann man durch *Regression* den einen Wert durch den anderen vorhersagen

11.1 Korrelation

11.1.1 Allgemeines zur Korrelation

Korrelation erfasst, wie stark zwei Parameter linear zusammenhängen, und ist oft schon mit dem bloßen Auge zu erkennen. Eine Korrelation, also einen Zusammenhang zwischen zwei Variablen, sollte daher immer auch in Form einer Graphik inspiziert werden. Als Maßgröße dafür, wie stark diese Werte zusammenhängen, gilt der Korrelationskoeffizient und dieser misst, in welchem Ausmaß die Variabilität des einen Parameters durch den anderen erklärt wird. In anderen Worten ausgedrückt, er beschreibt, wie stark die Punkte von einem zugrunde liegenden linearen Trend abweichen.

Der Korrelationskoeffizient – genannt r – kann einen Wert zwischen −1 und +1 annehmen. Ein Korrelationskoeffizient von +1 bedeutet maximal starker, positiver, linearer Zusammenhang (also je höher der eine Wert, desto höher der andere Wert) (Abbildung 11.1). Bei einem Korrelationskoeffizienten von +1 liegen alle Punkte auf einer von links unten nach rechts oben ansteigenden Geraden.

Ein Korrelationskoeffizient von −1 bedeutet maximal starker, negativer, linearer Zusammenhang (je höher der eine Wert, desto niedriger der andere Wert) (Abbildung 11.2). In anderen Worten ausgedrückt, der eine Wert erklärt die Varianz des anderen vollkommen.

Ein Korrelationskoeffizient in der Nähe von 0 (Null) bedeutet, dass kein (linearer) Zusammenhang besteht. Im Einzelfall hängt es von den Umständen ab, wie groß ein Korrelationskoeffizient sein soll, um relevant zu sein (siehe unten). Der Korrelationskoeffizient der in Abbildung 11.3 aufgetragenen Variablen ist −0,33, also nicht sehr groß, obwohl man einen eindeutigen Zusammenhang zwischen den Variablen sieht. Der Zusammenhang ist aber nichtlinear.

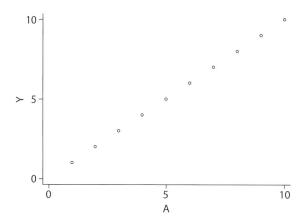

Abb. 11.1 Perfekte, positive Korrelation ($r = 1{,}00$; $n = 10$)

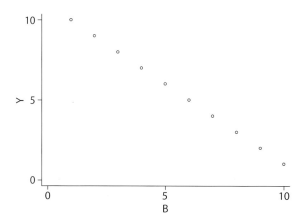

Abb. 11.2 Perfekte, negative Korrelation ($r = -1{,}00$; $n = 10$)

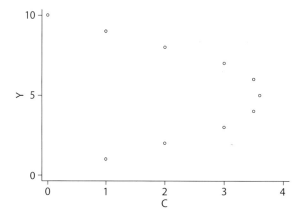

Abb. 11.3 Nichtlinearer Zusammenhang; Korrelation sollte hier nicht verwendet werden

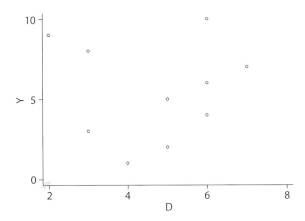

Abb. 11.4 Keine Korrelation; die *Punkte* scheinen zufällig verteilt zu sein

Der Korrelationskoeffizient der in Abbildung 11.4 aufgetragenen Variablen ist 0,01. Es besteht offensichtlich kein Zusammenhang zwischen den Variablen.

Wenn man den Korrelationskoeffizienten quadriert, erhält man eine Proportion, die uns sagt, wie viel Variabilität des einen Wertes durch den anderen erklärt wird; auf Englisch *variability explained* (R^2). Dieser Wert liegt zwischen 0 und 1, mit 100 multipliziert erhält man die entsprechende Prozentangabe.

11.1.2 Ein paar Regeln zur Korrelation

Zwei oder mehrere Werte darf man nur korrelieren, (1) wenn die Werte beider Variablen einer Normalverteilung folgen, (2) wenn der Zusammenhang linear ist – also nicht wie in Abbildung 11.3 – und (3) wenn jeweils nur ein Wert pro Individuum verwendet wird und die Individuen zueinander unabhängig sind (kein *Clustering*). Das heißt zum Beispiel, dass man Messwerte von fünf Patienten, mit zwei verschiedenen Methoden jeweils fünfmal gemessen (5 × 5 = 25 Messwertpaare), **nicht** in einer einfachen Korrelation untersuchen darf. In diesem Fall könnte man pro Patient einen Mittelwert aus den 5 Messungen errechnen, den man dann als „Einzelwert" verwendet (5 Messwertpaare).

Fast jeder Taschenrechner mit einem Kaufpreis über 15 Euro kann Korrelationen rechnen. Die Leser, die wirklich wissen wollen, wie die Formel aussieht, verweisen wir auf die weiterführenden Lehrbücher (z. B. Altman 1992).

11.1.3 In der Praxis bedeutet das Folgendes …

In der Tabelle 11.1 ist das Gewicht und die Körpergröße von 10 (erfundenen) Kollegen eingetragen.

Wenn man das Gewicht auf der y-Achse und die Körpergröße auf der x-Achse aufträgt, sieht man, dass diese Werte stark zusammenhängen (Abbildung 11.5).

Tabelle 11.1 Gewicht und Größe von 10 Personen

ID	Gewicht (kg)	Größe (cm)	Geschlecht
1	56	167	W
2	98	190	M
3	47	158	W
4	82	179	M
5	79	182	M
6	62	170	W
7	51	165	W
8	58	168	W
9	81	179	M
10	89	184	M

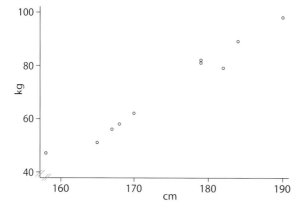

Abb. 11.5 Starke, positive Korrelation zwischen Größe und Gewicht

Im wirklichen Leben ist nur selten mit perfekter (oder fast perfekter) Übereinstimmung zu rechnen. Eine Übereinstimmung wie in unserem Beispiel ist auch nicht oft zu beobachten, aber die Zahlen sind ja auch erfunden. Der Korrelationskoeffizient (r) unseres Beispiels ist 0,98, das heißt, das Körpergewicht erklärt die Variabilität der Größe zu 96 % ($= 0{,}98^2 \times 100$).

11.1.4 Wann ist ein Korrelationskoeffizient relevant?

Es gibt keine Regeln, wie groß ein Korrelationskoeffizient sein muss, um relevant zu sein. Selbst kleine Korrelationskoeffizienten können von Bedeutung sein, wenn es sich um häufige Erkrankungen handelt.

Es gibt die Hypothese, dass geringes intrauterines Wachstum mit einer erhöhten Häufigkeit von Bluthochdruck im Erwachsenenalter assoziiert ist (Barker-Hypothese, Barker 1995). Da Bluthochdruck häufig ist (ca. 30 % aller über 60-Jährigen) und auch ein wichtiger Risikofaktor hinsichtlich der kardiovaskulären Mortalität ist, kann schon ein Korrelationskoeffizient von 0,2, zwischen dem Geburtsgewicht und dem Auftreten von Bluthochdruck im Erwachsenenalter, relevant sein, da uns das Geburtsgewicht immerhin 4 % (= $0,2^2$) aller Bluthochdruckfälle erklärt. Wobei „erklärt" hier ein Fachausdruck ist, aber nicht unbedingt kausal zu verstehen ist (siehe auch Punkt 11.1.6).

11.1.5 Wie präsentiert man Korrelationen?

Wissenschaftliche Journale sind leider sehr knausrig mit dem editoriellen Platz, den sie Autoren zur Verfügung stellen. Wenn genügend Platz vorhanden ist, sollte man eine Grafik präsentieren, und zwar einen so genannten *Scatterplot*. In diesem werden die Werte auf der *x*- und der *y*-Achse gegeneinander aufgetragen. Der Korrelationskoeffizient sollte immer mit 2 Dezimalen angegeben werden und um ihn interpretieren zu können, benötigt man neben dem *p*-Wert auch die Größe der Stichprobe. In unserem Größe-Gewicht-Beispiel sollte das so aussehen: $r = 0,98$, $n = 10$, $p < 0,001$.

11.1.6 Zusammenhang ist kein Beweis für Kausalität!

Wenn zwei Variablen stark zusammenhängen, ist noch lange nicht gesagt, dass Kausalität besteht, und wenn Kausalität bestehen sollte, weiß man anhand der Daten nicht, welcher Parameter Ursache und welcher Folge ist.

Eine unserer ersten selbständigen Studien war eine retrospektive Untersuchung zur Erhebung des medizinisch-pflegerischen Aufwands bei präklinischen Notfallpatienten während des Transports mit dem Notarztwagen. Um den Aufwand zu erheben, gibt es ein validiertes Messinstrument (siehe Kapitel 4 und 5), das *Therapeutic Intervention Scoring System* (TISS), das für pflegerische und medizinische Handlungen Punkte vergibt: Je mehr, bzw. komplexere Handlungen, desto mehr Punkte werden vergeben. Wir hatten damals natürlich keinen richtigen Plan zur Analyse und haben diese TISS Werte mit mehreren anderen Parametern in Beziehung gebracht, unter anderem mit dem Überleben während des Krankenhausaufenthaltes. Es ist natürlich nicht erstaunlich, dass Patienten mit schweren Krankheiten, wie zum Beispiel Kreislaufstillstand mit Reanimation, viele Punkte hatten und auch häufig das Krankenhaus nicht lebend verließen. Patienten mit vergleichsweise leichten Erkrankungen hatten weniger Punkte und überlebten meistens. Ein Kollege hat anhand der Datenlage empfohlen, medizinisch-pflegerische Handlungen in der Präklinik zu verbieten bzw. zu minimieren. Ob dieser Schluss zulässig ist, können Sie selbst entscheiden.

11.2 Was ist Regression?

11.2.1 Allgemeines zur Regression

Mit der Körpergröße nimmt auch das Gewicht zu, das heißt, Größe ist die erklärende Variable. Den Zusammenhang zwischen den Variablen kann man auch durch eine Gerade, die Regressionslinie, darstellen. Eine Möglichkeit, diese zu errechnen, ist die so genannte *Least-squares*-Methode. Für eine ausführliche Darstellung verweisen wir auf weiterführende Literatur. Der oben erwähnte Taschenrechner kann neben Korrelationskoeffizienten meist auch Regressionsgleichungen errechnen. Für unser Beispiel gilt die Regressionsgleichung „Gewicht (in kg) = Größe (in cm) × 1,73 − 230,2". Diese Gleichung ist ein statistisches Modell, mit dessen Hilfe man das Gewicht von Menschen schätzen kann, wenn nur die Körpergröße bekannt ist.

1,73 ist der Anstieg der Geraden und wird als Regressionskoeffizient angegeben: Mit jedem cm Größenzunahme steigt das Gewicht um 1,73 kg; −230,2 ist die Konstante, der Wert, den das Gewicht einnimmt, wenn die Größe 0 (Null) cm beträgt. Stellen Sie sich die Abbildung 11.6 mit anders skalierten Achsen vor: wenn die *x*-Achse die *y*-Achse wirklich bei 0 (Null) schneidet. Wenn ein zukünftiger Kollege gerade gezeugt wird, also 0 (Null) cm groß ist, so wiegt er − (minus) 230,2 kg, was natürlich Unsinn ist. Dieses Beispiel zeigt aber sehr schön, dass Regressionsgleichun

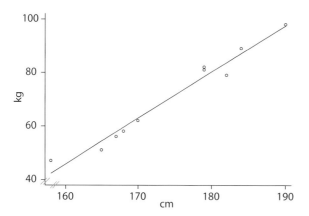

Abb. 11.6 Eine Regressionslinie, mit deren Hilfe man das Gewicht anhand der Größe vorhersagen kann (Körpergewicht (cm) = Körpergewicht (kg) × 1,73 − 230,2); *n* = 10)

gen nur zur Errechnung von Werten verwendet werden dürfen, wenn diese Werte diejenigen, aus denen die Gleichung erstellt wurde, nicht über- bzw. unterschreiten.

Unter Zuhilfenahme der Regressionslinie kann man nun für einen neuen Kollegen, der 180 cm groß ist, auch das Gewicht schätzen (Abbildung 11.6) oder unter Zuhilfenahme der Regressionsgleichung errechnen (also ca. 81 kg = $180 \times 1{,}73 - 230{,}2$).

Wenn Sie Regressionen graphisch darstellen, ist es üblich, dass Sie die abhängige Variable (die Variable, die wir vorhersagen wollen) auf der y-Achse und die unabhängige Variable (die vorhersagende Variable) auf der x-Achse auftragen.

11.2.2 Einige Regeln zur Regression

Ähnlich der Korrelation gibt es Voraussetzungen, die erfüllt sein sollten: (1) y muss über x normalverteilt sein, (2) die Verteilung von y für jedes x sollte gleichmäßig sein (das heißt, für jedes x sollte es eine annähernd gleich bleibende Anzahl von y geben) und (3) die jeweiligen Wertepaare müssen unabhängig sein (das heißt, es ist unzulässig Messwiederholungen zu verwenden; siehe oben).

11.3 Wann verwendet man Korrelation, wann Regression?

Wenn ich zeigen will, *wie stark* zwei Variablen linear zusammenhängen, dann ist Korrelation die richtige Methode. Regression verwendet man, um zu zeigen, *wie* zwei Variablen zusammenhängen. Wenn ich einen Wert, den ich nicht habe (vielleicht, weil er schwierig zu messen ist), durch einen bekannten Wert vorhersagen will, so kann ich das durch eine Regression mit der dazugehörigen Gleichung tun. Es ist so gut wie nie notwendig, Korrelation und Regression für die gleichen Daten zu verwenden. Diese beiden Methoden haben also einen unterschiedlichen Zweck und es ist selten notwendig, beide zu verwenden. Selbst in den besten Journalen gibt es damit aber immer wieder Probleme (Porter 1999).

Kapitel 12

Mehr zum Confounding: Adjustierung durch Matching, Stratifikation und multivariate Methoden

▶ In der Analysephase gibt es drei Möglichkeiten, um *Confounding* zu behandeln:

- *Matching*
- Stratifikation
- Multivariate Analysen

▶ Multivariate Analysen erlauben Adjustierung für mehrere *Confounder* gleichzeitig

▶ Die meisten multivariaten Methoden sind Weiterentwicklungen der einfachen Regression

▶ Das Ergebnis einer solchen multivariaten Regression ist eine Regressionsgleichung: Der Zusammenhang zwischen dem Endpunkt, dem Risikofaktor und mehreren *Confoundern* wird durch Koeffizienten in einer Gleichung erklärt

▶ Der „adjustierte" Effekt ist so zu interpretieren, als hätten alle anderen *Confounder* in allen Gruppen den gleichen Wert (egal welchen) und stören so nicht mehr

▶ Die richtige Anwendung multivariater Modelle erfordert Erfahrung und spezielle Kenntnisse im Bezug auf die zugrunde liegenden Annahmen

Dieses Kapitel weist im Vergleich zu den meisten anderen Kapiteln einen höheren „Schwierigkeitsgrad" auf, da die hier diskutierten Konzepte teilweise einen hohen Abstraktionsgrad erreichen. Trotzdem ist dieses Kapitel eher für besonders interessierte „Anfänger" als für Fortgeschrittene gedacht.

In den vorangegangenen Kapiteln haben wir immer wieder darauf hingewiesen, dass *Confounding* ein „Feind der klinischen Wahrheit" ist. Zusammengefasst bedeutet *Confounding*, dass ein Zusammenhang zwischen dem Endpunkt und dem Risikofaktor teilweise, manchmal sogar zur Gänze durch andere Einflüsse erklärbar ist. Die randomisierte kontrollierte Studie ist die einzige Designform, die für bekannte und unbekannte *Confounder* kontrolliert, indem sie sicherstellt, dass sich die Gruppen lediglich hinsichtlich der Intervention unterscheiden. Wenn eine solche Interventionsstudie nicht möglich ist, wir also eine Beobachtungsstudie durchführen, können wir nur für uns bekannte *Confounder* kontrollieren. Dieses „Kontrollieren" bedeutet, dass man bestimmte Techniken verwendet, um einen adjustierten Wert zu erhalten. Was „adjustiert" bedeutet, erklären wir am besten mit einem Beispiel.

Ein erfundenes Beispiel

Wir beobachten, dass bei einer Krankheit, z. B. Lungenentzündung, das Risiko, in den nächsten vier Wochen zu sterben, stark erhöht ist, wenn Patienten aus einem Seniorenwohnheim zugewiesen werden (1 %), im Vergleich zu Patienten, die von selbst in die Notfallambulanz kommen (0,01 %). Das relative Risiko ist demnach 100! Seniorenheimbewohner haben also ein 100fach erhöhtes Risiko, die Lungenentzündung nicht zu überleben, wenn man sie mit anderen Patienten mit Lungenentzündung vergleicht. Der *Confounder* hier ist ganz offensichtlich das Alter, da Patienten in Seniorenheimen einfach wesentlich älter sind (Durchschnittsalter 86 Jahre) als der Durchschnittspatient einer Notaufnahme (Durchschnittsalter 35 Jahre). Wenn man nun für die unterschiedliche Altersstruktur der Gruppen kontrolliert, z. B. mit einer Regressionsmethode, ist das adjustierte relative Risiko plötzlich nur mehr sechs. Adjustiert bedeutet in diesem Zusammenhang, dass das relative Risiko nun dem Wert entspricht, wenn alle Studienteilnehmer das gleiche Alter hätten (egal ob alt oder jung).

Leider gelingt uns das *controlling for confounding* nicht immer zufrieden stellend. Das bedeutet, dass der erkannte und methodisch berücksichtigte *Confounder* noch immer wirksam ist, wir aber nicht genau wissen, wie stark der Resteinfluss ist. Dieses *Residual Confounding* sollte immer bei der Interpretation von adjustierten Werten berücksichtigt werden. Ist es plausibel, dass Pensionsheimbewohner ein sechsfach erhöhtes Sterberisiko haben, wenn man sie mit anderen Notaufnahmepatienten vergleicht, zumal ein sechsfach erhöhtes Risiko weiterhin beträchtlich ist! Oder fallen Ihnen weitere alternative Erklärungen ein? Wichtige *Confounder* sind mit Sicherheit Miterkrankungen, die mit zunehmendem Alter häufiger und schwerer werden. Für Miterkrankungen zu kontrollieren ist meist eine Herausforderung, da diese schwer zu quantifizieren sind.

In diesem Kapitel gehen wir vorrangig auf Regressionsmethoden ein, da diese im Vergleich zu gematchten oder stratifizierten Methoden wesentliche Vorteile bieten. Der Übersicht halber stellen wir aber eine kurze Beschreibung von *Matching* und Stratifikation voran.

12.1 Matching und Stratifikation

12.1.1 Matching

Matching bedeutet, dass man Paare von Fällen und Kontrollen bilde, die sich abgesehen vom Risikofaktor sehr ähnlich sind. Man muss vorher die Variablen definieren, von denen man mit hoher Wahrscheinlichkeit annehmen kann, dass sie *Confounder* sind. Zur Erinnerung, ein *Confounder* ist eine Variable, die sowohl mit dem für die Fragestellung relevanten Risikofaktor als auch mit dem Endpunkt assoziiert ist. Wenn der Endpunkt der Tod ist, so ist das Alter häufig ein Confounder. Daher muss man die Probanden in der Kontrollgruppe den Probanden in der Gruppe mit dem Risikofaktor hinsichtlich des Alters methodisch angleichen, also ähnlich machen. Bei einer randomisierten Studie erledigt das der Zufall, bei einer Beobachtungsstudie müssen wir künstlich nachhelfen. Wenn man zum Angleichen für jeden Patienten in der Gruppe mit dem Risikofaktor einen Probanden mit gleichem Alter (oder z. B. ±2 Jahre) aus der Kontrollgruppe nimmt, nennt man diesen Vorgang *Matching*. Bei der gematchten Methode sollte der Effekt des *Confounders* bekannt sein, da er nicht mehr weiter untersucht werden kann, weil er zwischen den Gruppen nicht mehr ausreichend variiert. Bei optimalem *Matching* ist er zwischen den Gruppen gleich und variiert überhaupt nicht mehr. Weiters kann man nur für eine begrenzte Anzahl von *Confoundern* matchen und benötigt oft komplexe Analysemethoden, um das gematchte Design in der weiteren Vorgehensweise zu berücksichtigen.

Nochmals das Lungenentzündungsbeispiel

Wir führen eine Fall-Kontrollstudie durch. Der Endpunkt ist Tod durch Lungenentzündung und unser Risikofaktor ist „Bewohner eines Seniorenheims". Wir wollen an dieser Stelle bewusst nicht auf die vielen praktischen Probleme einer derartigen Studie eingehen. Gehen wir einfach davon aus, dass unsere Studie prinzipiell durchführbar ist. Sie sammeln also alle Todesfälle durch Lungenentzündung im Dezember in einer Großstadt und erfassen den Risikofaktor, wer in einem Seniorenheim untergebracht war. Dann definieren Sie eine Kontrollgruppe und rekrutieren die Probanden. (Denken Sie einmal darüber nach, wie Sie das konkret anstellen könnten.) Bei dieser Kontrollgruppe erfassen Sie ebenso den Risikofaktor (Unterbringung in einem Seniorenheim oder nicht). Für jeden Fall wählen Sie dann einen Kontrollprobanden aus, der das gleiche Alter (±5 Jahre) und Geschlecht hat. Die beiden Gruppen (Fälle und Kontrollen) unterscheiden sich somit weder hinsichtlich des Alters noch des Geschlechts. Der Zusammenhang zwischen dem Risikofaktor und dem Endpunkt kann somit nicht mehr durch Alters- und Geschlechtsverteilung gestört werden.

Die Nachteile von *Matching* sind folgende:

- Der Effekt des *Confounders* muss bekannt sein und der *Confounder* kann nicht weiter untersucht werden.
- Technisch ist nur eine begrenzte Anzahl von *Matching*-Variablen möglich. Wenn Sie viele solcher Variablen verwenden, brauchen Sie ein spezielles Computerprogramm und werden kaum mehr Kontrollen finden, es sei denn, Ihnen steht eine riesige Datenbank zur Verfügung.
- Indem oft willkürlich Kategorien von ordinalen oder kontinuierlichen Variablen gebildet werden, ist es möglich, dass hier Informationen verloren gehen, insbesondere da Sie versuchen müssen, so wenige Kategorien wie möglich zu bilden. Möglicherweise können Sie so den *Confounder* nicht vollkommen ausschalten (*Residual Confounding*)
- Wenn Sie für eine Variable matchen, die nicht *Confounder* ist, sondern irgendwo in der Kausalkette, dann führt das zu *Overmatching* (siehe auch Kapitel 7) und Sie sehen keinen Zusammenhang mehr. Stellen Sie sich vor, Sie wollen den Zusammenhang zwischen Butterkonsum (Butter enthält viel Cholesterin) und dem Auftreten des Herzinfarkts untersuchen. Wenn Sie bei einer derartigen Studie die Probanden nach Blutcholesterinspiegel *matchen*, werden Sie wahrscheinlich keinen Effekt von Butter mehr sehen. *Overmatching* kann bei jeglicher Form des *Adjustments* auftreten.
- Ein *gematchtes* Design erfordert immer eine *gematchte* Analyse. Technisch ist diese aber meist nicht sehr aufwändig.

12.1.2 Stratifikation

Zusammengefasst teilt man die Probanden in Kategorien des *Confounders* auf, so genannte Strata, und untersucht den Zusammenhang zwischen Risikofaktor und dem Endpunkt in jedem Stratum. Dann kombiniert man die Ergebnisse wieder, um ein Summenmaß zu bekommen. Dieser Wert wurde so für den *Confounder* adjustiert.

Wieder Lungenentzündung

Obwohl die stratifizierte Analyse vornehmlich bei Kohortenstudien zur Anwendung kommt, kann man sie auch bei Fall-Kontrollstudien anwenden. Anstelle des individuellen *Matchings* erheben Sie eine Kontrollgruppe, über deren Alters- und Geschlechtsverteilung Sie nichts wissen. Sie teilen die Studienteilnehmer in drei Altersstrata (< 60 Jahre, 60 bis 80 Jahre, > 80 Jahre) und zwei Geschlechtsstrata (Frauen, Männer). Insgesamt haben Sie daher sechs Strata (< 60 und männlich, < 60 und weiblich, 60–80 und männlich usw.). Dann untersuchen Sie den Effekt des Risikofaktors (Altersheimbewohner ja/nein) auf den Endpunkt (Tod ja/nein) in jedem Stratum. Wenn der Effekt in jedem Stratum annähernd gleich groß ist, können Sie diese einzelnen Effekte mit speziellen Methoden kombinieren und erhalten so einen Summeneffekt, der unabhängig von Alter und Geschlecht ist. Sie können diesen Summeneffekt dann so interpretieren, als ob alle Patienten das gleiche Alter (egal welches) und Geschlecht (egal welches) haben.

Nachteile der stratifizierten Analyse:

- Es kann nur eine begrenzte Anzahl von Strata untersucht werden, da einzelne Strata eventuell zu wenige oder keine Individuen enthalten. Ein Stratum ist jeweils eine Vierfeldertafel (siehe Chi-Quadrat Test in Kapitel 10). Wenn Sie hier Zellen mit Nullwerten haben, so können Sie das nicht, oder nur mit „Kunstgriffen" ausrechnen, indem Sie zu allen Zellen eines betroffenen Stratums 0,5 addieren.
- Residual Confounding (siehe oben)
- „Overmatching" (siehe oben)
- Sie benötigen bestimmte Rechentechniken, mit denen Sie die Effekte der einzelnen Strata kombinieren, da jeder Effekt unterschiedlich gewichtet werden muss. Wie dieses Gewicht zustande kommt, hängt von der verwendeten Methode ab, aber der wichtigste Faktor ist die Anzahl der Patienten pro Stratum. Die meist verwendete Technik für mehrere Vierfeldertafeln ist die Methode nach Mantel-Haenszel.
- Ein Summeneffekt darf nur verwendet werden, wenn der Effekt in den einzelnen Strata annähernd gleich ist. Wenn starke Effektunterschiede zwischen den Strata bestehen, ist der Effekt über die Kategorien des *Confounders* nicht konstant und der Summeneffekt ist daher inkorrekt. Hier spricht man auch von Heterogenität. Dieses Konzept ist uns schon in Kapitel 7 als Interaktion begegnet.
Die letzten zwei Punkte sind eigentlich keine Nachteile der stratifizierten Analyse, sondern Details, die man kennen und bei Anwendung der Technik berücksichtigen muss.

12.2 Multivariate Analyse

Im Gegensatz zu *Matching* und Stratifikation bieten multivariate Methoden die Möglichkeit, für mehrere Variablen gleichzeitig zu kontrollieren; je größer die untersuchte Stichprobe, desto größer ist die Zahl der *Confounder*, für die man kontrollieren kann. Weiters kann man die *Confounder* sowohl in ihrer Eigenschaft als kontinuierliche als auch als kategorische Variablen untersuchen. Rechentechnisch sind multivariate Analysen viel aufwändiger als die oben genannten Methoden, was praktisch aber kein Problem darstellt.

Im Folgenden möchten wir lediglich auf multivariate Regressionsmethoden in starker Vereinfachung eingehen. Mit heute zur Verfügung stehenden Softwarepaketen sind multivariate Analysen einfach und schnell durchzuführen. Wir empfehlen Ihnen derartige Regressionsmethoden nur dann zu verwenden, wenn Sie sich zuvor in irgendeiner systematischen Weise das notwendige Wissen angeeignet haben. Ein Statistikprogramm führt die meisten Befehle auf Knopfdruck aus, was aber nicht garantiert, dass die Ergebnisse auch richtig oder sinnvoll sind. Wenn Sie solche Modelle verwenden, sollten Sie die „Do and don't"-Regeln kennen. Leider ist die medizinisch-wissenschaftliche Literatur voll mit inkorrekten und teilweise sogar unsinnigen Analysen und deren Interpretation. Multivariate Modelle richtig zu interpretieren ist relativ einfach, wenn man weiß wie, und sehr schwierig, wenn man es nicht weiß.

Die Anwendung von multivariaten Methoden beschreiben wir am besten durch typische Situationen. Im folgenden Text werden klinisch relevante Problemstellungen besprochen:

Sie wollen die Wirksamkeit eines Schmerzmittels untersuchen und führen eine placebo-kontrollierte randomisierte Studie durch. Die Schmerzintensität vor Einnahme des neuen Arzneimittels variiert aber stark zwischen den Studienteilnehmern. Wie sichern Sie einen gerechten Vergleich zwischen den Gruppen?

Sie untersuchen den Zusammenhang zwischen Gewicht und Diabetes Typ II (nicht insulinpflichtig) in einer Beobachtungsstudie. Diabetes tritt mit zunehmendem Gewicht, aber auch mit steigendem Alter häufiger auf. Wie stellen Sie sicher, dass Alter den Zusammenhang zwischen Gewicht und Diabetes nicht stört?

Sie untersuchen in einer Beobachtungsstudie, ob die Verabreichung eines bestimmten Arzneimittels das Überleben nach primär erfolgreicher Wiederbelebung verbessert. Es gibt eine Vielzahl von bekannten Prognosefaktoren, die teilweise extrem ungleich zwischen der Gruppe mit Arzneimittel und der Gruppe ohne Arzneimittel verteilt sind.

12.2.1 Adjustment for baseline values

Sie wollen die Wirksamkeit eines Schmerzmittels untersuchen und führen eine placebo-kontrollierte randomisierte Studie durch. Die Schmerzintensität vor Einnahme des neuen Arzneimittels variiert aber stark zwischen den Studienteilnehmern. Wie sichern Sie einen gerechten Vergleich zwischen den Gruppen?

Der Endpunkt ist kontinuierlich (Schmerz auf einer visuellen Analogskala nach Therapie), der Risikofaktor ist binär (Therapie oder Placebo) und der Störfaktor ist kontinuierlich (Schmerz auf einer visuellen Analogskala vor Therapie). Genau genommen geht es in diesem Beispiel weniger um *Confounding* als um eine Erhöhung der Präzision (siehe etwas weiter unten). Wir besprechen diese Problemstellung hier, da beiden das gleiche Prinzip zugrunde liegt.

Wir müssen jetzt kurz ausholen, um zu erklären, warum die Basisvariable, in unserem Beispiel Schmerz vor Therapie, ein möglicher Störfaktor ist: Ein Rennpferd, das im Rennen gewinnt, hat folgende Eigenschaften: (1) Es ging als Erster über die Ziellinie, (2) es war am kürzesten auf der Strecke und (3) hatte die höchste Durchschnittsgeschwindigkeit. Wie können wir die Leistung des Pferdes evaluieren, wenn die Rennstrecke nicht normiert ist, das heißt, nicht alle Pferde vom gleichen Punkt, sondern irgendwann und irgendwo im Feld losstarten? Wir könnten zum Beispiel berücksichtigen, wie weit jedes Pferd von der Startlinie zum Zeitpunkt des Starts entfernt war. Bei klinischen Studien gibt es oft eine sehr ähnliche Problemstellung. Stellen Sie sich vor, Sie wollen ein Arzneimittel zur Behandlung von chronischen Knieschmerzen untersuchen. Sie planen daher eine randomisierte kontrollierte Studie, wo Sie das neue Arzneimittel mit Placebo vergleichen. Der Endpunkt ist Schmerz, gemessen an einer visuellen Analogskala. Diese Skala ist ein 10 cm langer Strich (von Null bis zehn), auf dem der Patient die empfundene Schmerzintensität einträgt: Null bedeutet kein Schmerz und zehn maximal vorstellbarer Schmerz. Der Patient soll markieren, wo zwischen diesen beiden Extremen seine Beschwerden im Moment liegen. Wenn die Randomisierung in Ordnung und die Fallzahl ausreichend groß ist, sollte die durchschnittliche Schmerzintensität zu Beginn der Studie zwischen den beiden Gruppen gleich sein. Trotzdem werden wir voraussichtlich ein bestimmtes Ausmaß der interindividuellen Variabilität beobachten, da manche Patienten mit starken Schmerzen und andere mit nur geringen Schmerzen „ins Rennen gehen". Für unsere Fragestellung bedeutet diese Variabilität jedoch eine Störung, wie etwa ein schlechter Empfang durch Hintergrundrauschen beim Hören von Radiosendungen stört. Wenn wir für diese Basisunterschiede – eine Art Bio-Lärm – kontrollieren, verschwindet diese Extra-Variabilität und das Ergebnis wird präziser. Hier wird ein Modell verwendet, wo der Endpunkt (die abhängige Variable) der Schmerz nach Behandlung ist und der Risikofaktor (die unabhängige Variable) die Behandlung (ja versus nein), und dann gibt es noch den Schmerz vor der Therapie, der eine Co-Variable ist. Dieses Modell ist eine so genannte *Analysis of Covariance* (ANCOVA). Durch das Modell wird eine Situation simuliert, bei der der Schmerz zu Beginn für alle Patienten konstant gehalten wird. Dieses Modell ist natürlich nur dann zulässig, wenn wir darauf vertrauen dürfen, dass der Effekt nicht über unterschiedliche Intensitäten des Basisschmerzes variiert; das heißt, dass die Wirksamkeit des Schmerzmittels bei starken Schmerzen nicht höher (oder niedriger) ist als bei geringen Schmerzen (siehe auch Interaktion in Kapitel 7).

Ein häufiger „Fehler" im Rahmen derartiger Fragestellungen ist, dass Studienleiter den Unterschied zwischen vorher und nachher errechnen und dann vergleichen. Es ist kein eigentlicher Fehler, aber mit diesem Vorgehen kontrollieren Sie nicht (!) für Basisunterschiede und unter bestimmten Umständen – wenn Vor- und Nachwert nur schlecht korrelieren – verlieren Sie sogar viel von der *Power*. Es kann daher passieren, dass Sie einen Effekt übersehen, der eigentlich vorhanden ist. Mit ANCOVA können Sie sogar noch *Power* dazugewinnen, da die Präzision erhöht wird.

12.2.2 Adjustment for Confounding I

Sie untersuchen den Zusammenhang zwischen Gewicht und Diabetes Typ II (nicht insulinpflichtig) in einer Beobachtungsstudie. Diabetes tritt mit zunehmendem Gewicht, aber auch mit steigendem Alter häufiger auf. Wie stellen Sie sicher, dass Alter den Zusammenhang zwischen Gewicht und Diabetes nicht stört?

Hier haben Sie einen kontinuierlichen Endpunkt (Gewicht), einen binären Risikofaktor (Diabetes ja/nein) und einen kontinuierlichen *Confounder* (Alter). Die Daten stammen von einer Kohortenstudie mit anderer Fragestellung. Da die Generalisierbarkeit der Ergebnisse hier nicht relevant ist, werden wir nicht auf weitere Details eingehen. Sie haben 1.566 Patienten eingeschlossen, das Durchschnittsgewicht ist 79,5 kg (Standardabweichung 16 kg), das Durchschnittsalter ist 59,0 Jahre (Standardabweichung 14,8 Jahre), und 257 Patienten (16 %) haben Diabetes. Wenn wir nun Gewicht und Alter nach Diabetes aufteilen, sieht das folgendermaßen aus:

Tabelle 12.1

	Diabetes	Kein Diabetes
Gewicht (kg) – Mittelwert (SD)	81,1 (15,2)	79,2 (16,0)
Alter (Jahre) – Mittelwert (SD)	65,9 (11,2)	57,6 (15,1)

Die Diabetiker sind nur geringfügig schwerer (durchschnittliche Gewichtsdifferenz 1,9 kg) und der Unterschied ist statistisch nicht signifikant ($p = 0,08$, 95 %-Konfidenzintervall −0,2 bis 4,0). Diese Differenz und die dazugehörige Statistik kann man entweder mittels t-Test oder Regression errechnen (siehe Kapitel 10).

Die Diabetiker sind aber deutlich älter (durchschnittliche Altersdifferenz 8,3 Jahre ($p < 0,001$, 95 %-Konfidenzintervall 6,4 bis 10,3)). Jetzt hilft der t-Test nicht mehr. Wir können aber ein Regressionsmodell verwenden, wo wir Diabetes und Alter gleichzeitig untersuchen. Bei der einfachen Regression (siehe Kapitel 11) sieht die (vereinfachte) Regressionsgleichung für die Vorhersage von Gewicht durch Erkrankung an Diabetes so aus:

$$\text{Gewicht (in kg)} = \text{Regressionskoeffizient} * \text{Diabetes}$$
$$(1 \text{ wenn ja, } 0 \text{ wenn nein}) + \text{Konstante}$$

Wenn wir unsere Daten nun für ein Regressionsmodell verwenden, erhalten wir folgende Gleichung:

$$\text{Gewicht (in kg)} = 1,9 * \text{Diabetes} + 79,2$$

In dieser einfachen Gleichung ist schon sehr viel Information enthalten. Der Regressionskoeffizient ist die durchschnittliche Gewichtsdifferenz zwischen Diabetikern und Nichtdiabetikern; die Konstante ist das Gewicht der Nichtdiabetiker (vergleichen Sie einmal mit der Tabelle) und das Gewicht der Diabetiker ist ($1,9 * 1 + 79,2 =$) 81,1 kg.

Nun rechnen wir die Regression mit Diabetes und Alter. Die Gleichung sieht dann so aus:

Gewicht (in kg) = Regressionskoeffizient1 * Diabetes (1 wenn ja, 0 wenn nein) +
Regressionskoeffizient2 * Alter (in Jahren) + Konstante

Für unsere Daten heißt die neue Gleichung:

Gewicht (in kg) = 2,8 * (Diabetes) + (−0,1) * Alter + 85,4

Der Gewichtsunterschied zwischen Diabetikern und Nichtdiabetikern ist nun deutlich größer. Der Regressionskoeffizient1 gibt den Unterschied zwischen Diabetikern und Nichtdiabetikern an. Diabetiker sind 2,8 kg schwerer, wenn man für Altersunterschiede zwischen den Gruppen kontrolliert. Dieser Unterschied ist nun auch statistisch signifikant (p = 0,01, 95 %-Konfidenzintervall 0,7 bis 5,0). Der Regressionskoeffizient2 gibt den Gewichtsunterschied in Jahresintervallen an: Jedes Lebensjahr senkt das Gewicht (beachten Sie das Minuszeichen in der Gleichung) um 0,1 kg, unabhängig vom Diabetesstatus. Die Konstante bedeutet, dass Nichtdiabetiker im Lebensalter von Null Jahren ein Gewicht von 85,4 kg haben. Das ist natürlich Unsinn, aber nicht weil die Gleichung falsch ist, sondern weil nur Schlüsse auf den tatsächlich untersuchten Datenbereich zulässig sind. In dieser Kohorte waren nur 10 % der Patienten jünger als 39 Jahre und der jüngste Patient war 19 Jahre alt.

12.2.3 Adjustment for Confounding II

Sie untersuchen in einer Beobachtungsstudie, ob die Verabreichung eines bestimmten Arzneimittels das Überleben nach primär erfolgreicher Wiederbelebung verbessert.

Das Grundprinzip ist dem zuvor angeführten Beispiel sehr ähnlich, nur dass hier ein binärer Endpunkt vorliegt (Überleben bis sechs Monate nach dem Ereignis versus Tod in diesem Zeitraum). Bitte beachten Sie, dass alle Patienten sechs Monate nachbeobachtet wurden. Das ist für die Wahl des Modells von höchster Wichtigkeit. Wenn alle Patienten gleich lange beobachtet werden, können sie ein logistisches Regressionsmodell verwenden. Wenn die Beobachtungszeit variiert, müssen Sie andere Modelle wählen (z. B. Cox-Regression- oder Poisson-Modelle) die wir hier nicht weiter erwähnen. Der Risikofaktor ist ein Arzneimittel (ja *v* nein). Bevor wir auf die *Confounder* – hier sind es gleich mehrere – eingehen, besprechen wir noch den Kontext.

Der plötzliche Herztod ist in ca. 60 bis 80 % der Fälle durch einen akuten Herzinfarkt verursacht. Wie schon mehrfach erwähnt, kann man versuchen, den Herzinfarkt mit Thrombolytika zu behandeln (siehe auch Kapitel 16). Möglicherweise hat das auch auf den durch den Sauerstoffmangel entstandenen Schaden im Gehirn einen günstigen Einfluss. Es gibt zumindest Tierexperimente, die einen positiven Effekt suggerieren. Bei Patienten mit Wiederbelebungszeiten von über zehn Minuten ist man mit diesem Arzneimittel jedoch eher zurückhaltend, da man befürchtet, dass bei diesen Patienten durch die Herzdruckmassage das Blutungsrisiko stark erhöht ist.

Patienten, die primär erfolgreich reanimiert werden können, haben etwa eine 50 %ige
Wahrscheinlichkeit, das Ereignis auch langfristig, das heißt mindestens sechs Monate, zu überleben. In diese Kohortenstudie wurden nur Patienten eingeschlossen, die
nach plötzlichem Herztod mit primär erfolgreicher Wiederbelebung ein infarkttypi-
sches EKG und keine Gegenanzeige hinsichtlich der Behandlung mit Thrombolytika
hatten. Da es aber eine Beobachtungsstudie ist, hat nicht der Zufall entschieden, wer
die Therapie bekam, sondern die behandelnden Ärzte. Es liegt daher nahe, dass es
Gründe für die jeweilige Entscheidung gab, auch wenn diese nicht gleich offensichtlich sind. Sehen wir uns die Daten näher an. In der Tabelle 12.2 sind die Patienten
in eine Gruppe mit Thrombolyse und in eine Gruppe ohne Thrombolyse aufgeteilt.
Weiters sehen Sie eine Liste von demographischen Variablen, von denen beinahe alle bekanntermaßen die Prognose beeinflussen: Patienten, die mit Thrombolytika behandelt wurden, waren jünger, hatten seltener einen Herzinfarkt in der Anamnese,
hatten kürzere Stillstands- und Wiederbelebungszeiten und häufiger Kammerflimmern. Es verwundert daher nicht, dass fast 90 % dieser Patienten im Vergleich zu nur
35 % in der anderen Gruppe überleben.

Tabelle 12.2

	Thrombolyse ($n = 132$)	Keine Thrombolyse ($n = 133$)	P
Geschlecht, weiblich – n (%)	29 (22)	29 (22)	0,97
Alter, Jahre – median (25–75 % IQR)	55 (47–64)	62 (54–71)	0,001
Infarktanamnese – n (%)	23 (17)	38 (29)	0,031
Stillstandzeit, min – median (25–75 % IQR)	1 (< 1–5)	3 (< 1–9)	0,003
Wiederbelebungszeit, min – median (25–75 % IQR)	12 (4–24)	17 (10–31)	0,001
Kammerflimmern – n (%)	119 (90)	101 (76)	0,002
Überleben (6 Monate) – n (%)	83 (63)	47 (35)	< 0,001

Wenn Sie die *Odds Ratio* ausrechnen, sehen Sie, dass Patienten, die Thrombolytika erhielten, eine 3,1fach erhöhte Chance haben zu überleben (95 %-Konfidenzinter-
vall 1,9 bis 5,1). Die *Odds Ratio* kann man einfach aus einer 4-Felder-Tafel oder auch
mittels logistischer Regression errechnen; man kommt zum gleichen Ergebnis. Wenn
wir jetzt alle sechs *Confounder* gemeinsam mit dem Risikofaktor (Thrombolyse) in
einem logistischen Regressionsmodell berechnen, so erhalten wir für den Risikofaktor eine *Odds Ratio*, die so zu interpretieren ist, als wären die anderen Risikofaktoren für alle Patienten gleich (egal auf welchem Niveau). Wenn wir das mit diesen
Daten durchführen, ist die adjustierte *Odds Ratio* 1,6 (95 %-Konfidenzintervall 0,9
bis 3,1): Patienten, die Thrombolytika erhielten, haben, nach Berücksichtigung der
Unterschiede hinsichtlich wichtiger prognostischer Variablen, eine 1,6fach erhöhte
Chance zu überleben. Plötzlich ist der Effekt nicht mehr so umwerfend. Obendrein
ist der Effekt auch nicht mehr statistisch signifikant (p = 0,12). Das bedeutet je-

doch nicht unbedingt, dass der Effekt nicht wahr ist, da die Power abnimmt, je mehr Co-Variablen man verwendet. Interessanterweise wurde kürzlich eine randomisierte Studie veröffentlicht, die ebenfalls zeigte, dass Thrombolyse bei Reanimation keinen Überlebensvorteil brachte (Böttiger 2008).

12.3 Wann spricht man nun von Confounding?

Es gibt keinen statistischen Test, der *Confounding* nachweisen oder ausschließen kann. Lassen Sie sich durch Beispiel 2 (12.2.2) (vorher nicht signifikant, nach Adjustment signifikant) und 3 (12.2.3) (vor Adjustment signifikant, danach nicht) nicht in die Irre führen. Die Signifikanz ist natürlich relevant für die Interpretation Ihrer Ergebnisse, nicht aber dafür, ob *Confounding* nun vorliegt oder nicht. *Confounding* erkennt man an der Veränderung der Effektgröße durch die Adjustierung. Als Faustregel gilt, dass *Confounding* vorliegt, wenn der ursprüngliche Effekt um > 10 % durch Adjustierung verändert wird.

Dieses Kapitel ist wirklich nicht mehr als eine kurze Einführung. Die richtige Anwendung solcher Modelle erfordert Erfahrung und spezielle Kenntnisse der zugrunde liegenden Annahmen, von denen es allgemeine und modellspezifische gibt. Weiters müssen Sie in der Lage sein zu überprüfen, ob das Modell den Daten entspricht. Sie müssen sich vorstellen, dass ein Computeralgorhythmus die vorhandenen Daten verwendet, um ein Modell – eine starke Vereinfachung des Lebens – zu erstellen. Oft gelingt das ganz gut oder zumindest in akzeptabler Weise. Manchmal „passt" das Modell einfach nicht gut. Sie sollten wissen, wie diese fehlende Anpassung entdeckt werden kann. Wenn das Modell nicht passt, sollten Sie wissen, wie Sie Probleme finden und behandeln können. Bitte verwenden Sie solche Modelle nicht ohne Hilfe eines Sachkundigen. Mit „tollen" Modellen können Sie zwar in den wissenschaftlichen Journalen verblüffen, kommen vielleicht der Wahrheit aber nicht einen Schritt näher.

12.4 Welche Regressionsmethode wann?

Eine extrem kurze Zusammenfassung riskiert immer, dass wichtige Details einfach unerwähnt bleiben. Eigentlich wollten wir so eine Ultrakurzanleitung gar nicht angeben, aber grundsätzlich ist so eine Zusammenfassung doch brauchbar. Nachfolgende Tabelle zeigt, welche Regressionsmethode Sie in Abhängigkeit von der Form des Endpunkts (der abhängigen Variablen) und den unabhängigen Variablen (Risikofaktor bzw. *Confounder*) wählen können (Tabelle 12.3).

Jedem dieser Modelle liegen Annahmen zugrunde, die erfüllt sein müssen. Einige dieser Annahmen haben wir in den Anmerkungen in der Tabelle 12.3 erwähnt, aber es gibt für jedes Modell weitere wichtige Annahmen, die Sie bei der Anwendung kennen und berücksichtigen sollten.

Tabelle 12.3

Endpunkt	Risikofaktor/ *Confounder*	Regressionsmodell	Modellspezifische Annahmen
Kontinuierlich (z. B. Blutdruck)	Kategorisch	Lineare Regression	Der Zusammenhang zwischen Risikofaktor und Endpunkt ist linear
Kontinuierlich (z. B. Blutdruck)	Kontinuierlich Ordinal Kategorisch	Multiple lineare Regression	Der Zusammenhang zwischen Risikofaktor und Endpunkt ist linear
Binär (Tod ja/nein)	Kontinuierlich Ordinal Kategorisch	Logistische Regression (unkonditionell)	Alle Studienteilnehmer müssen gleich lange beobachtet werden
Binär (Tod ja/nein)	Kontinuierlich Ordinal Kategorisch	Logistische Regression (konditionell)	Alle Studienteilnehmer müssen gleich lange beobachtet werden; gematchte Fall-Kontrollstudie
Binär (Tod ja/nein)	Kontinuierlich Ordinal Kategorisch	Poisson Regression	Ereignisse sind selten und zufällig in Raum und Zeit verteilt; das Risiko ist über die Beobachtungszeit konstant; Beobachtungszeit kann variieren
Binär (Tod ja/nein)	Kontinuierlich Ordinal Kategorisch	Cox Regression	Beobachtungszeit und Risiko können variieren, Risiko muss aber über die Kategorien des Risikofaktors/*Confounders* über die Zeit proportional bleiben
Ordinal (z. B. NYHA Score*)	Kontinuierlich Ordinal Kategorisch	Multinomiale Regression	
Kategorien (z. B. Bevorzugung einer Tablettenfarbe)	Kontinuierlich Ordinal Kategorisch	Polinomiale Regression	

* Der *New York Heart Association* (NYHA) Score quantifiziert die Ausprägung der Herzinsuffizienz: 1 – Atemnot nur bei extremen Belastungen; 2 – Atemnot bei stärkeren Belastungen; 3 – Atemnot bei geringen Belastungen, sodass alltägliche Verrichtungen kaum möglich sind; 4 – Atemnot in Ruhe

12.5 Weiterführende Literatur

In Kapitel 7 haben wir schon auf das hervorragende Buch von Katz (1999) hingewiesen. Ein Standardwerk über multivariate Regressionsmethoden stammt von Kleinbaum, Kuper und Muller (1988). Dieses Buch ist zwar schon recht mathematisch, aber verständliche Diskussionen kommen nicht zu kurz.

Abschnitt II

Wichtige Studiendesigns

In diesem Abschnitt wollen wir die allgemeinen klinisch epidemiologischen Grundbegriffe nach einzelnen Studiendesigns darstellen. Letztlich geht es immer um die Frage nach der Population, dem Risikofaktor, der Kontrolle und dem Endpunkt, die das Design bestimmen. Aus dem Design ergeben sich dann die Fragen nach Zufall, *Bias* und *Confounding*. Wir können klinische Studien ganz grob in Beobachtungsstudien und Interventionsstudien unterteilen, daneben aber auch in analytische versus deskriptive, Studien mit Individuen versus Studien mit ganzen Gruppen und so weiter. Es gibt eine ganze Reihe von verschiedenen Systematiken, auf die wir hier gar nicht eingehen wollen. Stattdessen haben wir einige essentielle Studiendesigns herausgegriffen, mit denen Sie im Wesentlichen gängige Fragestellungen beantworten können. Wir beginnen mit den Beobachtungsstudien und stellen hier die Prävalenzstudien (Kapitel 13), die Fall-Kontrollstudie (Kapitel 14) und die Kohortenstudie (Kapitel 15) vor. Eine gute methodische Zusammenfassung bietet die Langfassung des STROBE Statements (*www.strobe-statement.org/Checklist.html* und Kapitel 25). Das Herzstück der klinischen Epidemiologie ist die randomisiert kontrollierte Studie, die wir detaillierter in den Kapiteln 16–21 darstellen. In den Kapiteln 22 und 23 stellen wir den systematischen Review vor und den Abschluss bildet die diagnostische Studie in Kapitel 24.

Der Beweis einer Hypothese, das heißt, dass ein Risikofaktor kausal mit einem Endpunkt zusammenhängt, kann nur mit einem Experiment erbracht werden. In diesem Experiment müssen, abgesehen vom Risikofaktor, alle anderen Faktoren ausgeschaltet sein, um sicher sein zu können, dass nur der genannte Risikofaktor für den Effekt ursächlich ist. Das ist nur im Rahmen einer Interventionsstudie möglich, wenn es eine Gruppe mit der Intervention gibt (der Risikofaktor) und eine Kontrollgruppe und die Gruppenzugehörigkeit nach dem Zufallsprinzip ausgewählt wird (siehe auch Kapitel 12). Beobachtungsstudien sind daher nur geeignet, Hypothesen aufzustellen, können diese aber niemals beweisen.

Kapitel 13

Prävalenzstudien

▸ Prävalenzstudien helfen bei der Formulierung von Hypothesen, können Hypothesen jedoch nicht beweisen

▸ Risikofaktor und/oder Endpunkt werden zu einem bestimmten Zeitpunkt in der Population gemessen

▸ In die Gruppe der Prävalenzstudien gehören:
- die Fallserie
- die Querschnittstudie

▸ Eine repräsentative Stichprobe kann nur durch geeignete Stichprobenerhebung erzielt werden.

13.1 Fallbericht und Fallserie

Ein Fallbericht ist, wie schon der Name sagt, der Bericht eines einzelnen Falles, und eine Fallserie ist eine Reihe von (mehr oder weniger) aufeinander folgenden Fällen. Obwohl diese Berichtsformen derzeit oft belächelt werden, waren sie für Erkenntnisse und die Entwicklung der modernen westlichen Medizin notwendig.

13.1.1 Wozu braucht man Fallberichte und Serien?

Auch jetzt noch bieten sie immer wieder die Gelegenheit, nützliche Informationen zu transportieren. Natürlich haben sich die Ansprüche verändert und die Beschreibung von Symptomen einer seltenen Erkrankung wird nicht oft auf großes Interesse stoßen. Dies aber nicht, weil es unwissenschaftlich ist, sondern weil es nur mehr wenige Krankheiten gibt, die nicht schon ausreichend beschrieben wurden. Wenn plötzlich eine Epidemie auftritt, die durch einen bis dahin unbekannten Erreger ausgelöst wird, sind auch die weltbesten Journale gerne bereit, solche Berichte zu veröffentlichen.

Ein Beispiel

Die Beschreibung von 17 Fällen von Erkrankungen durch das bis dahin in den USA unbekannte Hantavirus konnte sogar in ein eminentes Journal wie das *New England Journal of Medicine* gelangen (The Hantavirus Study Group 1994). Erkrankungen durch das Hantavirus traten bislang vor allem in Asien und Osteuropa auf und sind durch Fieber, Blutgerinnungsstörungen und Nierenversagen gekennzeichnet, eine Mitbeteiligung der Lunge tritt eher selten auf. In dem oben genannten Bericht werden 17 Fälle beschrieben, die im Süden der USA auftraten und durch einen besonders schweren Verlauf auffielen. Von den 17 Patienten hatten alle Fieber, die meisten hatten unspezifische grippale Symptome und Blutgerinnungsstörungen (im Sinne von Blutungsneigung), 15 entwickelten ein Lungenödem und 13 verstarben an dieser Erkrankung! Hier handelt es sich also um eine seltene, sehr bedrohliche und Aufsehen erregende Erkrankung.

Diese Art der Berichterstattung eignet sich auch sehr gut für Fortbildungs- und Lehrzwecke. Letztlich können Fallberichte auch gut dazu dienen, bisherige Grenzen des Wissens um Pathophysiologie oder Diagnostik zu überschreiten, um zum Beispiel eine neue Erklärung für die angeborene Resistenz gegen Androgene zu beschreiben (Adachi 2000).

13.1.2 Nachteile

Der Nachteil dieser Form der Berichterstattung ist, dass die beschriebenen Patienten in der Regel nicht repräsentativ sind: Oft werden seltene, beinahe exotische Erkrankungen beschrieben (siehe oben) und die vielen Fälle, deren Verlauf weniger spektakulär ist, werden nicht berichtet (weil unerkannt oder „nicht berichtenswert"). Letztlich führt das unweigerlich zu einer Verzerrung des wahren Bildes.

13.2 Querschnittstudie (auch „Cross sectional"- oder Prävalenzstudie)

Bei dieser Art des Studiendesigns werden sowohl Risikofaktoren als auch Endpunkte zum selben Zeitpunkt, bzw. innerhalb eines relativ engen Zeitraumes, erhoben. Man erhält so einen Querschnitt (Abbildung 13.1), gemessen als Prävalenzen.

Ein Beispiel

Die koronare Herzkrankheit ist als eine Verengung der Herzkranzgefäße definiert, die in weiterer Folge zu einer Durchblutungsstörung des Herzmuskels führen kann. Die koronare Herzkrankheit ist die häufigste Todesursa-

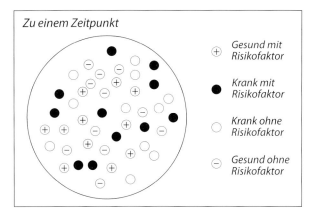

Abb. 13.1 Querschnittstudie. Zu einem Zeitpunkt werden in einer Stichprobe gleichzeitig das Vorhandensein von Risikofaktoren und Endpunkten erhoben. Da nur die Prävalenz erfasst werden kann, ist als Maß für das relative Risiko nur eine Prävalenzratio möglich

che in westlichen Ländern. Es wird immer wieder postuliert, dass die koronare Herzkrankheit durch psychologische Faktoren wie Angst, Depression oder Stress mitverursacht wird. Amerikanische Forscher untersuchten daher 630 Armeemitglieder: Es wurden mit einer speziellen Röntgenmethode das Ausmaß der Verkalkungen der Herzkranzgefäße gemessen und mit Fragebögen die oben genannten psychologischen Faktoren erhoben (O'Malley 2000). Keiner der Faktoren war mit dem Ausmaß der Gefäßverkalkungen assoziiert. Diese Beobachtung deckt sich durchaus mit unserem Weltbild. Diese Studie festigt zwar unsere Meinung, ist aber sicher kein endgültiger Beweis gegen den Zusammenhang zwischen koronarer Herzerkrankung und diesen Faktoren. Die Querschnittstudie kann Hypothesen nicht beweisen! Obendrein sind die Studienteilnehmer dieser speziellen Studie nicht unbedingt repräsentativ für die Durchschnittsbevölkerung (relativ jung, gute Ausbildung) und die Verkalkung der Herzkranzgefäße ist sicherlich nur ein schlechtes Surrogatmaß für die koronare Herzerkrankung.

13.2.1 Wozu braucht man Querschnittstudien?

Der Vorteil dieses Designs ist, dass man relativ schnell, und damit auch günstig, Daten erheben kann, zum Beispiel im Rahmen eines Interviews oder einer schriftlichen Umfrage. Manche Studien legen den Schwerpunkt auf die Untersuchung eines Zusammenhanges zwischen Risikofaktor und Endpunkt und können hier als Vorstudien für „höherwertige", meist aufwändigere Studien dienen. Wenn es um die Beschreibung von Prävalenzen alleine geht, spricht man oft von Prävalenzstudien oder *Surveillance*-Studien. Diese sind vor allem nützlich, um die Versorgung von bestimmten chronischen Krankheiten auf organisatorischer Ebene zu planen – nicht gerade das, was klinisch tätige Wissenschaftler häufig tun.

13.2.2 Nachteile

Der größte Nachteil ist, dass Prävalenzstudien lediglich eine Hypothese aufstellen bzw. untermauern, sie jedoch niemals beweisen können (das gilt für alle Beobachtungsstudien). Ein weiterer Nachteil ist, dass man nur die Prävalenz eines Risikofaktors und vor allem des Endpunktes, nicht aber seine Inzidenz erheben kann. Die Prävalenz einer Studie kann nur sehr schwer mit der Prävalenz aus einer anderen Umgebung verglichen werden, da sie durch die Inzidenz und die Krankheitsdauer bestimmt wird. Weiters ist es nicht möglich zu erfassen, ob ein so genannter Risikofaktor nun tatsächlich Ursache oder doch Folge der Erkrankung ist, es sei denn, der Risikofaktor ist angeboren (zum Beispiel genetische Marker, siehe Kapitel 3). Vor allem wenn es um die Beschreibung von Prävalenzen geht, ist eine repräsentative Stichprobe essentiell. Beispielsweise könnte man anhand einer Stichprobe die Anzahl von Patienten erheben, die an insulinpflichtigem Diabetes mellitus leiden (Prävalenz der Diabetiker in der Gesamtbevölkerung), um deren Versorgung gut zu planen. Wenn diese Stichprobe einfach aus Spitalspatienten gewonnen wird, hat man damit sicherlich keine repräsentative Stichprobe der Gesamtbevölkerung. Folglich wird so die Prävalenz wahrscheinlich überschätzt. Wir beschreiben daher im Folgenden einigen Methoden, wie man aussagekräftige Stichproben ziehen kann.

Die praktischen Vor- und Nachteile der Querschnittstudie im Vergleich zu anderen Designformen wird auch im Appendix I dargestellt.

13.3 Wozu Stichproben? Stichproben und der Zufall

Wir sind an Informationen und Erkenntnissen über die gesamte Population interessiert. Wir können aber selten eine gesamte Population erfassen und verwenden daher Stichproben, um auf die Gesamtheit zu schließen. Eine Population besteht aus Einheiten, das können Menschen, aber auch Arztpraxen, Krankenhäuser oder Meerschweinchen usw. sein. Um eine repräsentative Stichprobe zu erhalten, muss gewährleistet sein, dass jede Einheit die gleiche Wahrscheinlichkeit hat, ausgewählt zu werden (*EPSEM – Equal Probability Selection Method*). Das ist nur möglich, wenn die erhobenen Einheiten bei der Auswahl nicht bevorzugt oder benachteiligt werden. Anderenfalls kommt es zu einer Verzerrung, dem so genannten *Selection Bias*: Das Verteilungsmuster der Stichprobe entspricht nicht dem wahren Verteilungsmuster und alle anderen Messergebnisse möglicherweise auch nicht (siehe Kapitel 7).

Es gibt mehrere Methoden, die gewährleisten, dass jede Einheit die gleiche Wahrscheinlichkeit hat, ausgewählt zu werden. Wir wollen hier auf zwei einfache Methoden eingehen, und zwar die **Zufallsstichprobenerhebung** und die **systematische Stichprobenerhebung**.

13.3.1 Wie erhebt man Zufallsstichproben?

Ein Beispiel

In einem Krankenhaus (zum Beispiel dem Allgemeinen Krankenhaus in Wien) arbeiten 2.000 Ärzte. Die ärztliche Personalführung ist vorbildlich und will ein Programm entwickeln, um kardiovaskuläre Risikofaktoren zu senken. Zuvor will der Betriebsarzt die Größe des Problems erfassen und daher die Prävalenz der Risikofaktoren schätzen. Um Informationen, zum Beispiel hinsichtlich Geschlechtsverteilung, Blutdruck und Nikotinkonsum, über diese Population zu erhalten, kann der Betriebsarzt einfach alle 2.000 Ärzte befragen. Das ist natürlich nicht sinnvoll, da es sehr aufwändig und teuer ist. Der Betriebsarzt kann auch eine repräsentative Stichprobe erheben und bittet uns, als klinische Epidemiologen, um Hilfe. Wir entscheiden uns, 10 % der Gesamtpopulation, also 200, in diese Studie einzuschließen.

Zuerst muss man eine Liste der gesamten Einheiten (Population) aufstellen. Diese Liste heißt *Sampling*. Wir fordern dazu eine Liste aller Ärzte von der ärztlichen Direktion an und ordnen jedem Arzt eine fortlaufende Nummer von 1 bis 2.000 zu.

Nun brauchen wir eine Liste mit Zufallszahlen. Die Zufallszahlen können unter Zuhilfenahme eines Computerprogramms (zum Beispiel MS Excel oder Stata) bestimmt werden. Tabellen mit Zufallszahlen, die in vielen Statistikbüchern abgebildet sind, können ebenso einfach verwendet werden.

Tabelle 13.1 Excel-Tabelle mit Zufallszahlen

0.2849	0.4070	**0.1754**	0.3646	0.8734
0.0103	**0.1966**	**0.0605**	0.8449	**0.1792**
0.4584	0.6374	0.7228	0.9110	0.5990
0.1839	0.6796	0.8254	0.6397	0.6026
0.7137	0.5509	0.2141	0.2282	0.6512
0.6002	0.2843	0.9726	0.3714	**0.0968**
0.1501	0.7891	0.6850	**0.1801**	0.2757
0.1187	0.7843	0.9031	0.7682	**0.0374**
0.7044	0.5504	0.7205	0.9379	0.5353
0.6557	0.8729	0.2228	0.6455	0.5332
0.9819	**0.0029**	0.2833	0.7990	0.3570
0.3018	0.7950	0.4623	**0.1176**	0.9408
0.9357	0.6977	**0.1470**	0.6812	0.6228
0.0743	0.2723	0.6646	0.3496	0.7731
0.4234	0.9804	0.3627	**0.1257**	**0.1955**
0.3137	0.9904	0.2330	0.3620	0.5051
0.5343	0.8396	0.5163	0.6544	0.9675
0.3405	0.5554	0.4320	0.9568	**0.0536**
0.5532	**0.1039**	0.6363	0.9207	0.2258

Man beginnt irgendwo in der Zufallszahlenliste (Tabelle 13.1) und liest von oben nach unten oder von links nach rechts oder von rechts nach links oder diagonal vierstellige Zahlen; die ersten 200 Zahlen zwischen 1 und 2.000 sind unsere Einheiten der Stichprobe.

Excel erzeugt nur Zufallszahlen zwischen 0 und 1, was auch nicht weiter schlimm ist, da wir die Zellen so formatieren können, dass vier Dezimalen angezeigt werden. Die Null vor dem Komma ignorieren wir.

In diesem Fall beginnen wir „zufällig" links oben und lesen nach unten. Die erste Zahl links oben ist 0,2849 und wir lesen daher 2.849. Nun erfassen wir die ersten 200 Zahlen zwischen 1 und 2.000. Wenn wir mit einer Spalte fertig sind, beginnen wir bei der benachbarten Spalte wieder oben usw. Für unser Beispiel können wir nun die Ärzte mit den Nummern 103, 1.839, 1.501, 1187 usw. auswählen. Die fett gedruckten Zahlen entsprechen den ersten 19 Einheiten. Die Tabelle müsste natürlich entsprechend erweitert werden.

13.3.2 Wie erhebt man systematische Stichproben?

Ein Beispiel

Wenn die Liste der Ärzte nicht nach einem System geordnet wäre, könnte man alternativ einen Arzt unter den ersten 10 nach dem Zufallsprinzip wählen und dann jeden zehnten Arzt der Liste auswählen (200/2000 = 10). Systematische Stichproben haben ihre Tücken, da es oft schwer auszuschließen ist, dass eine bestimmte Systematik vorliegt. Wenn der Ordnung eine Systematik zugrunde liegt, hat möglicherweise nicht jede Einheit die gleiche Wahrscheinlichkeit, ausgewählt zu werden, oder die Stichproben sind nicht unabhängig. Wir empfehlen immer eine Zufallsstichprobe zu erheben, da es nicht mehr Aufwand ist, als eine systematische Stichprobe zu erheben.

13.3.3 Komplexe Methoden zur Stichprobenerhebung

Komplexe Methoden zur Stichprobenerhebung sind notwendig, wenn bestimmte Merkmale innerhalb einer Population stark variieren (das nennt man Inhomogenität bzw. Heterogenität) oder innerhalb von Gruppen wie Familien oder Gemeinden sehr ähnlich sind. In ersten Fall wäre eine stratifizierte, im zweiten Fall eine *Cluster*-Stichproben-Erhebung die Methode der Wahl. Vermutlich arbeiten (noch immer) mehr männliche Ärzte im AKH, die sich voraussichtlich hinsichtlich Blutdruck und Nikotinkonsum von ihren weiblichen Kollegen unterscheiden. Hier wäre eine stratifizierte Stichprobenerhebung eigentlich sinnvoll: Man unterteilt die Gesamtliste in Männer und Frauen und wendet dann in jedem Stratum eine der oben beschriebenen Methoden an. Manchmal ist es auch notwendig, die Stichprobenerhebung *hierarchisch* aufzubauen, z. B. zuerst zu stratifizieren und dann pro Stratum *Cluster*-

Stichproben zu erheben; das ist z. B. eine *Multilevel*-Stichproben-Erhebung. Komplexe Methoden wie stratifizierte, *Cluster*- und Multilevel-Stichproben-Erhebungen sind in der unten genannten weiterführenden Literatur ausführlich beschrieben.

13.3.4 Wann sind Stichproben in der klinischen Forschung notwendig?

Im Rahmen der klinischen Forschung ist die Erhebung von Stichproben aus dem Gesamtkollektiv theoretisch nicht notwendig, da im Idealfall aufeinander folgende Patienten mit genau definierten Ein- und Ausschlusskriterien eingeschlossen werden sollten, also die verfügbare „Gesamtpopulation" des jeweiligen Einzugsgebiets. Diese ist wiederum nur eine Stichprobe der echten Gesamtpopulation. So gehen wenige potentiell einschließbare Patienten verloren und die Gruppe sollte daher repräsentativ für die Population der Patienten mit dieser Erkrankung sein. Wenn man diese Patienten, im Sinne einer Kohortenstudie, weiterverfolgt, ist die interne Gültigkeit durch die Auswahl nicht beeinträchtigt. Anders ist das bei einer Fall-Kontrollstudie: Hier sind die Fälle zwar definiert, aber die Wahl der Kontrollgruppe ist oft schwierig (siehe Kapitel 10).

In der Fall-Kontrollstudie sollten die Kontrollen so gewählt werden, dass sie repräsentativ sind für die Population, aus der die Fälle stammen. Manchmal ist es daher notwendig, dass man Kontrollen aus der Gesamtpopulation nimmt, was in vielen Ländern, so auch in Österreich, leider fast unmöglich ist. Dazu braucht man nämlich eine Liste aller (!) Einwohner (*Sampling Frame*), um daraus nach dem Zufallsprinzip, eventuell stratifiziert, Kontrollen auszuwählen. Sie können sich vorstellen, dass es so etwas nicht gibt, jedenfalls nicht für die klinische Forschung.

Alternativ dazu kann man auch durch zufällig gewählte Telefonnummern Stichproben erheben (*random-digit-dialing*). Diese Methode hat viele Nachteile: (1) Telefoninterviews sind in unserem Kulturkreis nicht so gut akzeptiert wie z. B. in den USA, (2) schwierig wird es, wenn man auch z. B. Blutproben oder andere Untersuchungen benötigt, (3) manche (vor allem sozioökonomisch Benachteiligte) haben keinen Telefonanschluss, (4) die Erreichbarkeit zuhause ist oft schlecht (wann sind Sie zuhause am besten erreichbar?), (5) Geheimnummern usw. Wenn man sich für diese Methode entscheidet, sollte man überlegen, ob es nicht besser wäre, wenn man z. B. ein Meinungsforschungsinstitut damit beauftragt, da solche Institute das Technologiewissen haben. Leider sind sie sehr, sehr teuer.

Es gibt keine einfache Lösung, wenn man Kontrollen aus der Bevölkerung braucht. Wir empfehlen diesbezüglich die Zusammenarbeit mit ausgebildeten Epidemiologen.

13.3.5 Weiterführende Literatur

Eine brauchbare Beschreibung und Diskussion des Themas finden Sie z. B. in Smith (1991) oder Kirkwood (2003).

Kapitel 14

Fall-Kontrollstudie (Case-Control-Studie)

▸ Zuerst werden „Fälle" und entsprechende „Kontrollen" gesucht, dann wird der Risikofaktor gemessen

▸ Die Häufigkeit eines Risikofaktors wird zwischen „Fällen" und „Kontrollen" verglichen

▸ „Fälle" müssen für Patienten mit dieser Erkrankung repräsentativ sein

▸ „Kontrollen" müssen für die Population repräsentativ sein, aus der die Fälle stammen

▸ Als Kontrollgruppe eignen sich vor allem:

- eine Zufallsstichprobe von Patienten mit anderen Erkrankungen

- eine Zufallsstichprobe aus der Bevölkerung

- Bekannte oder Verwandte des Falles

▸ Vorteile: Untersuchung von seltenen Erkrankungen möglich; schnell und günstig

▸ Nachteile: *Bias*, Datenqualität oft unzulänglich, zeitlicher Zusammenhang zwischen Risikofaktor und Endpunkt unklar

14.1 Allgemeines

Bei der Fall-Kontrollstudie verläuft der Vorgang im Vergleich zur Kohortenstudie umgekehrt: Man sucht sich „Fälle", die den Endpunkt bereits erreicht haben, und nach dem Zufallsprinzip (in seltenen Fällen auch systematisch) wählt man Kontrollen, die den Endpunkt, meist eine Krankheit, nicht haben. Dann erhebt man, ob der Risikofaktor in der einen Gruppe ebenso häufig zu finden ist wie in der anderen Gruppe (Abbildung 14.1).

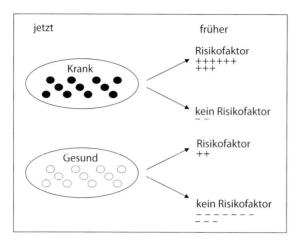

Abb. 14.1 Fall-Kontrollstudie. Elf Kranke und elf Gesunde werden nach dem Vorhandensein des Risikofaktors untersucht: Neun Kranke haben den Risikofaktor im Vergleich zu zwei Gesunden. Die Odds Ratio beträgt $[(9/2)/(2/9)]$ = 20,3. Das heißt, bei Vorhandensein des Risikofaktors ist die Chance, die Krankheit zu bekommen, 20,3fach erhöht im Vergleich zu denen, die den Risikofaktor nicht haben

Ein erfundenes Beispiel

Von 220 Probanden sind 110 „Fälle", haben also eine definierte Erkrankung, und 110 sind gesunde „Kontrollen", haben also keine Erkrankung. Neun aus der Gruppe der Fälle haben den Risikofaktor (101 haben ihn nicht), aber nur zwei aus der Gruppe der gesunden Kontrollen haben den Risikofaktor (108 haben ihn nicht) (Tabelle 14.1).

Da das Verhältnis der Fälle zu den Kontrollen willkürlich gewählt wird, entspricht die untersuchte Studienpopulation nicht einer natürlichen Risikopopulation. Daher können wir nicht direkt auf das relative Risiko rückschließen, wenn wir einfach den prozentualen Anteil der Fälle mit Risikofaktor mit dem prozentualen Anteil der Kontrollen mit Risikofaktor vergleichen. Weder die Häufigkeit der Erkrankung noch die der Risikofaktoren entspricht in einer Fall-Kontrollstudie der tatsächlichen Verteilung in der Bevölkerung, abgesehen von wenigen sehr speziellen Situationen. Das Verteilungsverhältnis des Risikofaktors zwischen den Gruppen bleibt aber gewahrt. In diesem Fall muss man sich die so genannte *Odds Ratio* ausrechnen: $(9/101)/(2/108)$ = 4,8 (siehe auch Kapitel 6). Das heißt, wenn jemand

Tabelle 14.1

	Fälle	Kontrollen
Risikofaktor positiv	9	2
Risikofaktor negativ	101	108

ein „Fall" ist, dann ist der Risikofaktor 4,8-mal so häufig vorhanden. Aber auch der Umkehrschluss ist erlaubt: Wenn der Risikofaktor vorhanden ist, ist das Risiko, den Endpunkt zu erreichen, 4,8fach höher im Vergleich zu Patienten, die den Risikofaktor nicht haben.

Ein praktisches Beispiel

Ein Beispiel aus der Praxis ist eine Fall-Kontrollstudie, die den Zusammenhang zwischen selektiven Serotoninwiederaufnahme-Hemmern (ein häufig verwendetes Antidepressivum, kurz SSRI) und der Gefahr einer Blutung im Magen-Darm-Trakt untersuchte (Abajo 1999). Im Experiment können SSRI die Blutplättchenfunktion stören und es gibt Fallberichte über Blutungsneigung nach der Einnahme von SSRI. In einer Datenbank von praktischen Ärzten in England waren 1.899 Fälle von gastrointestinaler Blutung eingetragen; als Kontrollgruppe diente eine Zufallsstichprobe von 10.000 registrierten Patienten, die keine gastrointestinale Blutung hatten (in England sind ca. 90 % aller Einwohner bei einem praktischen Arzt registriert). Das relative Risiko (in diesem Fall dargestellt durch die *Odds Ratio*), eine gastrointestinale Blutung zu erleiden, war bei Patienten, die SSRI einnahmen, um das 3fache erhöht. Das geschätzte absolute Risiko betrug etwa eine Blutungskomplikation auf 8.000 behandelte Patienten.

14.2 Auswahl der Fälle

Man sollte sich aber immer fragen, ob Patienten, die man als Fall einschließen möchte und deren Daten man hat, auch wirklich repräsentativ für die Population der Fälle sind.

Ein Beispiel

Patienten mit Herzinfarkt, die in einer Universitätsklinik aufgenommen werden, unterscheiden sich häufig von Herzinfarktpatienten in kleineren Krankenhäusern. So ist z. B. das Durchschnittsalter dieser Patienten im Allgemeinen Krankenhaus in Wien mit 61 Jahren sicherlich deutlich niedriger als in den Gemeindespitälern. Wenn wir also unsere Fälle für eine Fall-Kontrollstudie bei Herzinfarkt aus dem Allgemeinen Krankenhaus Wien nehmen, ist es möglich, dass wir ein speziell ausgewähltes, nicht generalisierbares Patientengut untersuchen. Die Ergebnisse einer solchen Studie sind daher manchmal schwer generalisierbar, vor allem wenn die Patienten mit dieser bestimmten Erkrankung (die „Fälle") nicht nur in Zentren, sondern auf unterschiedlichsten Versorgungsebenen behandelt werden. Sind die Fälle schwerer krank als die durchschnittlichen Fälle mit dieser bestimmten Erkrankung, kann das auch zum Überschätzen eines Effektes führen, weil damit naürlich der relative Unterschied zu den Kontrollen durch Selektion der kränkeren Fälle „künstlich" größer wird (*Bias*).

14.3 Auswahl der Kontrollen

Das Schwierigste an einer Fall-Kontrollstudie ist die Auswahl der Kontrollen. Die Gruppe der Kontrollen sollte der Population entsprechen, aus der auch die Fälle kommen. Wenn das nicht der Fall ist, so sind die Resultate mitunter unbrauchbar. Die Kontrollen sollten nach dem Zufallsprinzip ausgewählt werden (siehe Kapitel 13.3).

Die drei am häufigsten verwendeten Kontrollgruppen sind (a) eine Zufallsstichprobe von Patients, die wegen einer anderen Krankheit erfasst wurden, (b) eine Zufallsstichprobe aus der Bevölkerung und (c) Freunde bzw. Verwandte.

14.3.1 Patienten mit anderen Erkrankungen

Der Vorteil dieser Gruppe ist, dass Probanden und dazugehörige Informationen bereits vorhanden oder relativ einfach zu bekommen sind. Der Nachteil ist, dass man sicher sein muss, dass die Erkrankung der Kontrollpatienten in keinem Zusammenhang mit dem gesuchten Endpunkt steht und diese Kontrollpatienten trotzdem repräsentativ für die Gruppe sind, welche die Fälle produziert.

Zwei Beispiele

Wenn man den Zusammenhang zwischen Rauchen und Herzinfarkt untersuchen möchte, eignen sich als Kontrollen weder Patienten mit chronischen Lungenerkrankungen noch Patientinnen einer Geburtenstation. Im ersten Fall ist anzunehmen, dass ein Zusammenhang zwischen Rauchen und den beiden Krankheiten besteht. Das nennt man *Overmatching* und führt möglicherweise dazu, dass man den gesuchten Effekt nicht oder nur sehr abgeschwächt sehen kann. In beiden Fällen sind die Kontrollen einfach nicht repräsentativ für das Kollektiv, das die Fälle produziert: Der Großteil der Patienten, die einen Herzinfarkt bekommen, sind Männer – oder Frauen in der Menopause. Aus diesen Gründen sind Kontrollen aus einem Spital immer als die schlechteste Alternative anzusehen.

Eine weitere „schlechte" Kontrollgruppe sind beispielsweise Probanden, die im Rahmen einer Gesundenuntersuchung rekrutiert wurden. Es ist bekannt, dass diese Probanden nicht für die Durchschnittsbevölkerung repräsentativ sind: Teilnehmer einer Gesundenuntersuchung sind im Vergleich zur Durchschnittsbevölkerung jünger, gesünder, haben weniger Risikofaktoren hinsichtlich der koronaren Herzerkrankung und sind sozioökonomisch besser gestellt. Jede selbst gewählte Kontrollgruppe ist also mit Skepsis zu betrachten.

14.3.2 Zufallsstichprobe aus der Bevölkerung

Wenn die Zufallsstichprobe richtig erhoben wird, so ist diese Gruppe sicher repräsentativ für die Population, aus der die Fälle stammen. Leider sind Zufallsstichproben aus der Bevölkerung technisch und logistisch schwer zu erheben. Das sollte man am besten Profis (z. B. Meinungsforschungsinstituten) überlassen, was aber entsprechend teuer ist.

14.3.3 Freunde bzw. Verwandte des „Falles"

Freunde bzw. Verwandte des jeweiligen Falles als Kontrollen zu verwenden ist sehr elegant. So kann man wichtige, aber schwer messbare *Confounder* kontrollieren. Wenn Freunde als Kontrollen verwendet werden, kann man z. B. den sozioökonomischen Status, der schwer zu messen ist, kontrollieren. Wenn Verwandte als Kontrollen verwendet werden, kann man für schwer messbare genetische Faktoren, und in einem geringeren Ausmaß auch den sozioökonomischen Status, kontrollieren. Weiters sind Freunde und Verwandte von Patienten mit einer meist schweren Erkrankung eher geneigt, an einer relevanten Studie teilzunehmen.

Es ist nicht immer einfach, die „richtige" Kontrollgruppe zu definieren. Manche Epidemiologen verwenden daher mehrere Kontrollgruppen und beschreiben den Einfluss der jeweiligen Kontrollgruppe auf den Effekt.

14.4 Wozu braucht man Fall-Kontrollstudien?

Der große Vorteil dieses Studiendesigns ist, dass Fall-Kontrollstudien, im Vergleich zu Kohortenstudien, relativ schnell durchführbar sind, da man nicht jahrelang auf das Eintreten des Endpunktes warten muss. Dadurch kosten Fall-Kontrollstudien in der Regel viel weniger Zeit und Geld als die Durchführung von Kohortenstudien. Risikofaktoren von seltenen Krankheiten sind durch Kohortenstudien besonders schwer oder gar nicht zu erfassen. Die Erfassung des Einflusses von Risikofaktoren auf seltene Erkrankungen ist daher die Domäne der Fall-Kontrollstudie.

Neuere Anwendungen der Fall-Kontrollstudien finden wir in der Pharmakoepidemiologie, wo sehr elegant Nebenwirkungen (hoffentlich seltene Endpunkte) untersucht werden können. Nach wie vor werden Fall-Kontrollstudien aber auch in der Infektionsepidemiologie eingesetzt, um bei Infektionsausbrüchen rasch die relevanten Quellen zu identifizieren.

14.5 Nachteile und Schwachstellen der Fall-Kontrollstudie

14.5.1 Bias

Praktisch alle Formen von *Bias* können in einer Fall-Kontrollstudie auftreten. Das liegt vor allem daran, dass die Kontrollen aktiv ausgewählt werden (*Selection Bias*) und alle Messungen retrospektiv erfolgen (*Information Bias*). Bei der Erstellung des Kontrollkollektivs muss man sich ehrlich fragen, ob das Kollektiv für das Gesamtkollektiv repräsentativ ist, das die Fälle produziert. Das heißt, man sollte sich bei den Kontrollen immer fragen: „Wenn dieser Patient die Krankheit bekommen hätte, wäre er von mir auch als Fall erfasst worden?" Wenn man diese Frage nicht sicher bejahen kann, so ist *Selection Bias* anzunehmen. Bei der Erstellung des Fallkollektivs muss man sich auch ehrlich fragen, ob die eingeschlossenen Fälle repräsentativ für die Fälle der jeweiligen Krankheit sind.

Information Bias ist ebenso bei Fall-Kontrollstudien zu bedenken. „Fälle", also Patienten, die einen definierten Endpunkt erreicht haben, neigen eher als Gesunde dazu, sich an bestimmte Risikofaktoren zu erinnern (*Reporting Bias*). Das ist besonders stark ausgeprägt, wenn z. B. in den Medien schon ein Zusammenhang zwischen der Krankheit und dem genannten Risikofaktor diskutiert wurde. Natürlich neigen auch Ärzte dazu, eine Krankheit eher zu entdecken, weil ein „verdächtiger" Risikofaktor vorliegt (*Observer Bias*). In seltenen Fällen ist die Fall-Kontrollstudie in einer prospektiven Kohortenstudie eingebettet (*nested*), wodurch viele Probleme des retrospektiven Designs vermieden werden können.

14.5.2 Zeitlicher Zusammenhang zwischen Risikofaktor und Auftreten des Endpunktes

Weil Fall-Kontrollstudien typischerweise retrospektiv sind, kann man nicht sicher sagen, ob der so genannte Risikofaktor Folge oder Ursache des Endpunktes ist. Wenn die Fall-Kontrollstudie in einer Kohortenstudie eingebettet (*nested*) ist, ist das meist möglich. Der zeitliche Zusammenhang ist auch bei angeborenen Risikofaktoren eindeutig. Vor wenigen Jahren gab es nicht allzu viele angeborene Merkmale, die wir problemlos erfassen konnten, wie zum Beispiel die Blutgruppe oder die Augenfarbe. Mit molekulargenetischen Methoden hat die Fall-Kontrollstudie wieder stark an Bedeutung gewonnen.

14.5.3 Seltene Risikofaktoren

Seltene Risikofaktoren kann man im Rahmen einer Fall-Kontrollstudie nicht bzw. nur schlecht untersuchen, da man eine sehr große Anzahl von Fällen und Kontrollen einschließen müsste.

14.5.4 Qualität der Daten

Bei Fall-Kontrollstudien ist die Qualität der Information über Risikofaktoren oft nicht gut. Der Grund ist, dass diese Daten retrospektiv erhoben werden, oft von Routineinformationsquellen wie zum Beispiel Krankengeschichten. Das Problem mit solchen Datenquellen liegt darin, dass diese nicht für wissenschaftliche Zwecke angelegt wurden: Die Reihenfolge, die Genauigkeit bzw. überhaupt das Vorhandensein von Informationen ist stark variabel. Außerdem gibt es oft Unterschiede in der Art und Qualität der Datenerfassung zwischen Fällen und Kontrollen (*Information Bias*).

14.5.5 Inzidenz und Prävalenz der Erkrankung

Wenn Patienten, die an einer Ambulanz in Betreuung sind, zu einem bestimmten Zeitpunkt als prävalente Fälle in eine Fall-Kontrollstudie eingeschlossen werden, sind diese möglicherweise „gesünder", als wenn nur neu auftretende (inzidente) konsekutive Fälle eingeschlossen werden. Die prävalenten Fälle beinhalten nämlich weniger Patienten, die an rasch progredienten und letztlich tödlich verlaufenden Erkrankungsformen leiden. Damit könnte ein möglicher Effekt unterschätzt werden.

Die praktischen Vor- und Nachteile der Fall-Kontrollstudie im Vergleich zu anderen Designformen werden auch im Appendix I dargestellt.

14.6 Weiterführende Literatur

Die Grundprinzipien der Fall-Kontrollstudie werden in den Standardbüchern der Epidemiologie gut beschrieben (z. B. Hennekens 1987; McMahon 1996). Wer sich weiter vertiefen möchte, dem empfehlen wir das Standardwerk über Fall-Kontrollstudien von Schlesselmann (1982); das Thema wird hier sehr anschaulich präsentiert. Eine gute aktuelle Zusammenfassung bietet die Langfassung des STROBE *Statement* (*www.strobe-statement.org*), die wir später bei den Richtlinien zum Berichten von Studienergebnissen besprechen werden (Kapitel 25).

Kapitel 15

Die Kohortenstudie

- ▸ Zu Studienbeginn wird das Vorhandensein eines Risikofaktors erfasst
- ▸ Die Studienteilnehmer werden über die Zeit beobachtet und das Auftreten eines Endpunktes wird erfasst
- ▸ Die Häufigkeit des Endpunktes in der Gruppe mit Risikofaktor wird mit der Häufigkeit des Endpunktes in der Gruppe ohne Risikofaktor verglichen
- ▸ Vorteile: Die Kohortenstudie erlaubt die Erfassung der Inzidenz eines Endpunktes und auch den zeitlichen Zusammenhang zwischen Risikofaktor und Endpunkt
- ▸ Nachteile: Kohortenstudien sind teuer, seltene Endpunkte können nicht leicht untersucht werden, und insbesondere *Selection Bias* muss vermieden werden

15.1 Allgemeines

Für eine Kohortenstudie werden Probanden in die Studie eingeschlossen (rekrutiert) und zum Zeitpunkt der Rekrutierung werden einer oder mehrere Risikofaktoren erhoben. Risikofaktoren sind z. B. Blutdruck, Rauchen oder Essgewohnheiten (siehe Kapitel 3). Die Teilnehmer werden über die Zeit beobachtet und es wird erfasst, ob ein vorher definierter Endpunkt eintritt (Abbildung 15.1). Der Endpunkt ist meist eine Erkrankung oder zumindest der Vorläufer einer Erkrankung, es kann natürlich auch der Tod sein.

Zum Zeitpunkt der Aufnahme in die Studie müssen die Studienteilnehmer frei vom Endpunkt sein. Nur so kann man vergleichen, ob der Endpunkt bei denen häufiger eintritt, die den Risikofaktor haben, als bei denen, die den Risikofaktor nicht haben. Der Endpunkt ist meist binär (z. B. krank/nicht krank) und das Maß für die Stärke der Assoziation zwischen dem Risikofaktor und dem Endpunkt wird als relatives Risiko (*Risk Ratio* oder *Rate Ratio*, in seltenen Fällen als *Odds Ratio*) angegeben (siehe Kapitel 6).

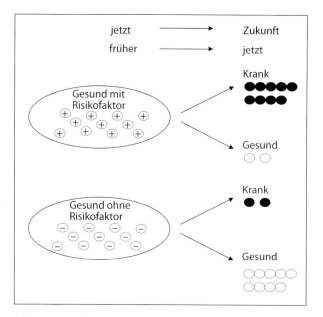

Abb. 15.1 Kohortenstudie. Zu Beginn haben elf Probanden einen Risikofaktor und elf haben ihn nicht. Am Ende der Studie haben neun Probanden, die auch den Risikofaktor hatten, einen definierten Endpunkt (z. B. eine Krankheit) erreicht, aber nur zwei Probanden, die den Risikofaktor nicht hatten, erreichten den Endpunkt. Die *Risk Ratio* beträgt $[(9/11)/(2/11) =]$ 4,5. Das heißt, beim Vorhandensein des Risikofaktors ist das Risiko, die Krankheit zu bekommen, 4,5fach erhöht im Vergleich zu denen, die den Risikofaktor nicht haben

Ein Beispiel

Eine Kohortenstudie ermöglicht zum Beispiel, die Größe des gesundheitsschädigenden Effektes von Tabakrauchen zu erfassen. Im Jahr 1991 wurden in China 224.500 Menschen hinsichtlich ihrer Rauchgewohnheiten befragt (Risikofaktor) und dann über fünf Jahre beobachtet. Der Endpunkt war definiert als „Tod im Beobachtungszeitraum". Unter den Studienteilnehmern waren zum Zeitpunkt der Befragung 73 % Raucher und das relative Risiko, in dieser Zeit zu sterben, war bei Rauchern um 20 % erhöht (Niu 1998). Die Effektgröße ist zwar schon seit vielen Jahren bekannt, diese Studie hat aber erstmals eine Zufallsstichprobe aus der Bevölkerung befragt und ist somit die erste, die das wahre Ausmaß der Problematik dokumentiert – 12 % aller Todesfälle in China sind durch Tabakrauchen verursacht. Diese 12 % nennt man *Population Attributable Risk* und es kann aus dem Relativen Risiko errechnet werden (siehe Kapitel 6).

Obwohl bei Kohortenstudien meist eindeutig gezeigt werden kann, ob ein Risikofaktor vor dem Auftreten eines Endpunktes wirksam war, kann Kausalität nicht eindeutig bewiesen werden. Der Beweis von Kausalität ist letztlich nur durch randomisierte Interventionsstudien möglich. Bei der oben genannten Fragestellung ist es nicht möglich, ein Experiment mit Menschen durchzuführen. Abgesehen von Vertretern der Tabakindustrie sind wir alle – so glauben wir – davon überzeugt, dass Rauchen mit koronarer Herzkrankheit und auch anderen Erkrankungen assoziiert ist. Prävalenzstudien, Fall-Kontrollstudien und Kohortenstudien sprechen dafür, aber endgültig bewiesen ist es nicht. Trotzdem hoffen wir, dass niemals eine randomisierte Studie durchgeführt wird, da dies aus ethischen Gründen natürlich abzulehnen ist. Es gibt also eine Hierarchie der Evidenz, die uns hilft festzulegen, ob ein beobachteter Zusammenhang zwischen einem Risikofaktor und einem Endpunkt kausal ist (siehe Kapitel 28).

15.2 Prospektiv oder retrospektiv?

Eine Kohortenstudie kann prospektiv oder retrospektiv sein. Die Kohortenstudie ist eindeutig prospektiv, wenn der Risikofaktor jetzt erfasst wird und die Probanden dann weiter beobachtet werden, um den in der Zukunft eintretenden Endpunkt zu erfassen. Eindeutig retrospektiv ist das Design, wenn sowohl der Risikofaktor als auch der Endpunkt noch vor der Planung der Studie erfasst bzw. eingetreten ist. Es ist aber interessant, dass unter den Spezialisten keine einheitliche Meinung darüber herrscht, was es bedeutet, wenn der Risikofaktor in der Vergangenheit gemessen wurde (zum Beispiel Geburtsgewicht) und man nun eine Kohorte von Erwachsenen über Jahre (prospektiv) hinsichtlich des Auftretens einer koronaren Herzerkrankung beobachtet: Manche sagen, das sei retrospektiv, andere, es sei prospektiv. Daher gibt es im STROBE *Statement* (*www.strobe-statement.org*, Kapitel 25) die Empfehlung, eine Studie nicht mehr allgemein als beispielsweise „prospektive Kohortenstudie" zu bezeichnen, sondern für alle Komponenten eine ausreichend detaillierte Beschreibung der zeitlichen Abfolge anzugeben.

15.3 Wozu braucht man Kohortenstudien?

Der Vorteil dieser Methode ist, dass die zeitliche Abfolge von Risikofaktor und Endpunkt meist eindeutig festgehalten werden kann. Weiters ist es bei den meisten Kohortenstudien möglich, die Inzidenz einer Erkrankung zu erfassen, was andere Formen von Beobachtungsstudien gar nicht zulassen. Ein weiterer Vorteil ist, dass auch seltene bzw. mehrere Risikofaktoren gleichzeitig untersucht werden können. Die meisten Risiko-Scores, wie zum Beispiel der Framingham Risk Score, wurden aus Kohortenstudien entwickelt.

Aktuell werden Kohortenstudien auch erfolgreich in der Pharmakoepidemiologie eingesetzt, um einerseits die Ergebnisse aus randomisierten Studien in repräsentativen Populationen zu validieren und um andererseits Arzneimittelsicherheit zu untersuchen. Die Informationen kommen hier typischerweise aus großen länderweiten Datenbanken.

15.4 Nachteile und Schwachstellen der Kohortenstudie

15.4.1 Seltene Endpunkte

Seltene Endpunkte, wie zum Beispiel viele bösartige Tumorerkrankungen, kann man mit einer Kohortenstudie nicht gut erfassen, da man eine riesige Anzahl von Probanden erfassen und beobachten müsste.

15.4.2 Aufwand und Kosten

Um einen Zusammenhang zwischen den Risikofaktoren und einem Endpunkt zu erfassen, benötigt man oft viele Teilnehmer, da meist Risikofaktoren mit einer nur relativ schwachen Auswirkung auf den Endpunkt untersucht werden. Oft muss man die Studienteilnehmer über lange Zeiträume beobachten. Eine große Anzahl von Studienteilnehmern eventuell über lange Beobachtungszeiträume zu verfolgen ist nicht nur sehr aufwändig, sondern kann auch sehr teuer werden.

15.4.3 Kausalität

Ein weiterer Nachteil ist, dass Kausalität nicht nachgewiesen werden kann, da wir immer mit *Confounding* rechnen müssen. Auch wenn wir alle Anstrengungen unternehmen, für *Confounder* zu adjustieren, so bleibt immer noch das *Residual Confounding* durch nicht messbare *Confounder*. Dagegen hilft nur eine Randomisierung.

15.4.4 Bias

Kohortenstudien sind vor allem für *Selection Bias* anfällig, insbesondere durch den Verlust von Studienteilnehmern in der Beobachtungsphase. Probanden können für die Studie verloren gehen, wenn sie sich entschließen, nicht mehr teilzunehmen, den Wohnort zu wechseln, versterben, eine andere Krankheit bekommen usw. In diesem Zusammenhang ist es wichtig, zwischen einem „zufälligen" und einem selektiven Verlust zu unterscheiden. Zufällig bedeutet, dass unabhängig vom Vorhandensein des Risikofaktors in beiden Gruppen (Probanden mit Risikofaktor und Probanden ohne Risikofaktor) Probanden verloren gehen. Wenn in beiden Gruppen Probanden (mit Risikofaktor und ohne Risikofaktor) zufällig verloren werden, wird der Zusammenhang zwischen dem Risikofaktor und dem Endpunkt nicht beeinflusst. Wenn aber über 20 % der Teilnehmer einer ursprünglichen Kohorte verloren wurden, sind die Ergebnisse nicht mehr generalisierbar. Das heißt, die interne Gültigkeit bleibt eventuell erhalten, aber die externe Gültigkeit geht verloren. Diese 20 %-Grenze ist eine Konvention, und wir glauben, man sollte hier nicht zu streng sein, obwohl diese Grenze im Rahmen von manchen, qualitativ hochwertigen *Evidence Based Medicine* Quellen rigoros eingehalten wird (siehe Kapitel 30).

Wenn Probanden in einer Gruppe häufiger verloren gehen als in der anderen, so entspricht das beobachtete Ergebnis möglicherweise nicht dem wahren Zusammenhang zwischen dem Risikofaktor und dem Endpunkt (*Selection Bias* durch *Differential-loss-to-follow-up*). Dies passiert zum Beispiel, wenn Patienten mit einem Risikofaktor für die Studie verloren gehen, da ein Zusammenhang zwischen dem Risikofaktor und dem Verlorengehen besteht.

Ein (erfundenes) Beispiel

Wir möchten bei Pensionisten den Zusammenhang zwischen dem Einkommen, also der Pensionshöhe (hoch v niedrig), und der Häufigkeit von Lungenentzündung erfassen. Wir erheben daher zu Beginn der Studie die Pensionshöhe und befragen alle Teilnehmer nach einem Jahr mit einem über den Postweg zugestellten Fragebogen, ob sie im Beobachtungszeitraum eine Lungenentzündung hatten. Die Lungenentzündung wird durch die Frage „Hat Ihnen innerhalb der letzten zwölf Monate ein Arzt gesagt, dass Sie eine Lungenentzündung haben?" definiert. Am Ende der Studie müssen wir feststellen, dass 95 % der Pensionisten in der Gruppe mit „hoher" Pension geantwortet haben, aber nur 75 % der Pensionisten mit „niedriger" Pension. Egal, was wir nun als relatives Risiko errechnen, wir können nicht ausschließen, dass es einfach falsch ist. Vielleicht hatten viele der *Non-responder* eine Lungenentzündung, antworten aber nicht, weil sie (1) gerade im Krankenhaus sind, (2) weil sie so krank sind, dass sie nicht antworten können, (3) weil sie bereits verstorben sind, (4) weil sozioökonomisch Schlechtergestellte nachweislich seltener auf Fragebögen antworten. Im schlimmsten Fall sind die Punkte 1 bis 3 sogar durch eine Lungenentzündung verursacht. In diesem Zusammenhang könnte auch ein *Information Bias* wirksam sein: Sozioökonomisch Bessergestellte gehen vielleicht häufiger zum Arzt als finanziell Benachteiligte und die Diagnose Lungenentzündung wird daher öfter gestellt.

Dieses Beispiel ist, wie bereits gesagt, erfunden und wenn man ein wenig nachdenkt, findet man weitere *Bias*-Möglichkeiten. Die meisten dieser Fehlerquellen kann man relativ einfach vermeiden, indem man bereits in der Planungsphase daran denkt und deren Vermeidung im Studiendesign berücksichtigt wird.

15.5 Weiterführende Literatur

Die praktischen Vor- und Nachteile der Kohortenstudie im Vergleich zu anderen Designformen wird auch im Appendix I dargestellt. Eine gute aktuelle Zusammenfassung bietet die Langfassung des STROBE *Statement* (www.strobe-statement.org), die wir später bei den Richtlinien zum Berichten von Studienergebnissen besprechen werden (Kapitel 25).

Kapitel 16

Wie weist man die Wirksamkeit von medizinischen Interventionen nach?

▸ Um die Wirksamkeit einer Intervention festzustellen, braucht man:
  ▪ eine Interventionsgruppe und eine Kontrollgruppe
  ▪ eine Gruppenzuordnung nach dem Zufallsprinzip (Randomisierung)
▸ Ausschließlich randomisierte Vergleichsstudien gewährleisten, dass die beiden Gruppen sich nur hinsichtlich der Intervention unterscheiden und somit ein Effekt der Intervention zuzuschreiben ist
▸ Nicht randomisierte Vergleichsstudien gewährleisten **nicht**, dass die beiden Gruppen sich nur hinsichtlich der Intervention unterscheiden
▸ Nicht randomisierte Studien überschätzen oft die Wirksamkeit einer Intervention

16.1 Allgemeines

In der Medizin wenden wir die unterschiedlichsten Behandlungsformen an, um das bestmögliche Ergebnis zu erlangen. Der Begriff Behandlungsform ist absichtlich weit gefasst und beinhaltet Präventivmaßnahmen (z. B. Beratung, Diät), aber auch Arzneimittel oder chirurgische Eingriffe und wird hier im Weiteren kurz *Intervention* genannt. Ebenso ist der *Endpunkt* sehr breit zu interpretieren und kann sich auf die Verkürzung von Krankheit ebenso beziehen wie auf das Überleben oder die Verminderung von Beschwerden.

Um die Wirksamkeit einer Intervention zu erfassen, ist es notwendig, dass (1) eine Kontrollgruppe existiert (keine Intervention), (2) eine Interventionsgruppe existiert und dass (3) sich die Kontrollgruppe von der Interventionsgruppe zu Beginn ausschließlich (!) hinsichtlich des Risikofaktors unterscheidet. Wenn neben der Intervention noch andere Unterschiede bestehen, kann man nie sicher sagen, ob der beobachtete Effekt durch die Intervention oder durch andere Unterschiede zu erklären ist (siehe Kapitel 7). Studien ohne Kontrollgruppen, so genannte Fallserien, erzeugen oft ein stark verzerrtes Bild hinsichtlich der Wirksamkeit einer Intervention und der Therapieerfolg wird meist überschätzt (siehe Kapitel 13).

16.2 Wie erstellt man Kontrollgruppen?

Zur Auswahl stehen (1) so genannte historische Kontrollen, (2) Kontrollpatienten, die durch ein nicht-zufälliges Auswahlverfahren einer Gruppe zugeteilt werden, sowie (3) Kontrollpatienten, die nach dem Zufallsprinzip der Interventions- oder der Kontrollgruppe zugeordnet werden.

16.2.1 Historische Kontrollen

Historische Kontrollen sind meist Patienten, die aus einer Zeit stammen, zu der die neue Intervention noch nicht erhältlich oder gebräuchlich war (z. B. 30-Tage-Sterblichkeit nach Herzinfarkt vor der Ära der Thrombolyse *v* nachher). Das Hauptproblem mit historischen Kontrollpatienten ist, dass ein adäquater Vergleich nicht sichergestellt werden kann:

- Einschlusskriterien der bereits „vorhandenen" Patienten sind oft weniger genau definiert; eventuell handelt es sich um eine ganz andere Patientenpopulation.
- Die Qualität der Daten ist oft schlechter, insbesondere wenn es sich um retrospektive Datenerhebung handelt; die Kriterien für den Therapieerfolg sind möglicherweise unterschiedlich.
- Die Begleittherapie kann sich über die Zeit ändern und so den Endpunkt beeinflussen.
- Kliniker neigen dazu, Patienten in der „Nachher-Gruppe" von der Analyse auszuschließen, wenn kein Erfolg eintritt.

Alle diese Kriterien führen letztlich dazu, dass in Studien, die historische Kontrollen verwenden, der Therapieerfolg überschätzt wird. Selbst wenn die Studie mit historischen Kontrollen zeigt, dass eine Intervention wirksam ist, kann man die Effektgröße, und damit die klinische Relevanz, nicht abschätzen (Sacks 1982).

16.2.2 Nicht-zufälliges Auswahlverfahren

Wenn Patienten durch ein nicht-zufälliges Auswahlverfahren einer Gruppe zugeteilt werden, können wir niemals sicher ausschließen, dass andere Störfaktoren die Wirkung beeinflusst oder sogar verursacht haben. Nicht-zufällige Auswahlverfahren sind solche, wo z. B. der behandelnde Arzt entscheidet, ob der Patient eine Intervention erhält oder nicht. Es ist offensichtlich, dass hier selbst bei den größten Bemühungen von Seiten des Arztes eine objektive Auswahl nicht gegeben ist. Wahrscheinlich gibt es fast immer bestimmte Muster, die das Verhalten des Arztes mehr oder weniger unbewusst beeinflussen: Vielleicht sind Patienten, die eine Intervention erhalten sollen, jünger, gesünder oder wohlhabender (oder das Gegenteil). Im Falle einer belastenden Intervention, einer Operation zum Beispiel, kann man sich vorstellen, dass ältere oder sehr kranke Patienten eher konservativ behandelt werden.

Diese Form des *Bias* nennt man *Selection Bias* (Selektionsbias). Aber auch andere Methoden, wie zum Beispiel eine systematische Zuordnung (nach geradem/ungeradem Aufnahmetag, Geburtstag oder alternierend), erlauben einen gewissen Selektionsbias, da im Vorhinein absehbar ist, welcher Gruppe der Patient zugehören wird und entsprechend bestimmte Patienten vielleicht nicht eingeschlossen werden. Weiters verweisen wir auf die Kapitel 14 und 15, wo die Rekrutierung von Kontrollen für diese Formen des Studiendesigns beschrieben wird. Generell gilt, dass nicht randomisierte Studien den Effekt einer Intervention überschätzen (Ioannidis 2001).

16.2.3 Randomisierung

Durch die Randomisierung wird der Störfaktor „Selektion" ausgeschaltet und andere Einflussgrößen (Confounder) werden in beiden Gruppen konstant gehalten. Daher ist ein Unterschied des Interventionserfolges (der Effekt) nur mehr durch die Intervention zu erklären.

Erstmalig wurden randomisierte Studien im Bereich der Agrikultur eingesetzt, in denen Landeinheiten nach dem Zufallsprinzip mit bestimmten Düngemitteln oder auch bestimmten Saatformen „behandelt" wurden. Die erste randomisierte Studie mit Menschen wurde 1948 veröffentlicht: Patienten mit Lungentuberkulose erhielten Bettruhe und Streptomycin oder nur Bettruhe (Medical Research Council 1948).

16.3 Macht es einen Unterschied, ob man randomisiert oder nicht?

Ein Beispiel

Ioannidis und Kollegen (2001) suchten systematisch nach klinischen Studien zu Themenbereichen, wo sowohl nicht randomisierte als auch randomisierte Studien zum jeweiligen Thema vorhanden waren. Sie fanden insgesamt 45 Themenbereiche, zu denen es randomisierte und nicht randomisierte Arbeiten gab (gesamt 408). Der Behandlungseffekt in nicht randomisierten Studien war „überzufällig" größer: Bei 60 % wurde der Effekt um 50 % überschätzt und bei einem Drittel der Studien wurde der Effekt um mehr als 200 % überschätzt.

Es macht also einen relevanten Unterschied, wenn man nicht randomisiert: (1) Hypothesen können nicht bewiesen werden, da man nie sicher sein kann, dass der beobachtete Effekt alleine durch die Intervention bedingt ist und (2) das Ausmaß des Effekts wird in der Regel überschätzt.

16.4 Weiterführende Literatur

Die praktischen Vor- und Nachteile der randomisierten, kontrollierten Studie, im Vergleich zu anderen Designformen, wird im Appendix I dargestellt.

Kapitel 17

Wie führt man die Randomisierung durch?

- ▶ Nur randomisierte kontrollierte Studien erlauben den Nachweis der Effektivität einer Intervention
- ▶ Randomisierung bedeutet, dass der Zufall entscheidet, welche Intervention der Studienteilnehmer erhält
- ▶ Möglichkeiten der Randomisierung
  - ■ Einfache Randomisierung
  - ■ Blockweise Randomisierung
  - ■ Stratifizierte Randomisierung
  - ■ *Minimisation*
  - ■ *Cluster*-Randomisierung
  - ■ Faktorielle Randomisierung
  - ■ *Cross-over*-Randomisierung

Nur randomisierte kontrollierte Studien erlauben den Nachweis der Effektivität einer Intervention (siehe Kapitel 16). Der Vorgang der Randomisierung ist einfach und es gibt nur selten gute Gründe, ein anderes Vorgehen, wie zum Beispiel alternierende Tage, zu wählen. Wir möchten hier auf die wichtigsten Arten der Randomisierung eingehen.

17.1 Einfache Randomisierung

Bei der einfachen Randomisierung teilt man die Studienobjekte (es müssen nicht immer Menschen sein) nach einem Zufallssystem einer Gruppe zu. Die Zufallszuteilung kann auf viele verschiedene Weisen erfolgen: durch Münzwurf, unter Zuhilfenahme von Tabellen mit Zufallszahlen oder durch Computerprogramme.

Man braucht eine Liste/Tabelle mit Zufallszahlen (siehe z. B. Tabelle 10.1 in Kapitel 10), die Anzahl der zu randomisierenden Teilnehmer und die Anzahl der Zuteilungsgruppen. Nehmen wir an, dass wir 20 Patienten einer Interventionsgruppe A und einer Kontrollgruppe B zuteilen wollen. Die Tabelle der Zufallszahlen wurde mit Excel erstellt. Das geht recht einfach, erlaubt aber nur Zufallszahlen zwischen 0 und 1. Das macht nichts, da wir die Null vor dem Komma einfach ignorieren können.

Ein Beispiel für zwei Gruppen

Schritt 1

Man teilt den Gruppen Zahlen zu und wenn dann eine der Zahlen in der Zufallszahlenliste auftaucht, wird der Studienteilnehmer der jeweiligen Gruppe zugeteilt. Die Zufallszahlen 0 bis 4 entsprechen Gruppe A und die Zahlen 5 bis 9 entsprechen Gruppe B.

Schritt 2

Nun nimmt man die Liste mit Zufallszahlen zur Hand, wählt einen beliebigen Punkt und liest die aufeinander folgenden Zahlen in eine Richtung (horizontal auf- oder abwärts oder vertikal links oder rechts), bis man 20 Teilnehmer erhoben hat. Wenn wir links oben beginnen, die Null vor dem Komma ignorieren und immer senkrecht lesen, dann sind die ersten 20 Zahlen: 2 0 4 1 7 6 1 1 7 6 9 3 9 0 4 3 5 3 5 8 (die letzte Zahl ist die Erste aus der zweiten Spalte oben).

Schritt 3

Nun werden der Reihe nach den Teilnehmern die Gruppen zugeteilt: Teilnehmer 1 kommt in die Gruppe A, da die erste Zahl eine 2 ist, also zwischen 0 und 4 liegt usw. Die Teilnehmer 1, 2, 3, 4, 7, 8, 12, 14, 15, 16, 18 werden daher Gruppe A zugeteilt und die Teilnehmer 5, 6, 9, 10, 11, 13, 17, 19, 20 der Gruppe B.

Ein Beispiel für drei Gruppen

Schritt 1

Man teilt den Gruppen Zufallszahlen zu. Wenn drei Gruppen (A, B, C) verwendet werden und wir 15 Teilnehmer zuteilen wollen, dann entspricht A den Zahlen 1 bis 3, B den Zahlen 4 bis 6, C den Zahlen 7 bis 9 und 0 wird ignoriert.

Schritt 2

Nun werden die Zufallszahlen aus der Tabelle gelesen. Wenn wir rechts unten beginnen und immer horizontal von rechts nach links lesen (die Null vor dem Komma wird auch ignoriert; siehe oben), ergeben sich folgende Zahlen: 8 5 2 2 7 (0) 2 9 3 6 3 6 9 3 (0) 1 2.

Schritt 3

Jetzt werden die Teilnehmer anhand der Zahlen den Gruppen zugeteilt. Der erste Teilnehmer hat die Zahl 8 und wird daher der Gruppe C zugeteilt. Insgesamt werden die Teilnehmer 3, 4, 6, 8, 10, 13, 14, 15 der Gruppe A zugeteilt, die Teilnehmer 2, 9, 11 der Gruppe B und Teilnehmer 1, 5, 7 und 12 der Gruppe C.

Der Nachteil dieser einfachen Methode ist, dass bei kleineren Stichproben (< 100 pro Gruppe) die Anzahl der Teilnehmer pro Gruppe beträchtlich unterschiedlich sein kann, was man bei dem Beispiel für drei Gruppen gut sehen kann.

17.2 Blockweise Randomisierung

Wenn man ungleich große Gruppen vermeiden will, muss man Blöcke bilden. Die Gesamtzahl der Studienteilnehmer sollte immer ein Vielfaches des Blockes sein und es sollten sich gleich große Gruppen ausgehen. So sollte bei einer zweiarmigen Studie und einer Blockgröße von vier die Gesamtzahl z. B. 24, 32, 40 usw. sein.

Ein Beispiel für zwei Gruppen

Ich will 40 Patienten entweder Gruppe A oder Gruppe B zuordnen, möchte aber, dass beide Gruppen gleich groß sind.

Schritt 1

Ich bilde Blöcke zu jeweils vier Teilnehmern. Die Kombinationsmöglichkeiten (Blockpermutationen) sind AABB, ABAB, BBAA, BABA, ABBA und BAAB.

Schritt 2

Jeder Block wird einer Zahl zugeordnet: AABB = 1, ABAB = 2, BBAA = 3, BABA = 4, ABBA = 5, BAAB = 6; die Zahlen 7, 8, 9 und 0 werden nicht mit Gruppen besetzt und später auch ignoriert.

Schritt 3

Auf der Liste mit den Zufallszahlen (wieder Tabelle 13.1 in Kapitel 13) wählt man einen beliebigen Punkt, bei mir ist es „zufällig" wieder ganz links oben. Wir gehen nun horizontal von links nach rechts vor, bis wir zehn Zufallszahlen zwischen 1 und 7 haben: 2, 4, 4, 7, 1, 7, 5, 4, 3 und 6.

Schritt 4a

Jetzt werden wieder den Nummern die entsprechenden Blöcke zugeteilt. Unser erster Block hat also die Nummer 2 (ABAB): Der erste Patient wird der Gruppe A zugeordnet, der zweite der Gruppe B, der dritte der Gruppe A, der vierte der Gruppe B. Die ersten vier Teilnehmer sind nun versorgt und der erste Block ist gefüllt.

Schritt 4b

Nun wird der nächste Block gefüllt: Der zweite Block hat die zweite Zufallszahl auf der Liste, die Nummer 4 (BABA): Der fünfte Patient wird der Gruppe B zugeordnet, der sechste der Gruppe A, der siebte der Gruppe B, der achte der Gruppe A. Ende des zweiten Blocks, Beginn des nächsten Blocks usw.

Bei größeren Blöcken geht man ähnlich vor, wir verweisen diesbezüglich aber auf weiterführende Literatur (z. B. Smith 1996). Man kann auch unterschiedliche Blockgrößen kombinieren und so vermeiden, dass die Einschließenden den Code vorhersehen und so „knacken" können.

17.3 Stratifizierte Randomisierung

Wenn man sichergehen will, dass wichtige Untergruppen in beiden Studienarmen gleichwertig vertreten sind, oder wenn zu erwarten ist, dass die Intervention in bestimmten Gruppen anders wirkt (z. B. Wirkung bei Frauen anders als bei Männern; siehe auch Kapitel 7), muss eine stratifizierte Randomisierung durchgeführt werden. Auch ist eine vernünftige Subgruppenanalyse nur möglich, wenn nach den entsprechenden Faktoren stratifiziert randomisiert wurde.

Ein Beispiel

Sie sind eingeladen, über das Design einer randomisierten, kontrollierten Studie mit Patienten, die einen schweren Schlaganfall erlitten haben, nachzudenken. Die Arbeitshypothese ist, dass das Ausmaß des Gehirnschadens verringert werden kann, wenn die Körpertemperatur des Patienten in den ersten 24 Stunden nach dem Schlaganfall gesenkt wird. Mehrere Zentren wollen an dieser Studie teilnehmen, aber die Anzahl der Teilnehmer und auch das praktische klinische Vorgehen ist zwischen diesen Zentren sehr unterschiedlich. Um zu vermeiden, dass durch diese Unterschiede der Effekt der Intervention beeinflusst wird, bildet jedes Zentrum einen eigenen Arm (Stratum), in dem die Patienten jeweils gesondert randomisiert werden. Die Randomisierung innerhalb eines Armes kann wieder einfach oder blockweise erfolgen. Man kann auch zum Beispiel nach Geschlecht, Altersgruppen oder Diagnosegruppen stratifizieren.

Auch mehrere, hierarchisch geordnete Strata sind theoretisch möglich: Wir wollen nicht nur, dass die Gruppen (siehe oben) hinsichtlich des Zentrums vergleichbar sind, sondern auch, dass die Anzahl der Frauen in Gruppe A und B gleich ist. Der Nachteil dieses Vorgehens ist, dass eine Stratifikation für mehr als drei Variablen sehr kompliziert und oft nicht mehr praktikabel ist.

17.4 Minimisation

Als Alternative zur stratifizierten Randomisierung gibt es ein Verfahren, das eine ausgewogene Gruppenzuteilung ermöglicht, obwohl viele Strata notwendig sind. Dieses Verfahren ist relativ einfach und nennt sich *Minimisation*. Wir empfehlen aber für dieses Design einen Spezialisten einzubinden. Eine ausführliche Beschreibung bieten Altman (1992) oder Pocock (1983).

17.5 Faktorielle Randomisierung

In bestimmten Situationen kann man im Rahmen einer einzigen Studie mehrere Faktoren gleichzeitig untersuchen.

Ein Beispiel (das wir schon gut kennen)

In Kapitel 3 wurde die ISIS-2 Studie schon beschrieben (ISIS-2 Collaborative Group 1988). Die Studie untersuchte bei ca. 17.000 Patienten den Effekt von Streptokinase und Aspirin im Vergleich zu Placebo (einem Scheinarzneimittel) bei Patienten mit akutem Herzinfarkt. Damals war weder der Effekt von Aspirin noch der Effekt von Streptokinase gesichert. Weiters war vollkommen unklar, wie diese beiden Arzneimittel gemeinsam wirken: Möglicherweise verstärkt sich der Effekt, möglicherweise erhöht sich aber auch das Blutungsrisiko. Wenn man jedes Arzneimittel einzeln untersucht, muss man jeweils mehrere tausend Patienten einschließen, was einen beträchtli-

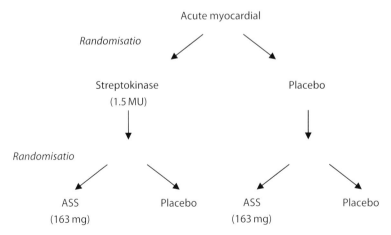

Abb. 17.1 Faktorielle Randomisierung mit zwei Faktoren (Streptokinase und Aspirin). Die Randomisierung zu Streptokinase oder Placebo und die Randomisierung zu Aspirin oder Placebo werden unabhängig voneinander durchgeführt

chen zeitlichen Aufwand bedeutet, da jede Studie mehrere Jahre dauert und jeweils über mehrere Jahre läuft. Weiters sind die logistischen Anforderungen an so große Studien beträchtlich und die Kombination aus Zeit und Logistik verschlingt natürlich viel Geld. Mit einem faktoriellen Design kann man beides gleichzeitig untersuchen. Weiters kann man untersuchen, ob es eine Interaktion – eine Wirkungsverstärkung – zwischen den beiden Arzneimitteln gibt. In der ISIS-2 Studie wurden die 17.187 Patienten zuerst in den Streptokinasearm (8.592 Patienten) oder den Placeboarm (8.595 Patienten) randomisiert und gleich darauf in den Aspirinarm (8.587 Patienten) oder den Placeboarm (8.600 Patienten) (Abbildung 17.1). Das heißt, es gab eigentlich vier Gruppen: Patienten die nur Streptokinase erhielten, Patienten, die nur Aspirin erhielten, Patienten, die beides erhielten, und Patienten, die überhaupt nur Placebo erhielten.

Diese Designform ist vor allem sinnvoll, wenn große Fallzahlen für die Studien rekrutiert werden sollen.

17.6 Cross-over-Randomisierung

Bei chronischen, stabilen Erkrankungen kann man eine randomisierte Studie so anlegen, dass jeder Patient seine eigene Kontrolle ist. Das geht natürlich auch nur, wenn die Intervention keine dauerhafte Wirkung hat: Z. B. wirkt ein Blutdrucksenker, je nach Substanzklasse, über ein paar Stunden, bis die Wirkung wieder nachlässt beziehungsweise ganz verschwindet.

Es wird eine Gruppe von Studienteilnehmern in die Interventionsgruppe oder die Kontrollgruppe randomisiert, dann wird nach einem definierten Zeitraum (Periode 1) der Endpunkt gemessen. Anschließend wird eine bestimmte Zeit zugewartet, ohne dass eine Intervention stattfindet, damit die Wirkung der Intervention (meistens ein Arzneimittel) wieder weg ist, also durch den Stoffwechsel „ausgewaschen" wurde (*Washout*-Periode). Dann erhalten Studienteilnehmer, die zuerst in der Kontrollgruppe waren, die Intervention und umgekehrt (Abbildung 17.2).

Eigentlich ist so ein Design recht einfach und elegant. Da jeder Patient seine eigene Kontrolle ist, ist die biologische Variabilität stark reduziert und man kann mit viel kleineren Fallzahlen auskommen. Dieses Design bietet sich an, wenn Sie biologische Mechanismen untersuchen wollen und es sich, wie schon oben erwähnt, um einen relativ stabilen bzw. konstanten Zustand handelt, der nur durch die Intervention beeinflusst wird. Chronische Schmerzzustände können so untersucht werden. Hier ist typischerweise „Schmerz" der (klinisch relevante) Endpunkt, der bald nach Absetzen einer wirksamen Therapie wieder auftritt.

Aber auch im Bereich der Intensivmedizin gibt es viele Studien, die ein *Crossover*-Design verwenden, um die Wirkung von Vasopressoren bei Patienten mit Schock zu untersuchen. Der Nachteil ist hier, dass klinisch relevante und/oder dauerhafte Endpunkte – das Überleben oder etwa Heilung – so nicht untersucht werden

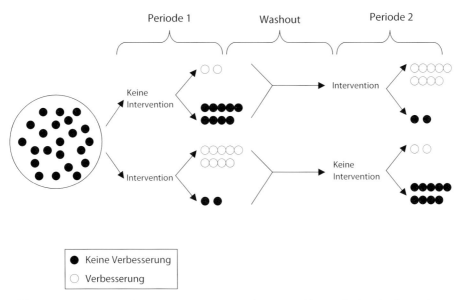

Abb. 17.2 *Cross-over*-Randomisierung. Patienten werden zu „Medikament" oder Placebo randomisiert und der Effekt wird am Ende der Phase 1 gemessen. Dann wird das Medikament abgesetzt und das Verschwinden der Wirkung abgewartet (*Washout*). Dann erhalten Patienten, die am Beginn der Phase 1 das Medikament erhielten, das Placebo und umgekehrt, und am Ende der Phase 2 wird wieder der Effekt gemessen

können. Und viele der mit diesem Design untersuchbaren Endpunkte sind Surrogatendpunkte (siehe Kapitel 3), deren klinische Bedeutung oft vollkommen unklar ist. Um beim Beispiel der Vasopressoren zu bleiben: Es ist nicht so wichtig, welches Arzneimittel besser den Blutdruck bei Patienten mit Kreislaufschock hebt, sondern welches Arzneimittel die Überlebenswahrscheinlichkeit verbessert.

Wenn ein Patient bei einer Untersuchung nicht mitmacht (technisches Versagen, kann nicht kommen usw.), so fällt er komplett aus der Analyse raus. Das heißt, dass Fehlwerte sehr schnell zu Fallzahlproblemen und damit *Power*-Problemen führen können. Besonders betonen möchten wir, dass eine *Cross-over*-Studie eine spezielle Analyse braucht, um auf die Korrelation der Messpunkte innerhalb der Patienten Rücksicht zu nehmen.

Solche Studien muss man auch hinsichtlich der *Washout*-Periode gut planen und ein so genannter *Carry-over*-Effekt muss auch im Rahmen der Analyse aktiv gesucht werden. Wenn die *Washout*-Periode aber zu lang ist, kann es passieren, dass die Effekte in den Perioden unterschiedlich sind, was aber auf andere Einflüsse als die Intervention zurückzuführen ist. Auch nach Periodeneffekten muss man im Rahmen der Analyse aktiv suchen. Wenn ein Periodeneffekt nachweisbar ist, so sind die Ergebnisse oft schwierig zu interpretieren.

17.7 Cluster-Randomisierung

Es gibt Umstände, wo es entweder (1) nicht möglich ist, einzelne Patienten den unterschiedlichen Interventionsgruppen zuzuordnen, oder (2) es erwünscht ist, den Effekt auf ganze Gruppen zu untersuchen.

17.7.1 Individuelle Randomisierung nicht möglich

Die Zuordnung individueller Patienten ist nicht möglich, wenn zu erwarten ist, dass andere Teilnehmer auch von der Intervention (z. B. Verhaltensmaßnahmen wie Diätvorschläge, um das Risiko der koronaren Herzkrankheit zu senken (Steptoe 1999)) erfahren würden und vielleicht auch ihr Verhalten ändern und die Intervention erhalten, obwohl sie in der Kontrollgruppe sind. Wenn man aber alle Patienten jeweils einer Praxis der jeweiligen Interventionsgruppe zuordnet, kann man diese „Kontamination" vermeiden.

17.7.2 Effekt auf ganze Gruppe untersuchen

Wenn nachgewiesen werden soll, dass Interventionen auf organisatorischer Ebene wirksam sind, kann man das nur mit einem *Cluster*-Design. Wenn zum Beispiel untersucht werden soll, ob die Verabreichung von Vitamin A in der Schwangerschaft die Sterblichkeitsrate von Schwangeren, Gebärenden und jungen Müttern in Nepal senkt, so sollte das auf Gemeindeebene geschehen (West 1999). Nur so kann man auch erfassen, ob die Gemeinden überhaupt in der Lage sind, die Gesundheitsintervention an den Wirkort – die gebärfähige Frau und ihr Umfeld – zu bringen.

Der Nachteil der *cluster*-randomisierten Studie ist, dass die Resultate nur für die Gruppe gelten und man daraus nichts für den Einzelnen schließen kann. Weiters sind größere Fallzahlen als bei der individuellen Randomisierung notwendig sowie spezielle statistische Analysemethoden. Bland (1997) und Kerry (1998) diskutieren diese Punkte ausführlich und verständlich. Für das Berichten von *cluster-randomisierten* Studien empfehlen wir ein spezielles CONSORT-Dokument (*www.consort-statement.org/extensions/designs/cluster-trials*).

17.8 Weiterführende Literatur

Von Pocock (1983) stammt DAS Buch über Design und Analyse von randomisierten, kontrollierten Studien. Es ist leider schwer zu bekommen und wahnsinnig teuer, aber das Geld wert. Sollten Sie jemals ernsthaft über die Planung und Durchführung einer *cluster-randomisierten* Studie nachdenken, dann ist das Buch von Donner und Klar (2000) Pflichtlektüre.

Kapitel 18

Wie analysiert und präsentiert man randomisierte kontrollierte Studien?

- ▸ Basisdaten werden am besten in Form einer Tabelle präsentiert
- ▸ Die Basisdaten der unterschiedlichen Gruppen sollten vergleichbar/ähnlich sein
- ▸ Die Vergleichbarkeit von Basisdaten kann nicht mittels statistischer Tests bewiesen, sondern nur durch Betrachtung der Daten vermutet werden
- ▸ Randomisierte kontrollierte Studien sind ausgelegt auf Unterschiede zwischen den Gruppen im primären Endpunkt
- ▸ Unbedingt ein Maß für die Effektgröße (z. B. Differenz) und das *95 %-Konfidenzintervall* angeben
- ▸ Der statistische Vergleich (vorher-nachher) innerhalb der jeweiligen Gruppe ist nicht sinnvoll

Die Auswertung der Ergebnisse einer gut durchgeführten, randomisierten kontrollierten Studie scheint vordergründig einfach. Bezüglich Datenpräsentation und statistischer Tests verweisen wir auf die entsprechenden Kapitel (Kapitel 10 und 26). Es gibt jedoch einige Punkte, auf die wir hier näher eingehen möchten, und zwar (1) wie man die Basisdaten im Speziellen (nicht) angibt und (2) was man beim Vergleich der Endpunkte beachten muss.

18.1 Vergleich der Basisdaten

Werden Patienten in eine randomisierte kontrollierte Studie eingeschlossen, so werden zu diesem Zeitpunkt normalerweise die demographischen Daten (Alter, Geschlecht, Begleiterkrankungen, Lebensqualität usw.) und die Basiswerte der Endpunkte erhoben. Wenn die Randomisierung richtig durchgeführt wurde, so sollten diese Variablen, bei entsprechend großem Stichprobenumfang, in beiden Gruppen etwa gleich verteilt sein. Die wahrscheinlich beste Methode, um dem Leser zu zeigen, dass diese Variablen zwischen den Gruppen vergleichbar sind, ist eine Tabelle. Diese Variablen sollten aber nicht mittels statistischer Tests verglichen werden, insbesondere da ein nicht signifikanter Test nicht bedeutet, dass die Gruppen gleich sind (Assman 2000). Ob die Gruppen vergleichbar sind, kann lediglich durch Betrachtung und subjektive Bewertung der beobachteten Unterschiede entschieden werden.

Ein Beispiel

In Kapitel 19 beschreiben wir eine randomisierte kontrollierte Studie mit Patienten nach Kreislaufstillstand mit primär erfolgreicher Wiederbelebung (Hypothermia after Cardiac Arrest Study Group 2002). Wenn Patienten einen so genannten plötzlichen Herztod erleiden, aber erfolgreich wiederbelebt werden konnten, ist oft eine neurologische Schädigung zu beobachten. Diese Studie untersuchte den Einfluss von milder Hypothermie (Untertemperatur bis 33 °C durch aktive Kühlung) auf die neurologische Erholung. Es wurden 275 Patienten nach dem Zufallssystem der „Behandlung wie üblich"-Gruppe zugeteilt oder der Gruppe, die auf 33 °C Körpertemperatur gekühlt wurde.

In Tabelle 18.1 sind die Basisdaten der Patienten zum Zeitpunkt der Randomisierung angegeben. Wenn man die Gruppen hinsichtlich der Verteilung der Variablen vergleicht, erwartet man geringfügige Unterschiede, die durch Zufallsvariabilität bedingt sind. Ein statistischer Vergleich zwischen allen Gruppen ist nicht sinnvoll, da wir so nur testen, ob aus statistischer Sicht ordentlich randomisiert wurde. Das beurteilt man aber am besten anhand des im Methodenteil beschriebenen Designs. Wenn man solche Tests durchführt, sind die Ergebnisse nicht einfach zu interpretieren. Man würde auf 20 Vergleiche einen „signifikant unterschiedlichen" erwarten; so auch hier: einer von 18 Tests unterscheidet sich (Diabetes). Diese Tests untersuchen **nicht**, ob die Gruppen vergleichbar sind.

Es fällt jedoch auf, dass sich insgesamt drei Variablen etwas abheben: Diabetes, koronare Herzkrankheit und Laienreanimation waren etwas häufiger in der ersten Gruppe (19 % *v* 8 %, 42 % *v* 32 % und 50 % *v* 43 %). Dieser Unterschied kann entweder wirklich vorhanden sein (ein echter Effekt) oder lediglich Ausdruck der Zufallsschwankung sein. Wenn der Unterschied echt ist, so gab es bei der Randomisierung Probleme. Wie schon im obigen Absatz erwähnt glauben wir, dass es sich am ehesten um Zufallsvariabilität handelt. Das können wir natürlich nicht beweisen, sondern nur durch Analogie behaupten. Mit Analogie meinen wir, dass eben ein Test von 18 positiv war, was ungefähr im Bereich des Erwarteten liegt.

Wenn solche Ungleichheiten bestehen, sollte man unbedingt einen klinischen Epidemiologen oder einen Statistiker um Hilfe bitten, da man diese Störfaktoren bei der Analyse berücksichtigen muss (siehe unten).

Tabelle 18.1 Basisdaten bei und unmittelbar nach erfolgreicher Wiederbelebung (vor Randomisierung) (Hypothermia after Cardiac Arrest Study Group 2002)

	Normothermie	Hypothermie
Demographische Daten		
Alter – Jahre (*Interquartilen Range*)	59 (49–67)	59 (51–69)
	(N = 137)	(N = 136)
Frauenanteil – no./total no. (%)	31/137 (23)	34/136 (25)
Vorerkrankungen – no./total no. (%)		
Diabetes	26/137 (19)	11/136 (8)
Koronare Herzkrankheit	58/137 (42)	44/136 (32)
Cerebrovaskuläre Erkrankungen	10/137 (7)	11/136 (8)
Herzinsuffizienz (NYHA Klasse III oder IV)	14/129 (11)	15/130 (12)
Ort des Kollapses – no./total no. (%)		
Zuhause	69/137 (50)	70/136 (52)
Öffentlicher Platz	53/137 (39)	48/136 (35)
Andere*	15/137 (11)	18/136 (13)
Einschlusskriterien erfüllt		
Kollaps beobachtet – no./total no. (%)	135/137 (99)	135/138 (98)
Kardiale Genese – no./total no. (%)	134/137 (98)	136/138 (99)
Kammertachykardie oder -Flimmern – no./total no. (%)	131/137 (96)	134/138 (97)
Reanimations- und Postreanimationsdaten		
Laienreanimation – no./total no. (%)	68/137 (50)	59/138 (43)
Kollaps bis Wiedererlangen von Kreislauftätigkeit – Minuten (Interquartilen Range)	23 (17–33) (N = 134)	21 (15–28) (N = 134)
Gesamtepinephrin – mg (Interquartilen Range)	3 (1–6) (N = 137)	3 (1–5) (N = 136)
Hypotonie nach Wiederbelebung – no./total no. (%)	67/137 (49)	76/138 (55)
Neuerl. Kreislaufstillstand nach Wiederbelebung – no./total no. (%)	11/137 (8)	15/138 (11)
Thrombolyse nach Wiederbelebung – no./total no. (%)	24/132 (18)	27/136 (20)

* Arztpraxis, Arbeitsplatz, Krankenhaus

18.2 Vergleich der Endpunkte

Randomisierte kontrollierte Studien sind darauf ausgelegt, zwischen den Interventionsgruppen zu vergleichen. Wenn der Endpunkt eine *kontinuierliche Variable* ist (zum Beispiel Blutdruck, siehe Kapitel 26), gibt es im Wesentlichen vier Möglichkeiten, das zu tun:

Variante 1

Man vergleicht den absoluten Wert am Ende der Studie zwischen den beiden Gruppen (Beispiel: der durchschnittliche systolische Blutdruck in Gruppe A betrug 145 mmHg und in Gruppe B 173 mmHg).

Variante 2

Man errechnet den relativen Wert, also in Relation zum Ausgangswert, für beide Gruppen und vergleicht ihn (Beispiel: in Gruppe A fiel der systolische Blutdruck um 20 % und in Gruppe B um 4 %).

Variante 3

Man errechnet den absoluten Unterschied zwischen der Basismessung und der letzten Messung für beide Gruppen und vergleicht diese (Beispiel: Der systolische Blutdruck in Gruppe A fiel um 36 mmHg und in Gruppe B um 7 mmHg).

Variante 4

Man vergleicht den Wert am Ende der Studie zwischen den beiden Gruppen, während man gleichzeitig mit einer multivariaten Methode für Unterschiede der Basiswerte kontrolliert (z. B. ANCOVA; nähere Details überschreiten den Rahmen dieses Buches). Man könnte mit solchen Modellen auch für Ungleichheiten anderer Werte kontrollieren (siehe oben).

In den meisten Fällen ist das Design, insbesondere die Fallzahlschätzung (siehe Kapitel 20), darauf ausgerichtet, die Werte des Endpunktes der einen Gruppe mit denen der anderen Gruppe zu vergleichen (Variante 1). Wenn die Fallzahlberechnung für Variante 1 durchgeführt wurde, aber Variante 2 oder Variante 3 verwendet wird, sinkt die Aussagekraft (auch genannt Mächtigkeit oder *Power*) der Studie! (Vickers 2001) Wenn die Variante 4 in diesem Fall verwendet wird, steigt die Aussagekraft der Studie. Multivariate Methoden erfordern aber mehr als einen Computer und ein Statistikprogramm und sollten daher nur angewandt werden, wenn die entsprechende Ausbildung und Erfahrung vorhanden ist.

Welche Variante Sie auch wählen, es sollten unbedingt die Differenz und das dazugehörige 95 %-Konfidenzintervall angegeben werden (siehe Kapitel 9)

Wenn der Endpunkt eine *kategorische Variable mit nur zwei Möglichkeiten* ist (zum Beispiel gesund versus nicht gesund, siehe Kapitel 26), sollte man Absolutzahlen und Prozent zum Zeitpunkt der letzten Messung angeben und vergleichen. Weiters sollte die absolute Risikodifferenz und das 95 %-Konfidenzintervall angegeben werden. [Beispiel: „… am Ende der Beobachtungsperiode hatten in Gruppe A noch 11 % der Patienten (8/72) Symptome und 31 % der Patienten in Gruppe B (23/74), (Risikodifferenz 20 %, 95 %-Konfidenzintervall 5 % bis 35 %).“] Der Gruppenvergleich erfolgt mit dem entsprechenden Test.

Wenn der Endpunkt eine kategorische Variable mit mehr als zwei Möglichkeiten ist (ordinal z. B. selbst geschätzte Gesundheit: sehr gut/gut/mittel/schlecht/sehr schlecht; kategorisch z. B. ledig/verheiratet/geschieden/verwitwet – zugegeben ein unsinniger Endpunkt), soll man auch hier die Absolutzahl mit der Prozentangabe pro Kategorie angeben. Um die Möglichkeiten der detaillierten Präsentation und für den statistischen Vergleich richtig abzuwägen, sollte man zur Sicherheit einen Statistiker oder klinischen Epidemiologen konsultieren.

Bei der Zusammenfassung der Ergebnisse sollten Autoren auch darauf achten, dass klar zwischen den primären und etwaigen sekundären Endpunkten unterschieden wird.

18.3 Was man nicht machen sollte

Häufig sieht man, dass die Autoren von randomisiert kontrollierten Studien nicht nur zwischen den Gruppen vergleichen, sondern auch innerhalb der Gruppen Vergleiche anstellen. [Beispiel: Der systolische Blutdruck in Gruppe A fiel von 181 mmHg auf 145 mmHg ($p = 0{,}001$) und in Gruppe B von 180 mmHg auf 173 mmHg ($p = 0{,}17$).] Diese Art des Vergleiches sieht man vor allem, wenn der Vergleich zwischen den Gruppen keine „signifikanten" Ergebnisse brachte. So ein Vorher-nachher-Vergleich ist nicht sinnvoll, da er keine klinisch brauchbare Zusatzinformation liefert: Lediglich der Vergleich zwischen den Gruppen ist relevant!

Kapitel 19

Protokollverletzungen

▸ In der Planungsphase soll man versuchen, mögliche Probleme vorherzusehen und diese durch ein vernünftiges Studiendesign zu minimieren

▸ Patienten, die eingeschlossen wurden, obwohl sie eigentlich nicht eingeschlossen werden sollten, sind von der Analyse auszuschließen (begründete Ausnahmen sind möglich)

▸ In der *Intention-to-treat*-Analyse werden Protokollverletzungen ignoriert und alle Probanden so analysiert, als wären sie „richtig" behandelt worden

▸ In der *Per-protocol*-Analyse werden Probanden bei Protokollverletzungen von der Analyse ausgeschlossen

▸ *Effectiveness* misst die Wirksamkeit einer Intervention aus der Perspektive der Gesundheitsversorgung und kann nur durch eine *Intention-to-treat*-Analyse erfasst werden

▸ *Efficacy* misst die biologische Wirksamkeit einer Intervention und wird durch die *Per-protocol*-Analyse erfasst

19.1 Es läuft nicht immer alles so, wie wir wollen

In einer idealen Welt wird ein perfektes Protokoll verfasst, noch ehe eine Studie anläuft. Alle geplanten Vorgänge sind so plausibel und praktisch, dass jeder, der in die Studie eingebunden ist (Ärzte, Wissenschaftspersonal, Probanden, Patienten usw.), immer in der Lage ist, den Anforderungen zu entsprechen. Unter Realbedingungen sieht das natürlich anders aus: Patienten werden eingeschlossen, obwohl sie die Einschlusskriterien nicht erfüllen, manche Messungen werden nicht oder falsch oder zum falschen Zeitpunkt durchgeführt; Patienten erscheinen nicht zu allen Kontrolluntersuchungen oder wollen einfach nicht mehr teilnehmen (was ihnen zusteht) oder sie scheiden aus medizinischen oder behandlungstechnischen Gründen aus. Die angeführten Beispiele sind wahrscheinlich die häufigsten, aber insgesamt ist die Liste der möglichen Probleme wirklich sehr lange.

19.2 Wie geht man am besten mit Protokollverletzungen um?

Hier sprechen wir von methodologischen Protokollverletzungen, nicht ob z. B. eine vorgeschriebene Begleittherapie nach Vorgabe durchgeführt wurde; das kann natürlich auch zu Problemen führen.

Grundsätzlich muss man unterscheiden, auf welcher Ebene das Protokoll verletzt wurde:

1. Wurden Patienten eingeschlossen, obwohl sie die Einschlusskriterien nicht bzw. die Ausschlusskriterien eigentlich schon erfüllten?
2. Wurden Patienten nach der Randomisierung der falschen Gruppe zugeteilt bzw. die zugeteilte Behandlung abgebrochen?
3. Fehlen Messwerte zu bestimmten Zeitpunkten (z. B. Messwert vom primären Endpunkt)?

19.2.1 Patienten werden eingeschlossen, obwohl sie nicht eingeschlossen werden sollten

Wenn Patienten eingeschlossen wurden, obwohl sie die Einschlusskriterien nicht bzw. die Ausschlusskriterien eigentlich schon erfüllten, sollten diese – streng genommen – ausgeschlossen werden. Das trifft vor allem zu, wenn anzunehmen ist, dass man die Patienten ausschließt, da sie nicht von der Intervention/Therapie profitieren können. Stellen Sie sich vor, Sie wollen im Rahmen einer randomisierten, kontrollierten Studie ein neues Antihypertensivum mit Placebo vergleichen. Dieser Vergleich ist sinnlos, wenn ein Patient, der gar keinen Bluthochdruck hat, fälschlich eingeschlossen wurde – der Blutdruck war vorher normal und ist natürlich auch nachher nicht hoch. So ein Patient sollte von der Analyse ausgeschlossen werden.

Es gibt aber Umstände, wo es doch sinnvoll sein kann, „falsch eingeschlossene" Patienten in die Analyse einzubeziehen. Wenn Patienten eingeschlossen werden, obwohl sie die Einschlusskriterien nicht erfüllen, sind oft mehrere Mechanismen wirksam. Der Einschließende ist mit den Ein- und Ausschlusskriterien möglicherweise nicht gut vertraut oder vielleicht sind diese Kriterien zu kompliziert. Oft kommen erst später, also nach der Randomisierung, Informationen dazu, und es stellt sich zu spät heraus, dass die Einschlusskriterien eigentlich nicht erfüllt wurden.

Ein Beispiel

> Wenn Patienten einen so genannten plötzlichen Herztod erleiden, aber erfolgreich wiederbelebt werden können, ist oft eine neurologische Schädigung zu beobachten. Im Rahmen einer Studie wurde der Einfluss von milder Hypothermie auf die neurologische Erholung bei diesen Patienten unter-

sucht. Da der plötzliche Herztod für alle Beteiligten ein dramatisches Ereignis ist, kommt es gelegentlich vor, dass Informationen auf späteres, genaueres Hinterfragen der Umstände hin revidiert werden müssen. So wurden auch einige Patienten eingeschlossen, die eine Asystolie als Erstrhythmus im EKG hatten, obwohl nur Patienten mit Kammerflimmern oder Kammertachykardie eingeschlossen werden sollten (siehe auch Tabelle 18.1 in Kapitel 18). Diese Fehler sind sogar relativ einfach zu erklären, da durch die Herzdruckmassage im EKG ein Rhythmus simuliert wird, der im Trubel initial für eine Kammertachykardie gehalten werden kann. Die Fehlerrate war aber insgesamt gering (< 10 %) und nicht systematisch, also in beiden Gruppen gleich verteilt. In diesem Fall spricht für unser Empfinden nichts dagegen, diese Patienten in der Analyse zu behalten. Eventuell wird die Effektgröße reduziert, die Generalisierbarkeit aber erhöht. Wenn sich eine Intervention als effektiv erweist, wird es auch in der täglichen klinischen Routine zur Behandlung der „falschen" Patienten kommen.

19.2.2 Patienten erhalten nach Randomisierung die „falsche" Intervention bzw. die zugeteilte Behandlung/Intervention wurde abgebrochen

Im Rahmen einer randomisiert kontrollierten Studie geschieht es immer wieder, dass Patienten zwar der einen Behandlung zugeordnet werden, aber fälschlicherweise diese Behandlung nicht oder sogar die Alternativtherapie erhalten.

In der oben erwähnten Studie (HACA 2002) traten mehrfach Probleme mit dem Kühlgerät auf. Die Körpertemperatur wurde physikalisch mit kühler Luft gesenkt. In einigen Fällen war die Kühlmatratze defekt, wie das eben bei technischen Geräten gelegentlich vorkommt. In einem Fall wurde ein Patient der Standardtherapie zugeteilt (also keine Kühlung) und erhielt fälschlich doch die Kühlungstherapie.

Wenn Patienten nach Randomisierung der falschen Gruppe zugeteilt wurden bzw. die zugeteilte Behandlung abgebrochen wurde, sollte nach dem *Intention-to-treat*-Prinzip analysiert werden. *Intention-to-treat* bedeutet, dass die Analyse solche Fehler eben nicht berücksichtigt und man so tut, als wäre alles richtig gelaufen. Das bedeutet aber, dass die Ergebnisse abgeschwächt werden (wenn diese Protokollverletzungen rein zufällig passieren). Bei einer derartigen Analyse wird also die *Effectiveness* einer Therapie erfasst. Wenn man nur die Probanden analysiert, welche die „richtige" Intervention erhalten haben – also eine *Per-protocol*-Analyse durchführt –, erfasst man die Wirksamkeit einer Intervention unter Idealbedingungen (*Efficacy*). In der täglichen klinischen Routine ist die Behandlung aber eben nicht immer ideal, so dass die *Effectiveness* aus der Sicht der Gesundheitsversorgung die wichtigere Perspektive darstellt.

Im Fall der Hypothermiestudie bedeutet das *Intention-to-treat*-Prinzip, dass man die Patienten, bei denen die Kühlung nicht geklappt hat, dennoch in der Analyse so behandelt, als ob sie die Kühlung erhalten hätten. Der Patient, der fälschlicherweise die Kühlbehandlung erhielt, muss so analysiert werden, als hätte er sie nicht bekommen.

Auch in guten wissenschaftlichen Journalen veröffentlichte randomisierte kontrollierte Studien geben oft nicht explizit an, ob eine *Intention-to-treat*-Analyse durchgeführt wurde. Aber selbst wenn diese Angabe gemacht wird, ist sie in über 10 % der Fälle inkorrekt und die Analyse folgt nicht dem *Intention-to-treat*-Prinzip (Hollis 1999).

Ein Beispiel

Tardif et al. (1997) wollten erfassen, ob Antioxidantien im Vergleich zu Placebo die Restenoserate nach koronarer Angioplastie (Aufdehnung von verengten Herzkranzgefäßen) verringern. Es wurden 317 Patienten randomisiert, aber elf Patienten, bei denen Angioplastie nicht erfolgreich war, später ausgeschlossen. Natürlich kann die Restenose nicht verhindert werden, wenn sie zu Beginn nicht beseitigt werden kann, aber um abschätzen zu können, wie vielen Patienten mit arteriellen Gefäßverengungen die Intervention (Verabreichung von Antioxidantien) helfen kann, ist eben die *Intention-to-treat*-Analyse notwendig.

Die *Per-protocol*-Analyse gibt Auskunft über die biologische Wirksamkeit der Intervention. Es gibt Interventionen, die biologisch wirksam sind, aber (derzeit) nicht richtig angewandt werden können. Der Grund dafür kann sein, dass die Intervention noch so komplex ist, dass sie oft fehlerhaft angewendet wird oder oft mit inakzeptablen Nebenwirkungen verbunden ist.

Ein erfundenes Beispiel

Wir wissen, dass sich die endoskopische Darmuntersuchung sehr gut eignet, um Darmkrebs frühzeitig zu entdecken; diese Untersuchung ist also biologisch wirksam. Die Untersuchung ist leider für alle Beteiligten aufwändig und für den Untersuchten sehr unangenehm. Eine volksweite Vorsorgeuntersuchung ist daher wahrscheinlich für viele Menschen nicht annehmbar. Wenn so eine Vorsorgeuntersuchung nun geplant wird, ist es sehr gut vorstellbar, dass viele Menschen nicht zur Untersuchung gehen werden. Vorsorgeuntersuchungen sind aber nur sinnvoll und wirksam, wenn ein großer Teil der Bevölkerung auch teilnimmt, und es könnte passieren, dass durch die Untersuchung nicht mehr Leben gerettet werden können (fehlende *Effectiveness*), obwohl die Methode biologisch wirksam ist.

19.2.2.1 Es fehlen Messwerte von primären (und anderen) Endpunkten

Messwerte können fehlen, weil die Messung einfach nicht durchgeführt wurde (sie wurden vergessen, der Patient konnte oder wollte nicht), aber auch zum Beispiel weil das Messgerät defekt war oder richtig gemessen wurde, aber die Unterlagen verloren gingen.

Es gibt mehrere Möglichkeiten, mit fehlenden Messungen umzugehen, aber keine ist notwendigerweise die beste bzw. die einzig „richtige".

1. Man kann die Probanden mit fehlenden Daten weglassen (ausschließen). In diesem Fall muss man aber immer genau angeben, wie viele Patienten letztlich analysiert wurden.
2. Man kann den letzten Messwert fortführen (*carry-forward*), aber dieser Wert entspricht genauso wenig dem tatsächlichen, nicht gemessenen Wert wie ein erfundener Wert.
3. Man kann einen Durchschnittswert des Messwertes für die jeweilige Gruppe einsetzen (*imputation*). Solche Methoden sind auch nicht unbedingt besser als ein *carry-forward*, obwohl es schon recht gefinkelte Methoden gibt, die fehlenden Daten anhand der Struktur der Co-Variablen zu „rekonstruieren".
4. Man kann auch, im Sinne eines *Worst-case*-Szenarios, den schlechtestmöglichen Wert annehmen, was nur bei Endpunkten mit wenigen möglichen Kategorien sinnvoll ist. Letztlich kann man auch ein *Best-case*-Szenario annehmen.

19.2.2.2 Was macht man nun wirklich?

Sie haben zwei Möglichkeiten:

1. Sie entscheiden sich beinhart für eine der oben genannten Methoden. In diesem Fall empfehlen wir den Ausschluss der Patienten mit fehlenden Daten. Wenn Sie Patienten aus der Analyse ausschließen, müssen Sie das gut nachvollziehbar im Methoden- oder Resultate-Teil der Arbeit beschreiben. Weiters müssen Sie versuchen herauszufinden, ob die Daten zufällig fehlen oder ob es da ein „Muster" gibt. Sie können z. B. die vorhandenen demographischen Daten (Alter, Geschlecht usw.) dieser Studienteilnehmer mit denen der Studienteilnehmer mit vollständigem Datensatz vergleichen. Im Idealfall sind sich diese Gruppen ähnlich. Meistens werden auch statistische Tests zum Vergleich verwendet. Beachten Sie dabei bitte, dass ein nicht signifikantes Ergebnis nicht unbedingt bedeutet, dass die Gruppen ähnlich sind; häufig fehlt einfach die *Power*. Wenn die Gruppen unterschiedlich, vielleicht sogar statistisch signifikant unterschiedlich sind, es also ein „Muster" gibt, dann ist *Selection Bias* möglich. Bitte versuchen Sie dann nicht, diesen Teil der Ergebnisse zu verschweigen (d. h. auszulassen), sondern diskutieren Sie das Problem kritisch. Nur so erlauben Sie uns Lesern, der Wahrheit näherzukommen!

2. Sie verwenden mehrere dieser Möglichkeiten im Rahmen einer Sensitivitätsanalyse, um zu erfassen, wie groß der *Bias* durch diese fehlenden Daten sein könnte. Man muss sich also nicht unbedingt für nur eine dieser Möglichkeiten entscheiden. Es ist eher wichtig, mit den eigenen Daten kritisch umzugehen. Durch die *Sensitivitätsanalyse* kann überprüft werden, wie sehr das Ergebnis durch die „Instabilität" der zugrunde liegenden Annahmen beeinflusst wird.

Welche der Methoden auch gewählt wird, man muss sie unbedingt prospektiv definieren!

19.3 Wie vermeidet man Protokollverletzungen?

Protokollverletzungen sind oft schon in der Planungsphase, zumindest teilweise, vorhersehbar. Fehler beim Einschließen entstehen, wenn die Einschlusskriterien kompliziert sind oder klinisch nicht plausibel erscheinen – *keep it simple* ist diesbezüglich die beste Vorbeugungsmaßnahme. Am besten ist, man verwendet eine Checkliste, anhand derer die Ein- und Ausschlusskriterien überprüft werden.

Ein Beispiel

Das angeführte Beispiel ist aus dem Protokoll einer randomisiert kontrollierten Studie zur Behandlung von akuten Rückenschmerzen (Tabelle 19.1).

Fehler in der Durchführung werden am besten vermieden, wenn die notwendigen Anweisungen klar und verständlich und die notwendigen Handlungen bzw. Schritte so einfach wie möglich durchzuführen sind. Das an der Studie beteiligte Personal sollte gut eingeschult und regelmäßig nachgeschult und motiviert werden.

Fehlende Messwerte von Endpunkten werden minimiert, indem man die *Response Rate* allgemein so hoch wie möglich hält (siehe Kapitel 7). Fehlende Endpunkte können zum *Selection Bias* (durch *Selective-loss-to-follow-up*) führen und somit die Gültigkeit einer Studie gefährden.

Tabelle 19.1

INCLUSION CRITERIA	No	Yes
• age ≥ 19 and < 65 years	☐	☐
• Normal findings in the medical history and physical examination	☐	☐
• Normal laboratory values	☐	☐
• Lower back pain localised between 12th rib and gluteal fold	☐	☐
• Duration of pain of the current period < 7 days	☐	☐
• Attending the Univ. Klinik für Notfallmedizin because of low back pain	☐	☐
• Agree to be randomised	☐	☐
• Written informed consent	☐	☐

Any NO will exclude the subject from the study

EXCLUSION CRITERIA		
	No	Yes
History:		
ingestion of any analgetic drug within last 6 hours	☐	☐
direct impact trauma	☐	☐
history of cancer	☐	☐
unexplained weight loss (> 10 kg within 3 months)	☐	☐
current injection drug use	☐	☐
any known chronic infection, such as Hepatitis, HIV, tuberculosis	☐	☐
immunosuppressive therapy (such as systemic corticosteroids, cyclosporine, or such)	☐	☐
organ transplantation	☐	☐
history of inflammatory arthritis of large joints	☐	☐
current bowel or bladder dysfunction	☐	☐
alcohol abuse	☐	☐
age < 19 and ≥ 65 years	☐	☐
current abdominal problems (epigastric pain)	☐	☐
a history of gastric or duodenal ulcer	☐	☐

Any YES will exclude the subject from the study

Kapitel 20

Wie viele Patienten braucht man für eine Studie?

▸ Fallzahlschätzungen sind notwendig, um zu entscheiden, wie viele Probanden/Patienten man benötigt, um einen gewünschten Effekt nachzuweisen

▸ Die *Power* einer Studie ist die Wahrscheinlichkeit, einen Effekt, der tatsächlich vorhanden ist, nicht zu übersehen

▸ Für die Bestimmung der Fallzahl benötigt man

  ▪ die relevante Effektgröße und deren Streuung

  ▪ die *Power*

  ▪ den Alpha-Fehler (siehe Kapitel 9)

▸ Eine Fallzahlschätzung ist für jedes Studiendesign und für jeden Endpunkt möglich

20.1 Der Kontext

Sie haben eine gute Idee für ein Studienprojekt und wollen diese umsetzen. Der nächste Schritt ist die Erstellung eines Studienprotokolls (siehe Kapitel 2). Wenn Sie endlich bei Punkt 5.4.2 der Tabelle 2.1 in Kapitel 2 angekommen sind, müssen Sie die Frage nach der Anzahl der Studienteilnehmer beantworten.

Der Sinn der Fallzahlberechnung ist nicht, eine ***genaue*** Fallzahl zu berechnen, sondern eine ***ungefähre*** Vorhersage zu treffen, und entspricht daher eigentlich einer Schätzung. Diese Vorhersage ist notwendig, um zu entscheiden, ob Sie überhaupt in der Lage sind, den gewünschten Effekt nachzuweisen. In Kapitel 9 wird der Typ-I- und der Typ-II-Fehler beschrieben (auch Alpha- und Beta-Fehler). Kurz zusammengefasst, ist der Typ-I-Fehler die Wahrscheinlichkeit, dass Sie (durch Zufall) einen Effekt beobachten, obwohl er nicht vorhanden ist. Der Typ-II-Fehler ist die Wahrscheinlichkeit, dass Sie den Effekt nicht sehen, obwohl er vorhanden ist. Die Fallzahlberechnung schützt vor diesen Fehlern, so gut es geht. Wenn Sie in Ihre Studie zu wenige Probanden einschließen, können Sie den Effekt möglicherweise nicht nachweisen, obwohl er vorhanden ist (Typ-II-Fehler). Wenn Sie zu viele Probanden einschließen, ist das nicht wirtschaftlich und vielleicht sogar unethisch, da sie, im Falle der Wirksamkeit, den Patienten der Kontrollgruppe die wirksame Therapie unnötig lange vorenthalten.

Ein Beispiel

> In Kapitel 1 haben wir beschrieben, dass die Thrombolyse beim akuten Herz-
> infarkt zwar eine wirksame Therapie ist, aber der Effekt gering ist und man
> sehr große Fallzahlen benötigt, um ihn nachzuweisen. 1986 wurde die ers-
> te Riesenstudie mit über 10.000 Teilnehmern veröffentlicht. Eine unsinnig
> kleine Studie ist daher die von Vlay und Kollegen aus dem Jahr 1988 (Vlay
> 1988), in die 25 Patienten eingeschlossen wurden.

20.2 Wie berechnet man die Stichprobengröße?

Die Stichprobengröße kann für alle Designformen und Endpunkte berechnet werden und die Berechnung ist in den meisten Fällen einfach durchzuführen. Man kann
(a) Nomogramme (Altman 1992), (b) Formeln (Smith 1996), (c) Tabellen (Machin
1997) oder (d) Computerprogramme verwenden. Schwierig ist in den meisten Fällen
nicht die Berechnung, sondern das Einsetzen vernünftiger Annahmen, auf denen die
Berechnungen dann beruhen. Zu diesen Annahmen kommen wir nun.

20.2.1 Allgemeines

Für die Stichprobenberechnung benötigt man folgende Angaben: (1) die *Power*,
(2) die Größe des Effekts in der nicht exponierten Gruppe, (3) die Größe des Effektes in der exponierten Gruppe, (4) den Grenzwert des Typ-I-Fehlers, (5) wie viele
Patienten voraussichtlich verloren gehen werden und (6) ob Interim-Analysen vorgesehen sind.

20.2.1.1 Die Power

Der Beta-Fehler gibt an, wie groß die Wahrscheinlichkeit ist, einen Unterschied zu
übersehen, obwohl er vorhanden ist (siehe Kapitel 9). Die *Power* errechnet sich aus 1 –
Beta bzw. wenn man Prozent anstelle von Fraktionen verwendet 100 % – Beta (in %).
Für einen Beta- oder Typ-II-Fehler von 20 % ist die *Power* daher 80 % (= 100 % –
20 %). Im Rahmen einer Studie mit 80 % *Power* (oder 0,8 als Fraktion angegeben)
ist die Wahrscheinlichkeit, einen Unterschied zu entdecken, wenn er vorhanden ist,
80 %. Üblicherweise wird die Power bei 80 % bis 90 % angesetzt, auch wenn es sich
hier um eher willkürlich festgesetzte Werte handelt, die sich allerdings in langjähriger
Erfahrung als sinnvoll herausgestellt haben.

20.2.1.2 Die Größe des Effekts in der nicht exponierten Gruppe

Die nicht exponierte Gruppe ist die Gruppe, die dem Risikofaktor nicht „ausgesetzt"
ist. Bei einer randomisierten, kontrollierten Studie sollten diese Angaben bekannt

sein, da sie dem derzeitigen Zustand entspricht. Es ist z. B. bekannt, dass ca. 6 % der Patienten mit einem akuten Herzinfarkt, die einer Thrombolyse unterzogen werden, im Krankenhaus versterben.

20.2.1.3 Die Größe des Effekts in der exponierten Gruppe

Das ist die schwierigste und wichtigste Schätzung im Rahmen der Fallzahlberechnung. Diese Größe ist naturgemäß unbekannt. Wenn Sie eine Interventionsstudie planen, sollte es zumindest Erfahrungswerte aus Beobachtungsstudien geben, auf deren Ergebnisse Sie sich stützen können. Beachten Sie aber, dass Beobachtungsstudien, insbesondere Fallserien, die Effektgröße oft beträchtlich überschätzen. Ihre Schätzung sollte realistisch und gleichzeitig klinisch relevant sein.

Bleiben wir bei dem Herzinfarktbeispiel. Sie wollen wissen, ob es besser ist, wenn Sie statt der Thrombolyse die mechanische Wiedereröffnung, die so genannte Perkutane Transluminale Coronare Angioplastie (PTCA), verwenden. Die mechanische Wiedereröffnung sorgt theoretisch und in Studien dafür, dass das betroffene Areal früher wieder durchblutet wird. Die „Hypothese" – bitte nicht mit der Nullhypothese verwechseln – ist, dass der Herzmuskelschaden so kleiner gehalten werden kann und das auch einen günstigen Effekt auf das Überleben hat. Andererseits ist die Intervention aufwändig und teuer, da man ein ganzes Katheterteam (etwa drei hoch qualifizierte Leute) rund um die Uhr zur Verfügung stellen muss. Analog zum Vergleich von unterschiedlichen thrombolytischen Substanzen kann man fordern, dass PTCA die Krankenhaussterblichkeit zumindest von 6 % auf 4 % senkt (eine absolute Risikoreduktion von 2 %).

20.2.1.4 Der Grenzwert des Typ-I-Fehlers

Wir wollen vermeiden, dass wir ein zufälliges Ergebnis beobachten. Daher müssen wir den Typ-I-Fehler quantifizieren. Üblicherweise nehmen wir das 5 %- oder das 1 %-Niveau an (also $p < 0,05$ oder $0,01$) (siehe Kapitel 9).

20.2.1.5 Wie viele Patienten werden verloren gehen

In den meisten Studien werden Patienten im Verlauf „verloren" (siehe Kapitel 19). Prinzipiell sollten nicht mehr als 20 % verloren gehen, sonst sind die Ergebnisse hinsichtlich ihrer Gültigkeit nicht mehr beurteilbar (siehe Kapitel 30). Aber auch wenn Sie weniger als 20 % der Patienten verlieren, kann das vor allem bei einer zuverlässigen Fallzahlschätzung dazu führen, dass die *Power* abnimmt und man einen Typ-II-Fehler begeht. Es ist daher ratsam, eine realistische Patientenverlustrate in die Fallzahlschätzung einfließen zu lassen.

Ein Beispiel

Sie planen, 200 Patienten einzuschließen, erwarten aber, dass 10 % der Patienten nicht bis zum Ende verfolgt werden können. Sie sollten daher 222 Patienten einschließen (200 Patienten entsprechen 90 % und 222 daher 100 %).

20.2.1.6 Sind Zwischenanalysen geplant?

Wenn Studien lange dauern und/oder der Endpunkt schwerwiegend ist, zum Beispiel Tod, sollten so genannte Zwischen- oder Interim-Analysen eingeplant werden. Der Zweck dieser Zwischenanalysen ist, die Wirksamkeit (bzw. Schädlichkeit) einer neuen Therapie frühzeitig zu erkennen. Wenn sich eine neue Intervention sehr schnell als wirksam erweist, sollte die Studie abgebrochen werden, um den Patienten in der Kontrollgruppe eine wirksame Therapie nicht vorzuenthalten. Es ist natürlich auch vorstellbar, dass eine wirksam geglaubte Therapie schädlich ist – auch ein guter Grund, eine Studie abzubrechen. Wenn sie Interim-Analysen planen, steigt die Wahrscheinlichkeit des Typ-I-Fehlers. Durch oftmaliges „Nachschauen" entdecken Sie durch Zufallsvariabilität einen Effekt, der nicht vorhanden ist. Der Grenzwert des Typ-I-Fehlers muss daher angepasst (d. h. verringert) werden und entsprechend nimmt damit die Stichprobengröße zu. Als Faustregel gilt, dass bei zwei Zwischenanalysen und einer abschließenden Analyse ein p-Wert von 0,02 für die Stichprobenberechnung verwendet werden sollte. Wenn sich dann bei den statistischen Tests ein $p < 0,02$ findet, entspricht das etwa einem $p < 0,05$.

Das Thema Interim-Analysen ist leider viel komplizierter als hier dargestellt. Wenn Sie eine Studie planen, wo solche Analysen notwendig sind, empfehlen wir Ihnen unbedingt Biometriker beizuziehen. Wenn Sie keine Zwischenanalysen planen, sollten Sie Ihre Daten bis zum Ende der Studie nicht einmal anschauen! Das meinen wir wörtlich.

20.3 Die wichtigsten Formeln zur Berechnung der Stichprobengröße

Die Formel zur Berechnung der Stichprobe für die Differenz zweier Proportionen ist:

$$n_{\text{pro Gruppe}} = \left[(z_1 + z_2)^2 \times 2p(1-p) \right] / (p_1 - p_2)^2 \tag{20.1}$$

z_1: 1,96 für einen Typ-I-Fehler von 5 %
    2,576 für einen Typ-I-Fehler von 1 %
z_2: 0,842 für eine *Power* von 80 %
    1,282 für eine *Power* von 90 %
p_1: Proportion in Gruppe 1
p_2: Proportion in Gruppe 2
p: Durchschnittliche Proportion $((p_1 + p_2)/2)$

Ein Beispiel

Für unser Herzinfarktbeispiel (Thrombolyse-Mortalität 6 % (= p_1) v PTCA-Mortalität 4 % (= p_2)), einem Alpha- (oder Typ-I-) Fehler von 0,05 (oder 5 %) und einer *Power* von 80 % müssen wir pro Gruppe 1.865 Patienten einschließen. Wenn man davon ausgeht, dass etwa 10 % der Patienten in der Beobachtungszeit verloren gehen, benötigt man ca. 2.072 Patienten pro Gruppe. Das Ganze nun Schritt für Schritt:

z_1: 1,96 für einen Typ-I-Fehler von 5%
z_2: 0,842 für eine *Power* von 80 %
p_1: Proportion in Gruppe 1 = 6 % (oder 0,06 als Fraktion)
p_2: Proportion in Gruppe 2 = 4 % (oder 0,04 als Fraktion)
p: Durchschnittliche Proportion $((p_1 + p_2)/2) = (0,06 + 0,04)/2 = 0,05$

Nun setzen Sie die Werte in die Formel ein.

n (pro Gruppe) $= [(z_1 + z_2)^2 \times 2p(1-p)]/(p_1 - p_2)^2$
n (pro Gruppe) $= [(1,96 + 0,842)^2 \times 2 \times 0,05(1 - 0,05)]/(0,06 - 0,04)^2 = 1864,66 \approx 1865$

Sie vermuten aber, dass 1865 nur 90 % der Stichprobe sind, da etwa 10 % aus der Studie rausfallen werden; die vollen 100 % sind daher 1865/90 × 100 = 2072 (einfacher noch 1865/0,9).

Die Berechnung funktioniert natürlich auch, wenn man einen kontinuierlichen Endpunkt hat. Die Formel zur Berechnung der Stichprobe für die Differenz zweier Mittelwerte ist

$$n_{\text{pro Gruppe}} = \left[(z_1 + z_2)^2 \times (\sigma_1^2 + \sigma_2^2)\right] / (\mu_1 + \mu_2)^2 \qquad (20.2)$$

z_1: 1,96 für einen Typ-I-Fehler von 5 %
   2,576 für einen Typ-I-Fehler von 1 % (wie oben)
z_2: 0,842 für eine *Power* von 80 %
   1,282 für eine *Power* von 90 % (wie oben)
μ_1: Mittelwert in Gruppe 1
μ_2: Mittelwert in Gruppe 2
σ_1: Standardabweichung in Gruppe 1
σ_2: Standardabweichung in Gruppe 2

Als Beispiel siehe z. B. Punkt 5.2.

20.4 Wie hängen Power, Typ-I-Fehler, Stichprobengröße und Effektgröße zusammen?

Wie Sie anhand der Formeln sehen können, hängen diese Größen zusammen. Man kann den Zusammenhang graphisch auch ganz gut darstellen. Was bedeutet der Zusammenhang in der Praxis? Bleiben wir bei dem Beispiel, wo wir bei Patienten mit akutem Herzinfarkt die herkömmliche Therapie (Thrombolyse, Spitalsmortalität 6 %) mit mechanischer Revaskularisation vergleichen wollen (PTCA, geschätzte Spitalsmortalität 4 %).

Wenn man annimmt, dass der Effekt, die 2 % Unterschied, konstant ist, kann man in Abbildung 20.1 sehen, wie mit steigender Patientenzahl auch die *Power* steigt. Diese beiden Werte werden aber wiederum vom angenommenen *p*-Wert (oder Typ-I-Fehler) bestimmt. Wenn der *p*-Wert bei 0,02 oder weniger angenommen wird, erreicht man bei einer Stichprobengröße von 5.000 (2.500 pro Gruppe) gerade einmal eine *Power* von 80 %. Je kleiner ein Effekt bzw. je geringer der Typ-I-Fehler sein soll, desto größer ist die notwendige Fallzahl, um den Effekt nachzuweisen.

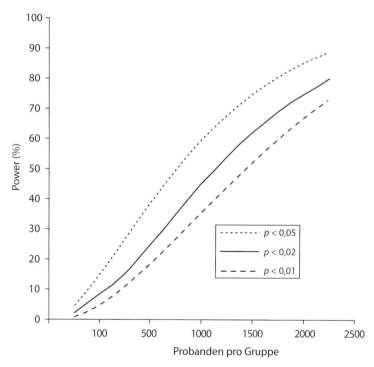

Abb. 20.1 Zusammenhang zwischen Power, Stichprobengröße und Typ-I-Fehler bei konstanter Effektgröße (Krankenhaussterblichkeit 6 % *v* 4 %)

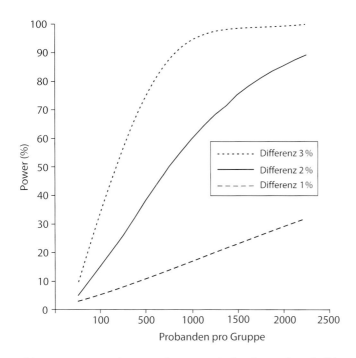

Abb. 20.2 Zusammenhang zwischen Power, Stichprobengröße und Effektgröße bei konstantem Typ-I-Fehler (5 % oder p = 0,05)

Jetzt halten wir den p-Wert konstant, variieren aber die Effektgröße. Wir fragen uns, wie hängen *Power*, Stichprobengröße und Effektgröße zusammen (wenn der p-Wert konstant bei 5 % bleibt)? Je größer die *Power* sein soll, desto mehr Probanden muss man einschließen, insbesondere wenn der nachzuweisende Effekt gering ist (Abbildung 20.2).

Wenn die Differenz in diesem Beispiel 3 % beträgt, benötigt man viel weniger Probanden, um eine *Power* von 80 % zu erreichen. Wenn hingegen der Effekt viel kleiner ist, 1 % in diesem Beispiel, benötigt man riesige Fallzahlen.

20.5 Was ist eine Sensitivitätsanalyse?

Die Fallzahlberechnungen sind zwar Berechnungen mit exakten Ergebnissen, trotzdem sind die Ergebnisse lediglich Schätzungen, die auf hoffentlich vernünftigen Annahmen beruhen. Sie können im Rahmen von so genannten Sensitivitätsanalysen überprüfen, wie stark die Annahmen reagieren, wenn Sie verschiedene, ebenso plausible Bereiche der erwarteten Effektgröße untersuchen. Die unten genannten Beispiele beschreiben *Power*-Analysen aus realen Studienprotokollen.

20.6 Aus der Praxis

20.6.1 Power-Analyse mit Korrelationskoeffizient als Effektgröße

Hier geht es um eine Kohortenstudie, die den Zusammenhang zwischen intrauterinem Wachstum und dem späteren Blutdruck untersucht (Barker-Hypothese – siehe auch Kapitel 11, Barker 1995).

Ein Beispiel

„We intend to detect an association between intrauterine growth and blood pressure at the age of 1 year. Levine et al. described an association of birth weight and blood pressure at age 1; the correlation coefficient was 0.23 for systolic and 0.26 for diastolic blood pressure (Levine 1994).

We intend to detect an association which explains as little as 1 % of the observed variability which equals a correlation coefficient of 0.1. Thus we would need to include at least 1046 infants at a given power of 90 % and a two-sided alpha of 0.05 (see more simulations for power calculations below). Allowing for an attrition rate of 20 % (no consent, loss to follow up, technical problems, abortions, stillbirths, perinatal deaths, and infant mortality) would require 1308 participants. Allowing for an attrition rate of 30 % would require 1494 participants. These estimates are based on sample size tables (Machin 1997).

In conclusion we intend to enrol 1500 pregnant women which allows for a 20 % attrition rate and increases the precision of the observed effect size.

Simulations for power calculations:

- Assuming a power of 0.8 and a two-sided alpha level of 0.05 a total of 346 infants would be required to detect a correlation coefficient of 0.15.
- Assuming a power of 0.8 and a two-sided alpha level of 0.05 a total of 782 infants would be required to detect a correlation coefficient of 0.10.
- Assuming a power of 0.9 and a two-sided alpha level of 0.05 a total of 462 infants would be required to detect a correlation coefficient of 0.15.
- Assuming a power of 0.9 and a two-sided alpha level of 0.05 a total of 1046 infants would be required to detect a correlation coefficient of 0.10.“

20.6.2 Power-Analyse mit Differenz kontinuierlicher Werte als Effektgröße

Diese randomisiert kontrollierte Studie untersucht, ob akuter Rückenschmerz besser auf Schmerztabletten oder eine Infusion anspricht. Phase 1 dauert nur zwei Stunden, Phase 2 geht über vier Tage.

„Based on a clinically relevant difference of 1 unit in the verbal analogue scale (7 ± 2 units in Group A *v* 6 ± 2 units in Group B) the projected sample size at a two-sided *p*-value of 0.01 and a power of 0.9 is 119 per group. This assumed to be the equivalent of an improvement of 10 mm ± 20 mm in the visual analogue scale for the treatment of low back pain (Babej-Dölle 1994). We do not assume a relevant attrition rate for phase 1.

Taking a 20 % attrition rate over the next 7 days into account the projected sample size is 115 per group to reliably detect such a difference at the end of phase 2.“

20.7 Computerprogramme zur Fallzahlberechnung

In Kapitel 32 sind Internetadressen zu einfachen Programmen für die Berechnung der Stichprobengröße angegeben. Diese Programme kann man entweder interaktiv verwenden oder herunterladen. Das Programm EpiInfo (gleiches Kapitel) ist gratis und ermöglicht Fallzahlberechnungen für Studien, deren Endpunkte relative Risiken wie *Odds Ratios* und *Risk Ratios* sind.

20.8 Fallzahlberechnung nach der Fertigstellung einer Studie?

Gelegentlich bekommen wir bei Studien, die keinen Effekt zeigten, die Frage gestellt, wie die dazugehörige *Power* ist. Natürlich kann man die *Power* auch im Nachhinein ausrechnen, es ist nur nicht sinnvoll, denn wenn nach Abschluss der Studie kein Effekt beobachtet wird, so gibt es nur zwei Möglichkeiten: (1) Es gibt keinen Effekt und man hat ihn auch nicht verpasst (0 %) oder (2) es gibt ihn und man hat ihn zu 100 % verpasst. Wenn eine Studie bereits abgeschlossen ist und wir wissen wollen, ob hier wirklich kein oder nur ein schwacher Effekt vorhanden ist, müssen wir lediglich die 95 %-Konfidenzintervalle betrachten und interpretieren (siehe Kapitel 9).

20.9 Weiterführende Literatur

Angaben und Beispiele zu Fallzahlberechnungen gibt es fast in jedem vernünftigen Statistikbuch (z. B. Kirkwood 2003; Altman 1992). Altman (1992) gibt ein recht brauchbares, weil schnell anwendbares Nomogramm zur Fallzahlberechnung an. Wenn man öfters und für unterschiedliche Endpunkte und Studiendesignformen Fallzahlschätzungen durchführen möchte, lohnt die Anschaffung des Buches von Machin (1997).

Kapitel 21

Data Management

- ▸ Bei der Erstellung eines Datenformulars werden oft Fehler gemacht
- ▸ Es gibt einfache Maßnahmen, solche Fehler zu vermeiden
- ▸ Ein Datenformular sollte vor der Anwendung getestet werden
- ▸ Eingabefehler kommen immer vor und sollten anhand eines standardisierten Vorgehens minimiert werden
- ▸ Eine Datenbank muss gut geplant werden
- ▸ Es muss im Vorhinein festgelegt werden, wie man mit irreparabel fehlerhaften und/oder fehlenden Daten umgeht
- ▸ Beachten Sie den Datenschutz!
- ▸ Daten müssen auf ihre Richtigkeit überprüft werden; Monitoring, Audit, und Inspektion sind die Instrumente dieser Qualitätssicherung.

Ein oft unbeachteter, aber wesentlicher Teil einer klinischen Studie ist das Datenmanagement. Wird das Datenmanagement nicht vor dem Beginn einer Studie geplant, ist mit Fehlern und daher auch mit ungenauen bzw. sogar falschen Ergebnissen und Schlüssen zu rechnen!

21.1 Das Datenformular (Case Record Form)

Zuallererst sollte man sich überlegen, wie die Daten nach der Messung (biometrische Messung, Interview, Fragebogen) in ein verwendbares Format gebracht werden. Meistens werden diese Daten zuerst auf Papier festgehalten, selten direkt in einen Computer eingegeben. Das Datenformular wird auch *Case Record Form* genannt (kurz CRF). Es sollte so aufgebaut sein, dass die Übertragung der Daten sowohl vom Messgerät in das Formular als auch vom Formular in die Computerdatenbank logisch und einfach erfolgt.

Hier ein paar Tipps, die helfen sollen, Fehler und Verwechslungen zu vermeiden:

- Jede Seite nummerieren
- Jede Frage nummerieren
- Jede Antwortmöglichkeit nummerieren (erleichtert das Auffinden von Fehlern)
- Auf jeder Seite die Patientenidentifikationsnummer angeben
- Auf jeder Seite das Datum angeben
- Auf jeder Seite die Initialen des Eintragenden angeben
- Die Einheit, in der gemessen wird, genau angeben (Beispiel für Verwechslungsmöglichkeiten: cm oder m, g/dL oder mmol/L)
- Im Idealfall ist das Datenformular ein mehrseitiges gebundenes Heft, in das alle Messungen über den gesamten Verlauf eingetragen werden. Technisch und logistisch ist das leider oft nicht möglich und Datenerhebungen zu unterschiedlichen Zeitpunkten werden in unterschiedliche Formulare eingetragen. In diesem Fall sollte auf jeder Seite des Formulars der Typ des Formulars eingetragen sein (z. B. Formular A, Formular B usw.). Noch besser ist es, wenn sich verschiedene Formulare auch farblich unterscheiden
- Freitexteingaben sollte man, wenn möglich, vermeiden

Wenn das Datenformular erstellt ist, sollte es unbedingt in zumindest zwei Schritten getestet werden.

Schritt 1: Zeigen Sie das Formular Kollegen, die mit der Studie nichts zu tun haben. Wenn diese glauben, das Formular anwenden zu können, ist das ein gutes Zeichen.

Schritt 2: Wenden Sie das Formular bei einigen Patienten an, die den Studienpatienten ähnlich sind. Ist das Formular nach dieser Pilotphase verbessert, können Sie es für die Studie verwenden.

21.2 Die Datenbank

Bei kleineren Studien mit wenigen Variablen und/oder kurzer Nachbeobachtungszeit reicht in den meisten Fällen eine einfache Tabelle in einem Tabellenverarbeitungsprogramm (z. B. Excel für Windows). Bei großen (mehrere hundert Patienten) und bei komplexen Studien (viele Variablen, häufige Nachuntersuchungen, viele Strata, Verwendung von *Cluster*) ist es von Vorteil, wenn eine richtige Datenbank programmiert wird. Dazu ist entsprechendes Fachwissen notwendig.

21.3 Die Suche nach Eingabefehlern

Bei der Übertragung der Daten vom Datenformular in die Datenbank ist immer (!) mit Fehlern zu rechnen. Konservativen Schätzungen nach sind bis zu 5 % aller Einträge fehlerhaft! Daten sollten daher jeweils von zwei Personen unabhängig voneinander eingetragen und dann verglichen werden. Der Vergleich erfolgt elektronisch;

bei Datenbanken sollten diese Funktionen eingebaut sein, bei Excel-Tabellen kann man diese Funktionen einfach selber „programmieren".

Bei Unstimmigkeiten sollte man das Original-CRF heranziehen oder besser noch die Original-Messergebnisse, sofern diese zugänglich sind. Eine weniger gut geeignete Alternative ist die Überprüfung einer Zufallsstichprobe. Sie können z. B. 20 % der Einträge mit den CRFs vergleichen. Wenn z. B. mehr als 1 % der Einträge falsch sind, werden alle Daten nochmals übertragen und verglichen – mitunter keine wirkliche Kosten- oder Zeitersparnis.

21.4 Wie geht man mit fehlerhaften Daten um?

Wenn Eingaben fehlerhaft sind oder ganz fehlen und nicht korrigiert oder nachgebracht werden können – zum Beispiel wenn eine Folgeuntersuchung nicht durchgeführt wurde oder das Messgerät fehlerhaft war –, gibt es im Wesentlichen drei Möglichkeiten, damit umzugehen:

a) Der fehlende Wert wird als solcher akzeptiert und fehlt auch in der Analyse. In diesem Fall muss man überprüfen, ob bestimmte Werte selektiv fehlen. Wenn das so ist, muss man davon ausgehen, dass *Bias* vorliegt.

b) Der Patient wird mit allen Messungen von der Analyse ausgeschlossen. Auch hier kann ein Selektionsbias wirksam werden.

c) Der fehlende Wert wird durch einen Durchschnittswert oder, bei wiederholten Messungen, durch den zuletzt gemessenen Wert ersetzt (*Carry-forward*-Methode). Wir verwenden diese Methode nicht, da diese Werte stimmen können oder auch nicht und man nicht sicher sein kann, dass wir uns so der klinischen Wahrheit annähern. Wenn diese Methode angewandt wird, sollte unbedingt untersucht werden, wie stark die erfundenen Werte das Ergebnis beeinflussen, im Vergleich zu einer Analyse, bei der fehlende Werte nicht analysiert wurden (Variante a).

d) Ein *Worst-case*-Szenario, wo bei fehlenden Werten ein Therapieversagen angenommen wird. Dieses Vorgehen ist sehr konservativ und eignet sich meist nicht besonders für eine primäre Analyse. Es ist aber sehr vernünftig, solche Berechnungen als Sensitivitätsanalyse zu verwenden, um die Robustheit der Ergebnisse zu untersuchen.

e) Mathematische Modelle, bei denen der Wert mit Hilfe von Werten vieler anderer Variablen (Co-Variablen) geschätzt wird. Solche Modelle sind extrem komplex und professionellen Statistikern vorbehalten.

21.5 Datenschutz

Jeder Patient hat ein Recht auf Schutz seiner persönlichen Daten. Missbrauch ist schon dann anzunehmen, wenn nicht berechtigte Personen Einsicht nehmen können. Wenn wir Patienten bitten, bei einer Studie mitzumachen, erklären wir üblicherweise auch, dass nur berechtigte Personen Einsicht nehmen können; diese Zusage ist ein verbindlicher Rechtsanspruch der Patienten (siehe Kapitel 31). Bei einmaliger Beobachtung ist Datenschutz relativ einfach, da man in diesem Fall nur mit Identifikationsnummern arbeiten kann. Sind mehrfache Beobachtungen über Tage, Wochen, Monate oder sogar Jahre notwendig, sollten persönliche Daten (Name und Kontaktdetails) unbedingt von anderen Daten getrennt werden, aber so, dass durch eine Identifikationsnummer bei Bedarf der Zusammenhang zwischen den persönlichen und den klinischen Daten hergestellt werden kann. Überlegen Sie sich, wie Sie die Daten am besten transportieren und lagern, um sie vor unautorisiertem Zugriff zu schützen – auch diesbezüglich lohnt ein Gespräch mit einem Informationstechnologiespezialisten. Auf keinen Fall sollte man Daten, anhand derer man Patienten identifizieren kann, über das Internet (E-Mail) verschicken.

Wenn Sie ein Protokoll oder eine Arbeit schreiben und sich an die oben genannten Empfehlungen halten, steigert das den Wert der Arbeit, da der Messfehler minimiert wird. Beschreiben Sie das Vorgehen daher im Methodenteil. Bei der Einreichung eines Protokolls gehen Sie darauf ein, wie und von wem die Datenbank erstellt wird, wie Sie mit fehlerhaften bzw. fehlenden Werten umgehen werden, was hinsichtlich des Datenschutzes geplant ist und wie das Formular erstellt und getestet wird. Bei der Einreichung eines Protokolls oder einer Arbeit legen Sie eventuell eine Kopie des Formulars für die Gutachter bei.

21.6 Monitoring, Audit und Inspektion

Dass Studienergebnisse nachvollziehbar sein müssen, ist selbstverständlich und verdient eigentlich keine weitere Diskussion. Praktisch ist das nicht so einfach und die Qualitätssicherung ist daher auch gesetzlich geregelt [siehe Kapitel 33.2 Die präklinische und klinische Entwicklung eines Arzneimittels]. Mit der neuen EU-Direktive regelt der Gesetzgeber, wie die Datenqualität gesichert werden muss. Der Sponsor (eine Person oder ein Unternehmen, das ein Forschungsprojekt veranlasst) muss sicherstellen, dass (1) die Rechte der Patienten gewahrt werden, (2) die Daten richtig, vollständig und nachvollziehbar sind und (3) dass die Studienabläufe tatsächlich so sind, wie im Studienprotokoll vorgegeben. Dazu stellt der Sponsor einen Monitor an, eine Person, die die Richtigkeit bzw. Einhaltung der genannten Punkte gewährleistet. Diese Überprüfung nennt man Monitoring. Zusätzlich zum Monitoring sollte der Sponsor auch noch einen oder mehrere Audits durchführen. Im Rahmen von Audits wird stichprobenartig überprüft, ob alle Beteiligten (inklusive Monitor) das Richtige machen. Die jeweiligen Zulassungsbehörden (in Europa die *European Medicines Agency* beziehungsweise die jeweiligen Gesundheitsministerien und in den US die *Food and Drug Administration*) haben dann noch die Möglichkeit der Inspektion. Im Rahmen der Inspektion wird stichprobenartig alles oben Genannte überprüft:

die Prüfärzte und deren Handeln, die Richtigkeit der Daten, der Monitor und der Sponsor (inklusive aller seiner zahlreichen Pflichten) (siehe auch Kapitel 33).

21.7 Weiterführende Literatur

McFadden (1997) ist auf dem Gebiet des *Data Managements* in Fachkreisen eine anerkannte Expertin.

Kapitel 22

Systematische Übersichtsarbeiten

▸ Eine ausgewogene Literaturübersicht zu einem Thema ist nur durch eine systematische Literatursuche möglich

▸ Allen klinischen Empfehlungen sollten systematische Literatursuchen zugrunde liegen

▸ Wissenschaftlichen Projekten sollte eine systematische Literatursuche zum jeweiligen Thema vorangehen

▸ Eine systematische Suche ist in elektronischen Literaturdatenbanken relativ einfach und meist kostenlos

▸ Suchbegriffe müssen im Vorhinein definiert werden

▸ Die Qualität von eingeschlossenen Studien muss systematisch erfasst und beschrieben werden

▸ Ein- und Ausschlusskriterien müssen im Vorhinein definiert werden

▸ Der gesamte Prozess – von der Planung über die Erhebung bis zum Verfassen einer systematischen Literaturübersicht – soll am besten nach vorgegebenen Leitlinien erfolgen

22.1 Wozu braucht man systematische Übersichtsartikel?

Der systematische Übersichtsartikel unterscheidet sich hinsichtlich der Präsentation nicht unbedingt vom herkömmlichen Übersichtsartikel. Der Unterschied liegt darin, wie der Inhalt zusammengestellt wurde. Nur wenn man die gesamte relevante, zu einem Thema vorhandene Literatur überblicken kann, ist es möglich, sich evidenzbasiert für oder gegen eine medizinische Handlung zu entscheiden. Einschränkend wollen wir hinzufügen, dass man nie sicher sein kann, dass die gesamte Literatur erfasst wurde, aber man sollte zumindest alle Bemühungen unternommen haben, um diesem Anspruch nahe zu kommen.

Der herkömmliche Übersichtsartikel wird meist von einem so genannten Spezialisten verfasst. Üblicherweise werden bekannte Fachleute und Spezialisten von den

Fachjournalen um die Verfassung von Übersichtsarbeiten gebeten. Übersichtsartikel werden gerne gelesen und viele halten sie für lehrreich. Jedoch ist selbst ein belesener Spezialist normalerweise nicht in der Lage, einen Überblick über alle zu einem Thema erscheinenden Originalarbeiten zu behalten: Es gibt derzeit weit über 5.000 medizinische Journale – wir meinen damit Journale, die Originalarbeiten veröffentlichen und einen *Peer-Review*-Prozess (Kapitel 27) haben – und wahrscheinlich erscheinen für jedes beliebige Fach in etwa 100 bis 150 Journalen klinisch relevante Artikel. Arbeiten mit spektakulären Ergebnissen erscheinen in renommierten internationalen englischsprachigen Journalen (die Journale, die „jeder" liest), Arbeiten mit weniger eindrucksvollen Ergebnissen erscheinen nachweislich viel häufiger in weniger eminenten Journalen, oft in der Landessprache der Autoren. Wie viele Spezialisten sprechen wohl fließend Englisch, Deutsch, Italienisch, Spanisch und womöglich auch Japanisch und Chinesisch? Weiters stellt sich die Frage, wie viele der Spezialisten, die „nur" drei Sprachen sprechen, sich auch die Mühe machen, Artikel von Journalen zu bekommen, die nicht in der nächsten Bibliothek aufliegen. Spezialisten haben oft viel zu tun und daher wenig Zeit. Man kann es ihnen fast nicht verübeln, wenn sie einfach in die Lade greifen und den Stoß der altbewährten und gut bekannten Artikel verwenden (die so genannte *Desk-drawer*-Methode oder Schreibtischladenmethode). *Bias* ist aber leider die Folge dieser Methode und *Bias* (siehe Kapitel 7) bedeutet, dass wir nicht wissen, ob das Ergebnis der Wahrheit entspricht.

Für den klinisch tätigen Arzt ist es unmöglich, jede seiner Handlungen durch eine systematische Literatursuche zu hinterfragen. Meinungsbildner oder Expertengruppen, die Leitlinien erstellen, sollten das jedoch tun. Klinischen Empfehlungen sollte immer eine systematische Literatursuche zugrunde liegen. Ebenso sollte eine systematische Literatursuche jedem neuen Forschungsprojekt vorangehen. Wenn die Frage bereits beantwortet ist, lohnt es nicht, dass Experiment zu wiederholen. Wenn die Frage unzulänglich beantwortet ist, kann man so aus den Fehlern anderer lernen und es besser machen.

Ein Beispiel

In den meisten neurologischen Abteilungen Österreichs müssen Patienten nach Lumbalpunktion 12 bis 24 Stunden Bettruhe einhalten (siehe Kapitel 1) (Thoennissen 2001a). Man glaubt, dadurch die so genannten postpunktionellen Kopfschmerzen vermeiden zu können. In Lehrbüchern der Inneren Medizin (Hahn 1997) und der Neurologie (Klingelhöfer 1997) aus dem Jahre 1997 kann man diese Empfehlungen auch finden.

Wenn man die Literatur systematisch in nur einer Datenbank (Medline®) sucht, so findet man neun randomisiert kontrollierte Studien zu dieser Fragestellung. Wenn man aber sechs Datenbanken durchsucht, kann man insgesamt 15 randomisierte Studien zu diesem Thema finden (Thoennissen 2001b). In fast allen Studien haben Patienten mit Bettruhe genauso oft Kopfschmerz wie Patienten, die umgehend mobilisiert werden; in zwei Studien hatten Patienten mit Bettruhe sogar öfters Kopfschmerz (Abbildung 22.1). Der vorhandenen Evidenz zufolge sollte Bettruhe nach Lumbalpunktion, Myelographie oder spinaler Anästhesie seit Jahren nicht mehr empfohlen werden.

Wenn man bedenkt, dass die letzte dieser Studien 1992 erschienen ist und ein Großteil der Arbeiten aus den 80er Jahren stammt, sind die klinischen Empfehlungen eigentlich verwunderlich. Systematische Literaturübersichten hätten das Fehlen der Wirksamkeit schon Jahre früher beschreiben können.

Ein (persönliches) Beispiel

Bei einer Diskussion über den Unterschied zwischen Übersichtsartikel – zu denen auch der typische Lehrbuchartikel zählt – und systematischem Übersichtsartikel sagte einmal ein um einige Jahre älterer und sehr belesener Kollege, dass einem guten Übersichtsartikel „immer schon" eine systematische Literatursuche zugrunde lag. Wenn auch die meisten Autoren von Übersichts- und Lehrbuchartikeln glauben, dass sie die relevante Literatur erfasst und beschrieben haben, reflektieren sie doch nur die Glaubens- und Wertvorstellungen des Autors. Manchmal deckt sich das mit der tatsächlich vorhandenen Evidenz, aber oft haben diese persönlichen Ansichten nur sehr wenig mit der vorhandenen Evidenz zu tun.

22.2 Wo suchen?

Man kann entweder elektronisch oder mit der „Hand" suchen. Eigentlich sollten beide Methoden verwendet werden. Elektronisch sollten auf jeden Fall alle (!) wichtigsten und größten Datenbanken (Tabelle 22.1) durchsucht werden. Die Suche sollte in jedem Fall zumindest die *Cochrane Library*, Medline und Embase umfassen. Eine gute Quelle für (noch) nicht publizierte Studien sind Studienregister. Seit einigen Jahren verlangen viele renommierte Journale, dass Autoren ihre Studien bereits vor Studienbeginn in einem öffentlichen Register anmelden, um zu verhindern, dass nicht erwünschte oder nicht signifikante Ergebnisse in der Schublade verschwinden. Wir werden später den *Reporting Bias* besprechen, die Suche in solchen Registern kann jedenfalls diese Form von *Bias* deutlich reduzieren. Die zwei prominentesten Register finden Sie unter *www.clinicaltrials.gov* und *www.controlled-trials.com*.

Handsuche bedeutet, dass man bestimmte Literaturquellen (z. B. Extrabände, in denen auf Kongressen präsentierte *Abstracts* veröffentlicht werden) „händisch" durchsucht. Weiters gibt es noch die so genannte „graue" Literatur. Dazu zählen vor allem Veröffentlichungen, die nicht in wissenschaftlichen Journalen herausgegeben

Trial	Short bed rest	(Rate)	Long bed rest	(Rate)		RR	95 % CI	Fixed weight, %
Anesthesia								
Thornberry et al.	9/41	0.22	14/39	0.36		0.61	0.30–1.25	9.8
Fassoulaki et al.	6/30	0.20	22/39	0.56		0.35	0.16–0.76	8.9
Frenkel et al.	4/106	0.04	3/96	0.03		1.21	0.28–5.26	16.6
Cook et al.	5/43	0.12	7/59	0.12		0.98	0.33–2.88	15.2
Andersen et al.	6/55	0.11	8/57	0.14		0.78	0.29–2.10	17.1
Total	**30/275**		**54/290**					32.4
Myelography								
Jensen et al.	9/37	0.24	22/40	0.55		0.44	0.23–0.83	9.8
Robertson et al.	16/30	0.53	29/60	0.48		1.10	0.72–1.69	8.9
Teasdale et al.	36/60	0.60	36/60	0.60		1.00	0.75–1.34	16.6
Macpherson et al.	32/61	0.52	32/58	0.55		0.95	0.68–1.33	15.2
Macpherson et al.	37/100	0.37	37/100	0.37		1.00	0.70–1.44	17.1
Macpherson et al.	67/191	0.35	70/191	0.37		0.96	0.73–1.25	32.4
Total	**197/479**		**226/509**			**0.93**	**0.81–1.08**	
Diagnostic								
Johannsson et al.	2/23	0.09	4/26	0.15		0.57	0.11–2.81	3.3
Spriggs et al.	17/54	0.31	17/56	0.30		1.04	0.59–1.81	14.8
Dieterich et al.	48/82	0.59	44/78	0.56		1.04	0.79–1.36	40.0
Congia et al.	8/20	0.40	8/19	0.42		0.95	0.45–2.02	7.3
Vilming et al.	35/150	0.23	39/150	0.26		0.90	0.60–1.33	34.6
Total	**110/329**		**112/329**			**0.97**	**0.79–1.19**	

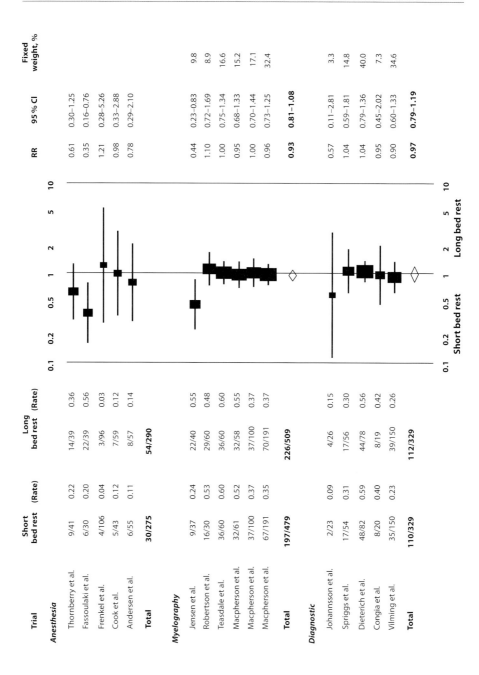

Abb. 22.1 Systematische Literaturübersicht und Meta-Analyse von randomisierten Studien, die den Einfluss von Bettruhe auf das Auftreten von Kopfschmerzen nach Lumbalpunktion untersuchten (Thoennissen 2001). Die Abbildung ist ein so genannter Forest Plot (Lewis 2001). Die Abbildung zeigt drei Gruppen (spinale Anästhesie, Myelographie, diagnostische Lumbalpunktion). Es handelt sich um randomisierte, kontrollierte Studien, wo kurze mit langer Liegedauer verglichen wurde. In der Gruppe „short bed rest" reichte die Liegedauer von sofortiger Mobilisation bis zwei Stunden Bettruhe. In der Gruppe „long bed rest" betrug die Liegedauer zwischen vier und 24 Stunden. Die Rauten geben die Effektgröße der einzelnen Studien an, die horizontalen Linien entsprechen dem 95 %-Konfidenzintervall. Die Rauten entsprechen der Effektgröße und dem 95 %-Konfidenzintervall nach quantitativer Synthese. „Short bed rest" ist die Gruppe mit kurzer Bettruhe, die in den individuellen Studien von sofortiger Mobilisierung bis acht Stunden dauerte. „Long bed rest" ist die Gruppe mit langer Bettruhe, die in den individuellen Studien zwischen zwölf und 24 Stunden dauerte. Die Zahlen in den jeweiligen Spalten links der Grafik entsprechen der Anzahl derer, die Kopfschmerzen bekamen und der Anzahl der eingeschlossenen Patienten pro Gruppe.

Für Kapitel 23 wichtig: Rechts der Grafik ist die Risk Ratio mit dem dazugehörigen 95 %-Konfidenzintervall numerisch angegeben. In der letzten Spalte ist das „Gewicht" der einzelnen Studien angegeben, das sich auch in der Größe der Quadrate widerspiegelt. Das Gewicht wird durch die Anzahl der Ereignisse und die Anzahl der Teilnehmer pro Gruppe bestimmt. Die „Anesthesia"-Gruppe wurde wegen klinischer Heterogenität nicht mathematisch synthetisiert. Daher gibt es keine Angaben zum Gewicht und auch keinen Gesamteffekt für diese Gruppe.

„Does bed rest after cervical or lumbar puncture prevent headache? A systematic review and meta-analysis" – Reprinted from, by permission of the publisher, CMAJ 13 November 2001; 165 (10) 1311–1316 © 2001 Canadian Medical Association http://www.cma.ca/cmaj/index.asp

Tabelle 22.1 Die „großen" Datenbanken

- MEDLINE, *www.pubmed.gov* (frei zugänglich)
- EMBASE, *www.embase.com* (kostenpflichtig bzw. über Bibliothek der Medizin-Universität Wien)
- PASCAL BioMed, *www.silverplatter.com/catalog/pbma.htm* (kostenpflichtig bzw. über Bibliothek der Medizin-Universität Wien)
- CC Search® CSI, *www.isinet.com* (kostenpflichtig, bzw. über Bibliothek der Medizin-Universität Wien)
- The Cochrane Library/Trial Registry, *onlinelibrary.wiley.com/o/cochrane/cochrane_clcentral_articles_fs.html*

wurden, sondern z. B. als Buchbeiträge oder als eigenverlegte Hefte und Bücher erscheinen (z. B. Ergebnisse von ministerieller Auftragsforschung). Es gibt sogar Datenbanken von „grauer" Literatur, aber am ehesten findet man die richtigen Quellen, wenn man Experten befragt. So eine Befragung wird in den meisten Fällen schriftlich durchgeführt, es sei denn der Experte wohnt oder arbeitet zufällig in Ihrer Nähe.

Das „Befragen" von Experten zahlt sich wirklich aus, selbst wenn man davon ausgeht, dass ein großer Teil nicht antwortet. Sie dürfen nicht vergessen, dass Experten viel beschäftigte Menschen sind. Wenn wir Experten um Literaturtipps bitten, versuchen wir deren Aufwand so gering als möglich zu halten, um die Antwortrate zu erhöhen: Wir schicken eine Liste der bereits gefundenen und als relevant befundenen Literatur (in der Regel höchstens 20 bis 30 Zitate). Im Begleitschreiben erklären wir, dass wir eine systematische Literatursuche zum jeweiligen Thema durchführen und dass die beiliegende Liste die als relevant erachteten Zitate enthält. Wir bitten die Experten, diese Liste anzusehen und mitzuteilen, ob sie Hinweise auf fehlende Arbeiten geben können. Im Durchschnitt schreiben wir zu einem Thema zehn bis 15 Experten an und bekommen von zwei bis drei eine Antwort. Bis jetzt konnten wir so immer mindestens eine bis drei Arbeiten identifizieren, die wir durch die elektronische Suche nicht entdecken konnten.

22.3 Systematisches Suchen

Systematisches Suchen bedeutet lediglich, dass man am besten alle der oben genannten Datenbanken nach vorher definierten Stichworten durchsucht. Die so gefundenen Artikel werden auf Relevanz geprüft, das heißt, ob sie den Einschlusskriterien entsprechen (siehe unten). Von den so gefundenen Artikeln werden die Literaturangaben nach weiteren, möglicherweise relevanten Artikeln durchsucht. Wahrscheinlich lohnt der Aufwand im Verhältnis zum Nutzen nicht mehr, auch die Literaturangaben dieser Artikel nach relevanten Artikeln zu durchsuchen.

Die Suche sollte am besten immer nach dem gleichen Schema ablaufen. Daher empfehlen wir die Verwendung einer Vorlage (z. B. Tabelle 22.2).

Tabelle 22.2 Schema für systematische Literatursuchen

1.	Wo?
	1.1. Datenbasen
	1.2. Handsuche
	1.3. Experten
2.	Zeitraum?
3.	Welche Sprache(n)?
4.	Bei elektronischer Suche: Wie?
	4.1. Freitext
	4.2. *Medical Subject Headings (MeSH)*
	4.3. Kombiniert
5.	Welche Suchbegriffe?
6.	Aufzeichnungen

22.4 Suchbegriffe und ihre Verwendung

Die Schwierigkeit ist, Suchbegriffe so zu wählen, dass keine Artikel unerkannt bleiben. Wenn man zum Beispiel die Datenbank Medline mit Freitext nach randomisierten Studien durchsucht und die amerikanische Schreibweise (*randomized*) anwendet, finden sich zum Zeitpunkt der Verfassung dieses Beitrags 468.057 Artikel, wenn man die englische Schreibweise verwendet (*randomised*), finden sich 44.300 Artikel und 31.911 Artikel verwenden beide Schreibweisen gleichzeitig. Alternativ zur Freitextsuche kann man auch die so genannten *Medical Subject Headings* verwenden, kurz *MeSH Terms* (siehe auch *www.ncbi.nlm.nih.gov/mesh*). Eine randomisierte Studie kann sich in den *MeSH Terms* hinter Begriffen wie *clinical trial, comparative trial, clinical trial, phase III* und einigen weiteren Begriffen verbergen. Die von der *Cochrane Collaboration* empfohlene Suchstrategie beispielsweise für Pubmed ist im Appendix II angegeben. Man kann nun schon erahnen, dass es nicht leicht ist, Symptome oder Diagnosen wie Übelkeit und Herzinfarkt zu definieren.

Wenn die Suchbegriffe ungenau sind, muss man eine gewaltige Anzahl von Artikeln durcharbeiten, die mit der eigentlichen Fragestellung nichts zu tun haben. Wenn Sie Information zum Thema Herzinfarkt und diagnostische Wertigkeit von Troponinen (das sind Marker für den Myokardschaden) suchen und entsprechend die Begriffe [(myocardial infarction OR heart attack) AND troponin] eingeben, werden Sie viele hundert Artikel finden (711 zum Zeitpunkt der ersten Auflage, 3.568 im September 2010), von denen nur relativ wenige für diese Frage relevante Informationen beinhalten. Wir müssen auch betonen, dass die Suche nach diagnostischen Studien einen anderen Zugang erfordert als die systematische Suche nach Interventionsstudien (*srdta.cochrane.org*).

Um die richtigen Suchbegriffe zu finden, benötigt man entweder ein gewisses Grundverständnis, worum es geht, oder man bindet einen Spezialisten auf dem jeweiligen Gebiet ein – dieses empfiehlt sich aus vielen Gründen, vor allem weil es Spaß macht, mit Fachleuten aus anderen Gebieten zu arbeiten und weil man viel dazulernen kann. In jedem Fall sollte man eine ausführliche Liste mit möglichen Suchbegriffen zusammenstellen und nach einigen Tagen nochmals überarbeiten. Neben dem Fachwissen ist auch Erfahrung im Umgang mit den Suchmaschinen der Datenbanken ein Vorteil, aber keine Sorge, das Notwendigste ist schnell gelernt. Es lohnt sicherlich, einen Kurs über systematische Literatursuche zu besuchen oder zumindest die Hilfsrichtlinien vor der Suche genau zu lesen. Eine ausgezeichnete Informationsquelle ist das *Cochrane Handbook of Systematic Reviews (www.cochrane-handbook.org)*.

22.5 Beurteilung der Qualität von Studien

Eine systematische Übersicht mit oder ohne Meta-Analyse (siehe Kapitel 23) ist nur so gut wie die Arbeiten, mit der sie gefüttert wird. Es ist bekannt, dass ein großer Teil aller veröffentlichten Studien qualitativ unzulänglich ist (siehe Kapitel 1). Das Erstaunliche daran ist, dass unser klinisches Handeln oft auf den Erkenntnissen solcher Studien beruht.

Je nach Studiendesign (Intervention, Kohorte, *Case Control*) gibt es bestimmte Merkmale, welche die Qualität einer Studie beschreiben. Es gibt zahlreiche *Checklisten,* mit deren Hilfe man die Qualität einer interventionellen Studie erfassen kann (z. B. Jadad 1996). Im Wesentlichen geht es darum, ob, wann und wie randomisiert wurde, ob ein geblindetes Design verwendet wurde und ob die Ergebnisse nach dem *Intention-to-treat*-Prinzip ausgewertet wurden (siehe Kapitel 19). Die *Cochrane Collaboration* hat ein sehr übersichtliches Tabellenformat unter dem Begriff *Risk of Bias Table* entwickelt, das einen guten Überblick über Studienqualität in einem systematischen Review ermöglicht (*www.cochrane-handbook.org/*). In der Standard-Software der *Cochrane Collaboration* (RevMan) können Sie solche *Risk of Bias Tables* relativ leicht selbst erstellen. Für Kohorten- und *Case-Control*-Studien gelten entsprechend andere Kriterien, deren Einhaltung notwendig ist, um *Bias* zu minimieren (siehe Kapitel 14, 15, und 29). Für diagnostische Studien zur Validität wird derzeit das QUADAS-Instrument empfohlen (Whiting 2003), für diagnostische Studien über Wiederholbarkeit (Reliabilität) das QAREL-Instrument (Lucas 2010).

Es gibt keine eindeutigen Richtlinien, wie man am besten mit qualitativ minderwertigen Studien umgeht. Oft ist es auch unklar, ob Studien minderwertig sind, da die Präsentationsform eine Beurteilung der tatsächlichen Qualität nicht erlaubt. Studien, die offensichtlich qualitativ minderwertig sind, kann man in einer Sensitivitätsanalyse getrennt von den restlichen Studien untersuchen. Bei Studien, wo man die Qualität nicht sicher erfassen kann, ist das etwas schwieriger, generell kann man aber davon ausgehen, dass schlechtes Berichten mit schlechter Durchführung einer Studie korreliert.

22.6 Ein- und Ausschlusskriterien relevanter Studien

Es sollte immer definiert werden, auf welchen Publikationszeitraum sich die Suche bezieht. Weiters sollte man im Vorhinein definieren, ob man die Suche auf bestimmte Landessprachen einschränkt. Studien, die in nicht englischen Sprachen veröffentlicht werden, sind im Durchschnitt qualitativ nicht schlechter als Studien in englischer Sprache, berichten aber häufiger „nicht signifikante" Ergebnisse. Wenn man daher nur Studien in englischer Sprache einschließt, kann es passieren, dass der Effekt einer Intervention überschätzt wird. Das ist der so genannte *Language Bias*, eine Sonderform des *Reporting Bias*.

Weiters sollte im Studienprotokoll genau definiert werden, (1) welche Arten der gefundenen Studien weiter ausgewertet werden sollen (z. B. nur randomisierte kontrollierte Studien oder auch Beobachtungsstudien), (2) welche Studienpopulationen eingeschlossen werden sollen (nur Erwachsene, nur Kinder, nur Patienten mit Herzinfarkt, keine Tierexperimente usw.), (3) welche Arten der Intervention bzw. Risikofaktoren von Interesse sind und (4) welche Endpunkte untersucht werden sollen. Eigentlich handelt es sich lediglich um die Punkte, die auch bei jeder anderen Studie mit individuellen Patientendaten definiert werden sollten.

Die Wahl der Einschlusskriterien hängt natürlich von der jeweiligen Fragestellung ab, was sich am besten anhand von Beispielen zeigen lässt.

Ein Beispiel

Eine systematische Übersichtsarbeit untersuchte, ob eine durch die Haut mittels Seldingertechnik gelegte Tracheotomie (Luftröhreneröffnung) sich hinsichtlich Erfolg und Komplikationen von der chirurgisch angelegten Tracheotomie unterscheidet (Dulguerov 1999). In diese Studie wurden sowohl Fallserien, Kohortenstudien und auch wenige randomisierte Studien eingeschlossen. Diese Arbeit hilft, einen Überblick zu vermitteln, und zeigt, dass eine weitere randomisierte Studie notwendig und ethisch vertretbar ist.

Noch ein Beispiel

Die schon oben erwähnte Arbeit untersuchte, ob Bettruhe nach Lumbalpunktion die Häufigkeit von Kopfschmerzen senkt (Thoennissen 2001b). In diese Arbeit wurden nur randomisiert kontrollierte Studien eingeschlossen, die Bettruhe mit umgehender Mobilisation verglichen. Die meisten Studien waren wahrscheinlich nicht geblindet, was technisch in dieser Situation nur schwer möglich ist. Es wurde auch eine Studie eingeschlossen, die das

Intention-to-treat-Prinzip (siehe Kapitel 18) verletzte. Trotzdem findet sich hier genug Evidenz gegen eine Empfehlung von Bettruhe.

Im Idealfall sollten nur Studien eingeschlossen werden, die randomisiert, doppelblind und nach *intention-to-treat* analysiert wurden. Nur so kann man die beste Evidenz für bzw. gegen eine Intervention interpretieren. Aber wie schon so oft in diesem Buch möchten wir Sie darauf aufmerksam machen, dass die klinische Realität alles andere als ideal ist (das gilt natürlich auch für die klinische Forschung). Daher ist es für viele Bereiche schwer bis unmöglich, qualitativ einwandfreie Studien zu sammeln. Der Nachteil eines (zu) restriktiven Vorgehens ist, dass Studien verloren gehen.

22.7 Verfassen des systematischen Übersichtsartikels

Wenn man sich schon die Mühe einer systematischen Literatursuche gemacht hat, sollte man die Ergebnisse auch so präsentieren, dass der Leser die Suchstrategien nachvollziehen kann. Diese Art der Literatursuche und Präsentation ist im Sinne des Erkenntnisgewinns ebenso von wissenschaftlichem Wert wie zum Beispiel Grundlagenforschung, auch wenn das von manchen noch immer nicht anerkannt wird. In jedem Fall halten Journale wie *Lancet, JAMA* und *BMJ* systematische Übersichtsarbeiten und Meta-Analysen für so wichtig, dass es ein definiertes Strategieziel ist, „die" Anlaufstelle für solche Artikel zu werden.

Wenn man die oben erwähnten Punkte beim Verfassen berücksichtigt, sollten die wichtigsten Informationen vorhanden sein, um dem Leser eine kritische Interpretation zu erlauben. Aber auch hier ist es am besten, wenn man systematisch einem „Plan" folgt, wie zum Beispiel dem Muster von *Cochrane Reviews* (Tabelle 22.3, *www.cochrane-handbook.org*), oder den entsprechenden Richtlinien im EQUATOR Network (*www.equator-network.org*) wie PRISMA oder MOOSE Statement (siehe auch Kapitel 23).

22.8 Was ist eine Meta-Analyse?

Eine Meta-Analyse ist die mathematische Zusammenfassung der Ergebnisse von einzelnen systematisch aufgespürten Artikeln. Sinn und Unsinn der Meta-Analyse wird im folgenden Kapitel besprochen.

Tabelle 22.3 Strukturplan für eine systematische Literaturübersicht nach Cochrane Standard

1. *Background*

2. *Objectives*

3. *Criteria for considering studies for this review*
   3.1 *Types of studies*
   3.2 *Types of participants*
   3.3 *Types of interventions*
   3.4 *Types of outcome measures*

4. *Search strategy for identification of studies*

5. *Data collection and analysis*
   5.1 *Selection of studies*
   5.2 *Data extraction and management*
   5.3 *Assessment of risk of bias in included studies*
   5.4 *Measures of treatment effect*
   5.5 *Unit of analysis issues*
   5.6 *Dealing with missing data*
   5.7 *Assessment of heterogeneity*
   5.8 *Assessment of reporting biases*
   5.9 *Data synthesis*
   5.10 *Subgroup analysis and investigation of heterogeneity*
   5.11 *Sensitivity analysis*

6. *Results*
   6.1 *Description of studies*
   6.2 *Risk of bias in included studies*
   6.3 *Effects of interventions*

7. *Discussion of results*
   7.1 *Summary of main results*
   7.2 *Overall completeness and applicability of evidence*
   7.3 *Quality of the evidence*
   7.4 *Potential biases in the review process*
   7.5 *Agreements and disagreements with other studies or reviews*

8. *Authors' conclusions*

22.9 Noch ein paar Worte zur Cochrane Collaboration

Man kann eigentlich nicht von systematischen Übersichtsartikeln und Meta-Analysen reden, ohne die *Cochrane Collaboration* zu erwähnen. Archibald Cochrane kann als einer der Begründer der *Evidence Based Medicine* genannt werden und hat schon zu Lebzeiten systematische Literaturübersichten propagiert und auch verfasst (Cochrane 1971).

Die *Cochrane Collaboration* ist erst wenige Jahre alt und sie beschreibt sich am besten mit ihren eigenen Worten (*www.cochrane.de 2001*): „Die *Cochrane Collaboration* ist ein weltweites Netz von Wissenschaftlern und Ärzten. Ziel ist, systematische Übersichtsarbeiten zur Bewertung von Therapien zu erstellen, aktuell zu halten und zu verbreiten … Die Mitarbeit in einer Review-Gruppe ist unabhängig von lokalen Verhältnissen, gewünscht ist eine internationale Zusammensetzung. Jede Gruppe wird von einem redaktionellen Team betreut, das für die Begutachtung und Veröffentlichung der erarbeiteten Übersichten als Teil der periodisch aktualisierten *Cochrane*-Datenbank systematischer Reviews verantwortlich ist … Die Mitarbeit ist freiwillig … Die Datenbanken sind kollektives Eigentum der Mitarbeiter und Mitarbeiterinnen."

Kapitel 23

Was ist eine Meta-Analyse?

▸ Eine Meta-Analyse ist die quantitative Kombination der Ergebnisse mehrerer Studien

▸ Die Basis einer Meta-Analyse ist die systematische Literatursuche

▸ Nutzen einer Meta-Analyse:
  ▪ Quantifizierung der Bedeutung von vorhandener Evidenz
  ▪ Synthese von kleinen Studien mit geringer Aussagekraft zu einer großen Studie mit höherer Präzision und Aussagekraft
  ▪ Der Effekt kann genauer bestimmt werden
  ▪ Heterogenität kann gut untersucht werden
  ▪ *Bias* kann explizit dargestellt werden

▸ Die Schwachstellen:
  ▪ Geringe wissenschaftliche Qualität von eingeschlossenen Studien
  ▪ *Bias* kann nicht eliminiert werden

▸ Durchführungsschritte eines systematischen Review mit Meta-Analyse:
  a) Systematische Literatursuche
  b) Beschreiben von klinischer und statistischer Heterogenität
  c) Beschreiben des *Bias*-Risikos
  d) Quantitative Synthese (Meta-Analyse)
  e) Suche nach Hinweisen für *Reporting Bias*
  f) Sensitivitätsanalyse
  g) Präsentation nach definierten Standards (z. B. Cochrane Handbook, PRISMA oder MOOSE)

23.1 Was ist eine Meta-Analyse?

Meta-Analyse bedeutet lediglich, dass die Ergebnisse von einzelnen, systematisch aufgespürten Artikeln zum selben Thema mathematisch zu einem Gesamtergebnis verbunden (synthetisiert) werden. Da die verschiedenen Ergebnisse aus unterschiedlich großen Studien kommen, kann man nicht einfach einen Mittelwert aus allen eingeschlossenen Studien errechnen, sondern braucht dazu etwas erweiterte Methoden der Regressionsanalyse. Weil die Grundlage einer Meta-Analyse die systematische Literaturübersicht ist, ermöglicht die Meta-Analyse die Erfassung der gesamten auffindbaren Evidenz und deren Bedeutung. Das ist vor allem sinnvoll, (1) wenn einzelne Studien zu klein sind, um einen Effekt zu zeigen (Typ-II-Fehler, siehe Kapitel 9), aber als Gruppe einen Therapieeffekt zeigen bzw. ausschließen können. Durch die Synthese steigt die Aussagekraft. Eine Meta-Analyse ist auch sinnvoll, wenn (2) die vorhandenen Studien unterschiedliche (positive und negative) Effekte zeigen und daher der Gesamteffekt vordergründig unklar ist.

Ein Beispiel

Unser Lieblingsbeispiel für die Bedeutung der Meta-Analyse ist ein Artikel von Lau (1993) (siehe auch Kapitel 1). Um den geringen, aber klinisch trotzdem wichtigen therapeutischen Effekt von Thrombolytika (Substanzen, die Blutgerinnsel auflösen können) bei Patienten mit Herzinfarkt nachweisen zu können, muss man mehrere tausend Patienten im Rahmen einer randomisierten, kontrollierten Studie untersuchen. 1986 wurde erstmals eine Studie mit 11.806 Patienten veröffentlicht, die zeigte, dass Streptokinase die 21-Tage-Mortalität von 13 % auf 11 % senkt (GISSI 1986). Die meisten Studien, die vor diesem Zeitpunkt veröffentlicht wurden, waren zu klein, um einen Effekt dieser geringen Größe nachweisen zu können. Hätte man 1977 – 9 Jahre vor der Veröffentlichung der genannten Studie – eine Meta-Analyse der 15 damals bereits veröffentlichten Studien gemacht, wäre dieser Effekt schon deutlich sichtbar gewesen (Lau 1993) (Abbildung 23.1).

Meta-Analysen eigenen sich auch gut, die Größe eines bekannten Effektes besser einzugrenzen. Wir wissen mittlerweile, dass sportliche Aktivität den Blutdruck senkt. Wie groß aber ist dieser Effekt?

Ein Beispiel

Wenn man 29 randomisierte Studien mit insgesamt 1.533 Bluthochdruckpatienten im Alter zwischen 18 und 79 Jahren zusammenfasst, sieht man, dass nach vier Wochen regelmäßiger Belastung durch Gehen, Laufen oder Radfahren der systolische Blutdruck um etwa 5 mmHg und der diastolische Blutdruck um 3 mmHg sinkt (Halbert 1997).

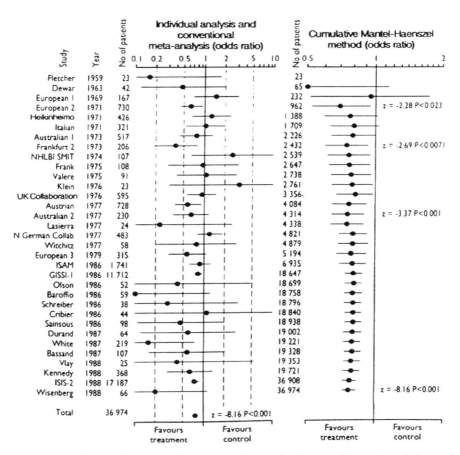

Abb. 23.1 *Links* sind alle randomisierten, kontrollierten Studien zum Thema Thrombolyse und 30-Tage-Sterblichkeit zwischen 1959 und 1988 chronologisch mit *Odds Ratio* und dazugehörigem 95 %-Konfidenzintervall angegeben (ein so genannter *Forest Plot*); *ganz unten* findet sich die gepoolte *Odds Ratio* (nach mathematischer Kombination). *Rechts* ist eine kumulative Metaanalyse dargestellt: Die *Odds Ratio* und die dazugehörigen Konfidenzintervalle beziehen alle bis zu dem jeweiligen Zeitpunkt vorhandenen randomisierten, kontrollierten Studien ein und man hätte schon 1977 relativ präzise die Effektgröße vorhersagen können. [Lau J, Antman EM, Jimenez-Silva J, Kupelnick B, Mosteller F, Chalmers TC (1992) Cumulative meta-analysis of therapeutic trials for myocardial infarction. N Engl J Med 327:248–254, Copyright © 1992 Massachusetts Medical Society. All rights reserved]

Noch ein Beispiel

Mit zunehmendem Alter sinkt die Elastizität der Arterien und der systolische Blutdruck steigt. Hat das nun Krankheitswert, oder ist es lediglich ein Merkmal für höheres Lebensalter, wie zum Beispiel graue Haare? Soll isoliert erhöhter systolischer Blutdruck beim älteren Menschen behandelt werden oder nicht?

In einer Meta-Analyse (Staessen 2000) konnten insgesamt fünf rando-misierte Studien gefunden werden, die untersuchten, ob blutdrucksenkende Therapie die Häufigkeit von Herzinfarkten, Schlaganfällen und das Über-leben beeinflusst. Jede der Studien untersuchte etwa 1.000 bis 4.000 Pati-enten und es zeigten zwar alle eine Reduktion des Risikos unter Therapie, aber der Effekt war nicht immer eindeutig. Wenn man alle Studien zusam-menfasst, also immerhin 15.700 Menschen untersucht, sieht man eindeutig, dass eine Reduktion des systolischen Blutdrucks um 7 bis 18 mmHg die Ge-fahr zu sterben im Vergleich zur Kontrollgruppe um 13 % sowie die Gefahr, einen Schlaganfall zu erleiden, um 23 % senkt Die Gefahr, an einem kardia-len Ereignis zu sterben oder einen Herzinfarkt zu erleiden sank sogar um 26 %. Bei Hochrisikopatienten, definiert zum Beispiel über ein Alter größer als 70 Jahre, muss man nur 19 Patienten über fünf Jahre behandeln, um ein unerwünschtes Ereignis zu vermeiden.

Auch wenn der Einfluss der antihypertensiven Therapie auf das Risiko nicht sehr groß ist, so ist er doch von volksgesundheitlicher Bedeutung, da etwa 10 % aller über 60-Jährigen eine isolierte systolische Hypertonie haben. Derzeit sind etwa 20 % aller Menschen in westlichen Ländern über 60 Jahre alt, im Jahr 2030 werden es 35 % sein. In der EU leben derzeit etwa 500 Mil-lionen Menschen und Sie können sich selbst ausrechnen, wie viele Menschen betroffen sind.

23.2 Probleme der Meta-Analyse

„Wenn die Autoren wissen wollen, ob Bettruhe die Häufigkeit von Kopfschmerzen nach Liquorpunktion beeinflusst, sollten sie eine richtige Studie durchführen. Eine Meta-Analyse ist nie so gut wie richtige Forschungsergebnisse." Das war die ableh-nende Antwort eines Gutachters auf eine an ein wissenschaftliches Journal einge-reichte Arbeit. Es scheint, dass Ignoranz ein Problem der Meta-Analyse ist. Wie sonst kann man erklären, dass Journale wie *Lancet*, *BMJ* oder *JAMA* sich aktiv bemühen, neben randomisiert kontrollierten Studien auch viele systematische Übersichtsar-beiten und Meta-Analysen zu veröffentlichen? Diese Journale machen das natürlich nicht aus Jux und Tollerei, sondern wegen der vorhin genannten Gründe – die Meta-Analyse ist wahrscheinlich die beste Form der Evidenz, die es gibt. Natürlich gibt es Diskrepanzen zwischen Meta-Analysen und großen randomisiert kontrollierten Studien. In einer Studie wurden 19 Meta-Analysen mit zwölf großen randomisierten Studien zum selben jeweiligen Thema verglichen, und es konnten in 12 % relevante Unterschiede in der Effektgröße beobachtet werden (LeLorier 1997). Es gibt Erklä-rungen sowohl für obige Aussagen als auch für die beobachteten Diskrepanzen.

Die Meta-Analyse ist eine relativ junge Methode. Meta-analytische Methoden gibt es zwar schon seit den 30er Jahren (Fisher 1932), sie wurden aber kaum verwen-det. Den Begriff Meta-Analyse gibt es seit 1976 (Glass 1976), aber erst in den letzten 15 Jahren hat die Weiterentwicklung und Verbesserung der Methodik stark zuge-

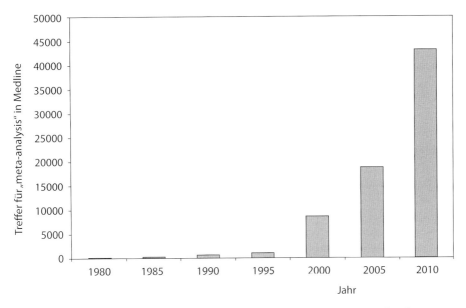

Abb. 23.2 Häufigkeit des Wortes „*meta-analysis*" in Medline von 1960 bis 2010. Nicht jeder Hit entspricht notwendigerweise auch einer Meta-Analyse, da das Wort auch in den Abstracts anderer Arbeiten vorkommen kann. Trotzdem ist es ein brauchbares Surrogatmaß für den zunehmenden Gebrauch
von Meta-Analysen

nommen und parallel dazu auch die Veröffentlichung von Meta-Analysen in wissenschaftlichen Journalen (Abbildung 23.2).

Wie andere Studiendesignformen hat auch die Meta-Analyse Schwachstellen.
Wenn man diese Schwachstellen nicht entsprechend berücksichtigt, so sind die Ergebnisse verzerrt, eventuell sogar falsch. Die wichtigsten Schwachstellen sind (1) individuelle Studien von schlechter wissenschaftlicher Qualität, (2) *Bias* und (3) Heterogenität; von einer bestmöglichen systematischen Literatursuche als Quelle für die
individuellen Studien gehen wir aus.

23.2.1 Individuelle Studien von schlechter Qualität

Leider sind viele veröffentlichte wissenschaftliche Arbeiten von geringer wissenschaftlicher Qualität (siehe Kapitel 1). Das Problem der qualitativ minderwertigen
Arbeiten ist, dass die Ergebnisse unzuverlässig sind und den Effekt meist überschätzen. Das Hauptproblem ist *Bias*, also ein systematischer Fehler, der die Ergebnisse
stört. Wenn wir eine Meta-Analyse mit schlechten Arbeiten füttern, kann das Ergebnis nicht wertvoller sein als seine Nährstoffe, selbst wenn man alles richtig macht.
Die Methodik zur Erfassung und Quantifizierung von Studienqualitäten ist ein sehr
junger, aber schnell wachsender Zweig der klinischen Epidemiologie und *Evidence
Based Medicine*. Es gibt eine ganze Reihe von *Scores* zur Erfassung der Studienqualität (siehe unten, Punkt 23.3.3), allerdings raten die meisten Experten derzeit davon

ab, diese *Scores* zum Gewichten von Studien zu verwenden. Im vorigen Kapitel haben wir den Cochrane *Risk of Bias Table* beschrieben, der derzeit als Goldstandard für die Beschreibung von *Bias*-Risiko und damit der Studienqualität gilt. Wie man mit Studien von schlechter Qualität am besten umgeht, beschreiben wir weiter unten.

23.2.2 Reporting Bias

Ein mögliches Problem der Meta-Analyse ist der selektive Einschluss von Studien abhängig von deren Ergebnissen. Es handelt sich um einen *Bias,* der nicht innerhalb einer Studie, sondern zwischen verschiedenen Studien auftritt. Dieser *Bias* kann durch eine strenge systematische Literatursuche weitgehend minimiert werden (siehe Kapitel 22). Es gibt für diesen *Reporting Bias* einige Erklärungen: Sie können sich wahrscheinlich gut vorstellen, dass eine Studie, die ein „statistisch signifikantes" Ergebnis berichtet, eher von einem Journal zur Veröffentlichung angenommen wird als „negative" Studien, also Studien, die keinen Unterschied zwischen den verglichenen Gruppen hinsichtlich des untersuchten Effekts finden.

Ein mögliches Beispiel

Stellen Sie sich vor, Sie haben eine randomisiert kontrollierte Studie durchgeführt, aber leider haben Sie keinen klinischen Epidemiologen oder Biometriker hinzugezogen. Die Studie ist wegen fehlender Berechnung der Stichprobengröße viel zu klein. Das Ergebnis Ihrer Studie ist „negativ", aber wegen der kleinen Fallzahl wissen Sie nicht, ob wirklich kein Effekt vorhanden ist oder ob an Ihrer Hypothese doch etwas dran ist und Sie den Effekt nur „statistisch" nicht wahrnehmen können (Typ-II-Fehler). Sie haben die Arbeit schon an fünf Journale geschickt und sie wurde jedes Mal mit der Begründung abgelehnt, dass die Fallzahl viel zu gering sei. Letztlich geben Sie auf und die Arbeit landet im Altpapiercontainer. Die Arbeit wäre wahrscheinlich veröffentlicht worden, wenn Sie einen Unterschied gefunden hätten, auch wenn dieser nur durch Zufallsvariabilität bedingt gewesen wäre. Diese Systematik der Veröffentlichung bzw. Ablehnung ist durch mehrere Beobachtungsstudien nachgewiesen worden und der damit verbundene Fehler ist, so glauben wir, gut erkennbar. Diesen Fehler nennt man *Publication Bias,* der in der Regel zu einer Überschätzung der Effektgröße in Meta-Analysen führt.

Wenn „negative" Arbeiten doch veröffentlicht werden, dann sehr oft in lokalen Journalen und eventuell in nicht englischen Sprachen. Wenn man daher nur englischsprachige Arbeiten einschließt, kann es zu diesem so genannten *Language Bias* kommen, der eine Unterform des *Reporting Bias* ist. Auch wissen wir, dass nicht signifikante Studien mehrere Jahre später publiziert werden als solche mit signifikantem Ergebnis und auch eine geringere Wahrscheinlichkeit haben, in allen großen Datenbanken (zum Beispiel MEDLINE und EMBASE) abgebildet zu werden.

23.2.3 Heterogenität

23.2.3.1 Klinische Heterogenität

Heterogenität bedeutet, dass sich Studien hinsichtlich klinischer Merkmale so stark unterscheiden, dass sie nicht gut vergleichbar sind und eine quantitative Synthese daher nicht sinnvoll ist. Heterogenität ist kein Fehler, sondern ein klinisch relevanter Effekt, der als solcher beschrieben werden muss.

Ein Beispiel

Thoennissen (2001) hat untersucht, ob Bettruhe nach Lumbalpunktion das Auftreten von Kopfschmerzen verhindern kann (siehe auch Kapitel 17). Im Rahmen der systematischen Literatursuche konnten insgesamt 16 randomisierte kontrollierte Studien gefunden werden. Es wurden aber nicht nur Studien gefunden, die Bettruhe nach diagnostischer Liquorpunktion untersuchten ($n = 5$), sondern auch Studien, die Bettruhe nach Myelographie (eine Röntgenuntersuchung, bei der Kontrastmittel in den Subarachnoidalraum eingebracht wird) ($n = 6$) und Studien, die Bettruhe und Kopfschmerzen nach Spinalanästhesie untersuchten ($n = 5$). Da diese Gruppen sich hinsichtlich der Intervention deutlich unterscheiden, ist es wahrscheinlich nicht empfehlenswert, alle Studien in einen Topf zu werfen, also mathematisch zu kombinieren, sondern diese in „natürliche" Gruppen aufzuteilen (Kapitel 17, Abbildung 17.1).

Nun stellt sich die Frage, ob die einzelnen Studien innerhalb jeder Gruppe vergleichbar sind. In den Gruppen „diagnostische Lumbalpunktion" und „Myelographie" war dies scheinbar der Fall. In der Gruppe „Spinalanästhesie" fiel auf, dass eine Studie nur ältere Männer mit Prostatektomie untersuchte, eine Studie untersuchte nur Frauen, die Spinalanästhesie bei Geburt erhielten und eine Studie untersuchte nur junge Männer (< 40 Jahre). Die Autoren entschieden sich daher gegen eine quantitative Synthese der Studien in dieser Gruppe. Die Studien in den beiden anderen Gruppen wurden kombiniert.

Es gibt keine festen Regeln, ab wann die klinische Heterogenität so stark ist, dass man die einzelnen Studien nicht quantitativ kombinieren darf. Für diese Entscheidung sind klinische Kenntnisse und gesunder Menschenverstand notwendig.

23.2.3.2 Statistische Heterogenität

Neben der klinischen Heterogenität gibt es auch noch die so genannte statistische Heterogenität. Es gibt mathematische Methoden, wie man statistische Heterogenität berücksichtigen kann. Dies ist aber nur sinnvoll, wenn ausgeschlossen ist, dass statistische Heterogenität lediglich ein Ausdruck von klinischer Heterogenität ist. Derzeit wird die statistische Heterogenität mit der I^2 Statistik quantifiziert, die besagt, wie viel Prozent der Gesamtvariabilität durch Heterogenität zwischen den Studien erklärt werden. Meist spricht man ab einem I^2 von 40 % von relevanter statistischer Heterogenität, und das ist besonders für die Auswahl des statistischen Modells in der Meta-Analyse bedeutsam. Da dieser Text nur eine Einführung darstellt, verweisen wir diesbezüglich auf weiterführende Literatur am Ende des Kapitels.

23.3 Wie macht man eine „Meta-Analyse"?

Der erste Teil (a) entspricht dem der systematischen Literaturübersicht (siehe Kapitel 22). Dann muss man entscheiden, ob (b) klinische Heterogenität besteht. Wenn sie besteht, ist eine quantitative Synthese über alle Studien nicht zulässig. Wenn die Studien aus klinischer Sicht ausreichend homogen sind, muss man sie (c) auf statistische Heterogenität untersuchen. Danach muss man (d) die geeignete Methode zur quantitativen Synthese verwenden. Dann muss man (e) nach Hinweisen für *Reporting Bias* suchen. Es sollte auch untersucht werden, ob es (f) andere Störfaktoren gibt, die das Ergebnis empfindlich beeinflussen können. Letztlich müssen (g) die Ergebnisse präsentiert werden.

Die Punkte (a) bis (c) wurden bereits besprochen und wir gehen hier nur auf die anderen Punkte ein.

23.3.1 Die geeignete Methode zur quantitativen Synthese

Die quantitative Synthese ist, zumindest aus statistischer Sicht, das Kernstück der Meta-Analyse. Wenn die einzelnen Studien klinisch und statistisch homogen sind, kann man ein so genanntes *Fixed-effect*-Modell verwenden. Dieses Modell nimmt an, dass es für die untersuchte Intervention einen einzigen „wahren" Effekt gibt und die Effektgröße zwischen den einzelnen Studien nur unterschiedlich ist, weil es eben Zufallsvariabilität gibt (siehe Kapitel 9).

Wenn die Effektgröße der einzelnen Studien sehr stark variiert, obwohl diese klinisch scheinbar homogen sind, spricht man von statistischer Heterogenität. Die statistische Heterogenität wird am besten mit der I^2 Statistik quantifiziert wie oben beschrieben. In diesem Fall muss man ein *Random-effects*-Modell verwenden. Dieses Modell geht davon aus, dass die wahren Werte für die Effektgröße einer statistischen Verteilung folgen.

Wir können natürlich auch die Ergebnisse von Beobachtungsstudien in einer Meta-Analyse zusammenfassen. Dazu lassen sich im Prinzip die gleichen Methoden wie bei Meta-Analysen von randomisierten Studien anwenden, mit dem Unterschied, dass wir hier nur adjustierte Effekte einfließen lassen sollten. Sie erinnern sich, dass wir bei Beobachtungsstudien immer mit *Confounding* rechnen müssen, daher sind unadjustierte Effekte stets zweifelhaft (Kapitel 7, 12–15).

Etwas komplizierter wird es bei diagnostischen Studien. Hier gibt es ja typischerweise nicht nur einen Effekt im Sinne eines relativen Risikos aus zwei voneinander unabhängigen Gruppen, sondern Korrelationen auf verschiedenen Ebenen. Erstens haben wir es immer mit zwei Messungen pro Patient zu tun. Die Validität wird dann auch noch mit zwei Maßzahlen dargestellt, wie zum Beispiel Sensitivität und Spezifität, die wiederum voneinander abhängig sind. Daher finden hier recht komplizierte Regressionsmodelle Verwendung, die auf die unterschiedlichen Korrelationsstrukturen Rücksicht nehmen können. Wir verweisen unsere interessierten Leser auf weiterführende Literatur (Leeflang 2008).

23.3.1.1 Meta-Analysen mit individuellen Patientendaten

Die meisten Meta-Analysen verwenden aggregierte Daten, also Angaben und Effektgrößen auf der Ebene der Gruppe. Besser noch wäre es, wenn die Daten der einzelnen Patienten gepoolt werden könnten. Diese Form der Meta-Analyse findet man nur sehr selten, da viele Autoren die individuellen Daten nicht zur Verfügung stellen.

Je nach Modell, Anzahl der Studienteilnehmer und Anzahl der Ereignisse pro Studie und Studienarm wird für die einzelnen Studien ein Gewicht errechnet, das den Einfluss der jeweiligen Studie auf das Gesamtergebnis bestimmt.

23.3.2 Wie findet man Reporting Bias?

Eine Möglichkeit, nach *Reporting Bias* zu suchen, ist der so genannte *Funnel Plot* (*Funnel* heißt Trichter, da die Grafik im Idealfall wie ein symmetrischer Trichter aussehen sollte – siehe unten) (Egger 1997).

Je größer eine Studie ist, desto kleiner ist der Effekt – und umgekehrt, also je kleiner eine Studie ist, desto größer kann der beobachtete Effekt sein. Die Ursache dafür ist die Zufallsvariabilität mit dem dazugehörigen Stichprobenfehler, der umso größer ist, je kleiner eine Studie ist. Wenn man nun die Effektgröße (z. B. *Risk Ratio* oder *Odds Ratio*) gegen den Stichprobenfehler der Effektgröße (den Standardfehler – siehe Kapitel 26) aufträgt, sollte das Ergebnis wie ein Trichter aussehen. In der Studie von Thoennissen (2001) sieht man, dass die Studien nicht symmetrisch verteilt sind (Abbildung 23.3). Diese Asymmetrie kann durch *Reporting Bias* bedingt sein, aber auch durch statistische oder klinische Heterogenität, durch sehr kleine Studien oder einfach durch Zufall (leider ist das „wirkliche Leben" nicht so eindeutig wie Modellkonzepte).

Reporting Bias bedeutet ja, dass die Signifikanz in den Einzelstudien mit der Wahrscheinlichkeit, bei einer systematischen Suche gefunden zu werden, zusammenhängt. Wenn man also die signifikanten „Zonen" im *Funnel Plot* markiert, kann man solche Asymmetrien noch besser beurteilen. Diese Darstellung wird auch als *contour enhanced Funnel Plot* bezeichnet (Peters 2008).

Es gibt keinen Goldstandard für das Vorgehen, wenn der Verdacht auf *Reporting Bias* vorliegt. Eine Möglichkeit ist die so genannte *Trimm-and-fill*-Methode (Sutton

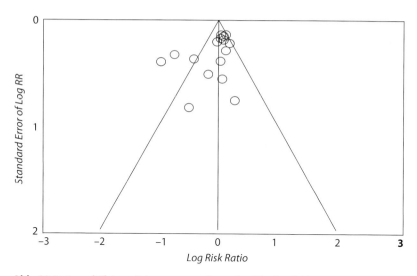

Abb. 23.3 *Funnel Plot* zur Erkennung von *Reporting Bias* (nach Thoennissen 2001). Die Effektgröße wird gegen ihren Standardfehler aufgetragen. Um eine symmetrische Grafik zu ermöglichen, muss
man den natürlichen Logarithmus der Effektgröße und des Standardfehlers verwenden. Wenn die Studien symmetrisch verteilt sind, so ist *Publication Bias* eher unwahrscheinlich (aber nicht ausgeschlossen). Asymmetrien der Grafik können durch *Publication Bias* bedingt sein, aber auch durch statistische
Heterogenität bzw. andere Formen des *Bias*

2000). Wenn der Verdacht auf *Reporting Bias* besteht, kann man (1) die Gesamteffektgröße A wie immer berechnen; (2) schließt man die Studien mit „zu viel" Effekt
(so genannte Ausreißer) aus; (3) berechnet man die Gesamteffektgröße B ohne die
Ausreißer neu; (3) setzt man die Ausreißer wieder ein und spiegelt sie um die vorher
errechnete Gesamteffektgröße B und errechnet nun die Gesamteffektgröße C mit den
Ausreißern und den gespiegelten Ausreißern. Wenn sich Effektgröße C nicht wesentlich von der ursprünglichen Effektgröße A unterscheidet, so ist *Reporting Bias* kein
Problem, egal ob vorhanden oder nicht. Wenn ein relevanter Unterschied besteht, so
muss man das sehr kritisch diskutieren, da der möglicherweise vorhandene *Bias* die
Ergebnisse empfindlich stören kann.

23.3.3 Gibt es andere Störfaktoren, die das Ergebnis beeinflussen können?

Neben dem schon oben erwähnten *Reporting Bias* (zwischen verschiedenen Studi-
en) gibt es noch andere mögliche Störfaktoren, wie etwa die Qualität innerhalb von
Studien (siehe Kapitel 7, 8 und 12). Hier kann man zum Beispiel eine Beurteilung
aus den oben erwähnten *Risk of Bias Tables* verwenden. Den Einfluss von möglichen
Störfaktoren untersucht man am besten mit einer so genannten Sensitivitätsanalyse.
Damit versucht man zu erfassen, wie sensitiv die Gesamteffektgröße auf bestimmte
Störgrößen reagiert. Wir können also untersuchen, ob der Effekt in Studien mit ge-

ringem *Bias*-Risiko anders ist als in Studien mit hohem *Bias*-Risiko. Auch hier gilt es, die Meta-Analyse kritisch zu hinterfragen, wenn relevante Störfaktoren vorhanden sind.

23.3.4 Die Präsentation von Meta-Analysen

Meta-Analysen sind Erweiterungen von systematischen Literaturübersichten und im Wesentlichen ebenso zu präsentieren (siehe Kapitel 22). Es ist sinnvoll, sich an Vorgaben zu halten, da man (1) Fehler vermeidet und (2) der Leser schnell erfassen kann, ob die Ergebnisse vertrauenswürdig sind.

Das *Cochrane*-Format ist der Goldstandard für die Durchführung und auch das Berichten von Meta-Analysen. Das *Cochrane Handbook of Systematic Reviews* (*www.cochrane-handbook.org*) stellt eine gute Leitlinie auch für das Berichten von Meta-Analysen randomisierter Studien dar. Ähnliches gilt für Meta-Analysen von diagnostischen Studien, wo derzeit allerdings nur das Fragment eines Handbuches vorliegt (*srdta.cochrane.org/handbook-dta-reviews*). Wenn es sich um eine Meta-Analyse von randomisierten, kontrollierten Studien handelt, empfehlen wir auch die Einhaltung der PRISMA-Leitlinien (*www.prisma-statement.org*), die die QUOROM-Leitlinien ersetzen. Meta-Analysen von Beobachtungsstudien sollten nach den MOOSE-Kriterien präsentiert werden (Meta-Analysis Of Observational Studies in Epidemiology) (Stroup 2000). Diese Leitlinien kann man ebenso unter *www.consort-statement.org* aufrufen. Einen guten Überblick und weitere Richtlinien, etwa zu Meta-Analysen mit individuellen Patientendaten oder genetischen Assoziationsstudien, finden Sie im EQUATOR-Netzwerk (*www.equator-network.org*).

23.4 Weiterführende Literatur

Wie schon erwähnt, sind manche Gebiete der Meta-Analyse noch relativ jung und entwickeln sich schnell. Als Grundlage empfehlen wir (auch in dieser Reihenfolge) die Bücher von Egger (2001b), Petiti (1994) oder Cooper (1994). Für alle, die an unterschiedlichen Modellen zur Analyse interessiert sind, ist das Buch von Whithead (2002) sehr zu empfehlen. Die Meta-Analyse ist ein junger Wissenschaftszweig. Es werden laufend neue Ergebnisse der Methodenforschung zum Thema veröffentlicht (das ist aber hauptsächlich für Afficionados relevant). Die *Cochrane Collaboration Methods Group* gibt regelmäßig einen Newsletter heraus, der gut geeignet ist, den Interessierten auf dem neuesten Stand zu halten (*www.cochrane.org*). Weiters gibt es dort auch hervorragendes Material zum Selbststudium (*www.cochrane-net.org/openlearning*).

Kapitel 24

Diagnostische Studien

▸ Diagnostische Tests werden verwendet, um anhand eines Wertes auf den Gesundheitszustand von Patienten zu schließen

▸ Kein Test ist perfekt, daher müssen wir Kennzahlen über die Gültigkeit beachten

▸ Die Gültigkeit eines klinischen Tests wird durch Sensitivität und Spezifizität definiert:

  ▪ Sensitivität: Wenn der Untersuchte krank ist, wie wahrscheinlich ist es, dass der Test positiv ist?

  ▪ Spezifizität: Wenn der Untersuchte frei von der Krankheit ist, wie wahrscheinlich ist es, dass der Test negativ ist?

▸ Die Wahrscheinlichkeit, ob ein Mensch krank ist, beeinflusst die Diagnose ganz wesentlich. Positiver und negativer Vorhersagewert beinhalten diese Wahrscheinlichkeit

▸ Die Vortest-Wahrscheinlichkeit kann auch explizit mitberechnet werden

▸ Diagnostische Studien unterscheiden sich methodisch von klassischen Beobachtungsstudien

24.1 Allgemeines

Diagnostische Tests kommen in der klinischen Praxis sehr häufig zur Anwendung. Das beginnt beim ersten Eindruck über den Allgemeinzustand unserer Patienten, betrifft initiale Vitalparameter, das klassische Abhören und reicht über Labortests bis zu apparativ aufwändigen radiologischen Methoden. Aber auch einfache Tests sind oft gar nicht so harmlos, wie das auf den ersten Blick scheinen mag. Vielleicht könnte man denken, dass es bei einem Schwangerschaftstest nicht so wichtig sei, ob das Ergebnis hundertprozentig korrekt ist, da sich eine Schwangerschaft ja ohnehin im Laufe der Zeit abzeichnet. Wenn wir uns aber etwa bei akuten Bauchschmerzen, basierend auf einem falsch negativen Test, für eine strahlenbelastende Untersuchung (mit höherer diagnostischer Aussagekraft) und nicht für die strahlenfreie Alternative (mit geringerer diagnostischer Aussagekraft) entscheiden, dann kann eben diese Folgeuntersuchung drastische Folgen für das ungeborene Kind haben. Oder wenn Sie sich vor Augen halten, dass relativ einfache Tests, wie etwa die Bestimmung des prostataspezifischen Antigen (PSA), bei positivem Befund unangenehme weitere diagnostische Tests – etwa eine Prostata-Biopsie – nach sich ziehen können. Es ist daher vernünftig, die Aussagekraft eines diagnostischen Tests formal zu beschreiben und in der Klinik zu berücksichtigen.

Wir gehen in diesem Kapitel davon aus, dass diagnostische Tests chemisch und physikalisch ausreichend stabil sind, dass sie im empfindlichen Messbereich eingesetzt werden und dass sie eine vernünftige Messwiederholbarkeit aufweisen (Kapitel 5). Wir widmen uns hier sehr speziell der Frage, wie gut ein diagnostischer Test die „Wahrheit" abbildet.

24.2 Wie erfasse ich die Gültigkeit einer Methode?

Der Vorgang, mit dem die Gültigkeit einer neuen Methode erfasst wird, nennt man Validierung. Dazu benötigt man immer einen so genannten Goldstandard, mit dem die neue Methode verglichen wird. Der Goldstandard ist, wie der Name schon sagt, die derzeit beste Möglichkeit, um den gefragten Parameter zu messen.

Ein paar (schwierige) Beispiele

Eine Lungenembolie wird meist durch Blutgerinnsel ausgelöst, die in den Bein- oder Beckenvenen gebildet und in die Lunge gespült werden und dort die Blutzirkulation stören. Der Goldstandard für die Diagnose der Lungenembolie ist die Angiographie, bei der die Lungenarterien durch Röntgenkontrastmittel dargestellt werden. Mittlerweile kann man mit speziellen Computertomographietechniken beinahe ebenso gute Bilder machen; weniger ausgedehnte oder sehr peripher gelegene Pulmonalembolien kann man aber nicht so gut erkennen. Im Vergleich zur Computertomographie ist die Angiographie ein relativ invasiver Eingriff, da man einen Katheter in das rechte Herz einbringen muss. Obwohl die Lungenangiographie der „echte" Goldstandard ist, wird diese Methode zusehends von der Computertomographie als neuer Standard abgelöst.

Wenn Herzmuskelzellen im Rahmen eines Herzinfarktes zerfallen, werden deren Bestandteile ausgeschwemmt und sind dann im Blut messbar; so zum Beispiel die Creatin Kinase (bzw. deren MB Fraktion), die seit den 80er Jahren, gemeinsam mit dem EKG und/oder den klinischen Beschwerden der Patienten, der Goldstandard für die Herzinfarktdiagnostik ist. Creatin Kinase (CK) kommt aber auch in großen Mengen im Skelettmuskel vor, und wenn gleichzeitig ein Muskeltrauma vorliegt, kann man oft nicht sicher sagen, ob die CK-Auslenkung durch eine Schädigung von Herzmuskelzellen

> oder Skelettmuskelzellen bedingt ist. Troponin T und I sind Marker, die nur im Herzmuskel vorkommen und nun seit mehreren Jahren messbar sind. Sie können sich vorstellen, dass es verwirrend sein kann, wenn ein neuer Marker validiert wird, der in manchen Belangen „besser" ist als der Goldstandard.

Mit diesen beiden Beispielen wollten wir zeigen, dass Goldstandards in biologischen Systemen trotzdem fehlerhaft (wie die CK) oder zu aufwändig (wie die Angiographie der Lungengefäße) sein können, aber zur gegebenen Zeit die beste Methodik darstellen.

Wenn man einen Test validieren möchte, muss man unterscheiden, ob es sich (1) um kontinuierliche Messwerte handelt oder (2) ein binäres Ergebnis (krank *oder* nicht krank).

24.2.1 Die Validierung einer kontinuierlichen Messung

Wir möchten den Vorgang gerne anhand eines Beispiels durchspielen. Sie haben eine neue elektronische Waage gekauft und wollen endlich das alte mechanische Ding im Badezimmer loswerden. Die neue Waage ist vom staatlichen Eichamt geeicht und für unsere Zwecke der Goldstandard. Als Sie gerade die alte Waage entsorgen wollen, überlegen Sie sich, wie falsch die alte Waage eigentlich gemessen hat, und wollen das durch eine „klinische" Studie erfassen.

Sie benötigen dazu mehrere Testpersonen, deren Gewicht mit beiden Waagen gemessen wird. Jede Testperson darf nur je einmal mit jeder Waage gemessen werden (das ist eine der wichtigsten Regeln für die Validierung). Sie machen also eine Party, um so an Probanden zu gelangen. Hier taucht möglicherweise das erste Problem auf: Ihre Freunde sind fast alle normalgewichtig, das heißt, Sie validieren die Waage nur für einen bestimmten Gewichtsbereich. Für die eigene Waage mag das wohl ausreichen, für richtige klinische Tests ist das nicht so. Wenn Sie es wirklich wissen wollen, laden Sie auch Kinder aus allen Altersklassen sowie ein paar Mitglieder der *Weight Watchers* ein. So decken Sie bestimmt einen weiten Gewichtsbereich ab.

Es kommen 19 Freunde und Verwandte zur Party: Es sind auch ein paar Kinder dabei sowie ein übergewichtiger Onkel und ein übergewichtiger Großvater und es wird ein breiter Gewichtsbereich abgedeckt (Tabelle 24.1).

Nun berechnet man für jedes Messwertepaar (1) die Differenz zwischen dem Messwert mit alter Waage und neuer Waage und (2) den Durchschnittswert aus der alten und der neuen Messung. Den Durchschnittswert trägt man auf der *x*-Achse auf und die Differenz auf der *y*-Achse. Mit dieser graphischen Darstellung, dem Bland-Altman-*Plot* – benannt nach seinen Erfindern (Bland 1986), kann man sehr schön sehen, wie die Messwerte sich voneinander in Abhängigkeit von der absoluten Größe unterscheiden. In unserem Beispiel sieht man, dass die alte Waage die Messwerte der neuen Waage so gut wie immer überschätzt, und zwar im Durchschnitt um 1.100 g (Abbildung 24.1). Die Linie in der Mitte entspricht dem Durchschnittswert,

Tabelle 24.1 Partyteilnehmer, die mit der neuen und der alten Waage gewogen werden. Das Gewicht ist in Gramm angegeben

Person	Alte Waage	Neue Waage
1	16.000	13.000
2	20.000	18.000
3	29.000	27.000
4	45.000	44.000
5	51.000	50.000
6	53.000	52.500
7	58.000	57.000
8	61.000	60.500
9	63.000	63.000
10	68.000	67.800
11	71.000	69.000
12	74.000	73.900
13	79.000	79.000
14	81.000	80.500
15	84.000	83.000
16	87.000	86.900
17	91.000	90.000
18	97.000	95.000
19	102.000	99.000

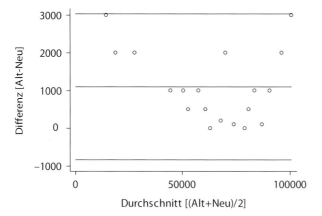

Abb. 24.1 Die Übereinstimmung zweier Messmethoden zeigt man am besten, wenn man die Differenz der Messwerte gegen den Durchschnitt der zwei jeweiligen Messwerte aufträgt (Bland-Altman-Plot). „Alt" entspricht Messwerten mit alter Waage gemessen; „Neu" entspricht Messwerten mit neuer Waage gemessen. Die *mittlere Linie* entspricht der durchschnittlichen Abweichung, die beiden *Linien ober- und unterhalb* sind jeweils zwei Standardabweichungen entfernt und entsprechen den *Limits of Agreement*

die Linien oben und unten nennt man *Limits of Agreement* und liegen jeweils zwei Standardabweichungen ober- und unterhalb des Durchschnitts. Wie in Kapitel 22 beschrieben, liegen etwa 95 % aller Messwerte innerhalb dieser zwei Standardabweichungen.

24.2.2 Die Validierung eines klinischen Tests mit binärem Ergebnis

Bei klinischen Tests handelt es sich in vielen Fällen zwar auch um biometrische Messungen, aber um Sonderformen, da meist das Vorhandensein bzw. das Nichtvorhandensein einer Erkrankung von Interesse ist. Hier geht es daher meistens um die Validierung eines binären Parameters (krank *v* nicht krank). Wie oben erwähnt muss man einen neuen Test am Goldstandard validieren. Durch den Goldstandard wissen wir, ob der Patient die gesuchte Krankheit hat oder nicht (Tabelle 24.2). Weiters haben wir bei unserem neuen Test positive und negative Ergebnisse.

Tabelle 24.2 Partyteilnehmer, die mit der neuen und der alten Waage gewogen werden. Das Gewicht ist in Gramm angegeben

	Krank	**Nicht krank**
Test positiv	*a*	*c*
Test negativ	*b*	*d*
Sensitivität	$a/(a+b)$	
Spezifizität	$d/(c+d)$	
Positiver Vorhersagewert	$a/(a+c)$	
Negativer Vorhersagewert	$d/(b+d)$	

Die Gültigkeit eines klinischen Tests wird durch die Sensitivität und die Spezifizität bestimmt. Sensitivität ist die Wahrscheinlichkeit, dass ein Test positiv ist, wenn der Untersuchte krank ist $[a/(a+b)]$. Spezifizität ist die Wahrscheinlichkeit, dass ein Test negativ ist, wenn der Untersuchte gesund ist $[d/(c+d)]$. Diese Angaben beziehen sich nur auf den Test und sind konstante Eigenschaften desselben. Das heißt, wenn wir den Test validiert haben und an einem anderen Kollektiv verwenden (und wir keine Fehler bei der Anwendung machen) so bleiben Sensitivität und Spezifizität konstant.

Ein (erfundenes) Beispiel

Rinderwahn [oder Bovine Spongiforme Enzephalopathie (BSE)] kann, selten aber doch, auch beim Menschen auftreten. Beim Menschen heißt die Erkrankung dann *New-variant* Creutzfeld-Jakob Erkrankung. Die Übertragung erfolgt durch Prionen, die uns Menschen wahrscheinlich durch den

Verzehr erkrankter Tiere erreichen. Als die erste Auflage dieses Buches entstand, war es unklar, ob die wenigen Erkrankungsfälle bei Menschen, die es bislang gab, nur Ausnahmen waren, oder ob uns eine Epidemie von ungeahntem Ausmaß bevorstand. Es war nämlich unklar, wie lange die Inkubationszeit dauert – die Zeit von der Infektion bis zum Ausbruch der Erkrankung. Manche Spezialisten haben befürchtet, dass vielleicht tausende Menschen bereits infiziert sind und die Erkrankung erst viele Jahre später ausbricht. Derzeit sieht es so aus, als wäre das nicht der Fall (ganz schön vorsichtig formuliert). In den letzten 15 Jahren gab es in Europa etwa 200.000 Fälle von Rinderwahn und der Höhepunkt der Epidemie war 1992 mit 35.000 Fällen; 2003 gab es < 1.000 Fälle. Es sind etwa 150 menschliche Fälle von „BSE" bekannt, mit einem Höhepunkt von 28 Fällen 2000; 2003 wurden 18 Fälle bekannt. Anhand dieser Verlaufskurven ist es nicht sehr wahrscheinlich, dass noch viele Menschen neu erkranken werden. Um eine neuerliche Epidemie bei Tieren und dann vielleicht auch bei Menschen zu verhindern, ist die rechtzeitige Erkennung bei Tieren notwendig, um diese umgehend zu schlachten.

Um bei Tieren die Krankheit nachzuweisen, sind aufwändige Tests mit Gewebsproben notwendig. Sie glauben, einen einfachen Test gefunden zu haben, mit dem man im Speichel der Tiere diese Prionen nachweisen kann. Der erste Schritt der Validierung ist, eine Gruppe von nachweislich gesunden Tieren (z. B. 100) und eine Gruppe von nachweislich kranken Tieren zu untersuchen (z. B. 100) (Tabelle 24.3). Unser Goldstandard ist die aufwändige Gewebsprobe.

Tabelle 24.3 50 % Gesunde, 50 % Kranke

	BSE	Kein BSE
Test positiv	95	5
Test negativ	5	95

Die Prävalenz der Erkrankung beträgt (nach Tabelle 24.3) 50 % weil es keine richtige Stichprobe ist, sondern von uns so zusammengestellt wurde. Die Sensitivität des Tests ist 95 % $[= 95/(5 + 95)]$. Das heißt, wenn ein Tier krank ist, so wird es zu 95 % durch den positiven Test erkannt. Die Spezifität beträgt auch 95 % $[= 95/(5 + 95)]$. Das heißt, wenn ein Tier nicht an BSE erkrankt ist, so wird es zu 95 % durch den negativen Test als BSE-frei erkannt. Auch hier sollte man 95 %-Konfidenzintervalle errechnen (siehe Kapitel 23), die für beide Testangaben von 91 % bis 99 % reichen. Wenn man es genauer wissen will, muss man mit größeren Stichproben arbeiten.

Die zuständige Aufsichtsbehörde, zum Beispiel das Landwirtschaftsministerium, ist mit der Validierung vorerst zufrieden, will aber noch eigene Versuche mit Ihrem Speicheltest machen. Es werden zwei Herden untersucht, die eine mit einer extrem hohen Prävalenz an BSE (83 %), die andere auch mit einer hohen Prävalenz (9 %) (Tabelle 24.4).

Tabelle 24.4 Beispiel einer sehr, sehr häufigen Krankheit (Herde 1, Prävalenz 83 %) und einer sehr häufigen Krankheit (Herde 2, Prävalenz 10 %)

	Herde 1		Herde 2	
	BSE	Kein BSE	BSE	Kein BSE
Test positiv	95	1	95	50
Test negativ	5	19	5	950

Bei beiden Versuchen zeigt sich, dass Sensitivität und Spezifität jeweils 95 % sind (bitte unter Zuhilfenahme der Formeln und der Vorgaben in Tabelle 24.2 nachrechnen). Dass heißt, Ihr Test ist zwar nicht so gut wie der Goldstandard, aber gültig. Obendrein ist die Wiederholbarkeit auch ausgezeichnet (was bei vielen Tests nicht so ist). Was passiert, wenn man nun diesen Test verwendet, um alle Viehbestände einer Region auf BSE zu untersuchen?

24.3 Die Anwendung eines klinischen Tests

Wenn wir einen diagnostischen Test nun anwenden, müssen wir die Perspektive ein wenig ändern. Wenn wir in der Praxis ein individuelles Testergebnis interpretieren sollen, interessiert uns nämlich nicht, wie groß die Wahrscheinlichkeit ist, einen positiven Test zu bekommen, wenn der Patient krank ist (Sensitivität). Wir haben ein Testergebnis (z. B. „positiv") und es interessiert uns, wie groß die Wahrscheinlichkeit ist, dass der Untersuchte krank ist, wenn der Test positiv ist [Tabelle 24.2: $a/(a + c)$]. Diesen Wert nennt man den positiven Vorhersagewert.

Analog dazu ist es auch aus klinischer Sicht nicht bedeutend zu wissen, mit welcher Wahrscheinlichkeit ein Test bei Gesunden negativ sein wird (Sensitivität). Es interessiert uns, wie groß die Wahrscheinlichkeit ist, dass der Untersuchte gesund ist, wenn der Test negativ ist [Tabelle 24.2: $d/(b + d)$]. Diesen Wert nennt man den negativen Vorhersagewert.

Die Vorhersagewerte werden zwar durch Sensitivität und Spezifität bestimmt, aber auch durch die Prävalenz einer Erkrankung beeinflusst. Der positive Vorhersagewert des Speicheltests in Herde 1 ist [$95/(95 + 1) =$] 99 % und in Herde 2 nur 66 % [$= 95/(95 + 50)$]. Der negative Vorhersagewert in Herde 1 beträgt 79 % [$= 19/(19 + 5)$] und in Herde 2 beträgt er 99,5 % [$= 950/(950 + 5)$]. Das bedeutet, wenn BSE extrem häufig ist, so wird der Test die meisten kranken Tiere richtig entdecken, aber wenn der Test negativ ist, sind trotzdem ein beträchtlicher Teil der Tiere erkrankt. Wenn die Prävalenz gering ist, so hat ein beträchtlicher Anteil der im Test positiven Tiere doch nicht BSE (33 % in unserem Beispiel), aber wenn der Test negativ ist, kann man relativ sicher sein, dass das Tier nicht an BSE erkrankt ist.

Seit einiger Zeit sind nun auch in Österreich die ersten BSE-Fälle bekannt. Trotzdem ist zu vermuten, dass die Prävalenz hierzulande sehr gering ist. In einer Region mit 0,002 % Prävalenz (Tabelle 24.5) ist der positive Vorhersagewert 4 %

Tabelle 24.5 Beispiel einer seltenen Krankheit (Prävalenz 0,002 %)

	Krank	Nicht krank
Test positiv	19	500
Test negativ	1	9.500

$[= 19/(19 + 500)]$ und der negative Vorhersagewert ist 99,9 % $[= 9500/(9500 + 1)]$. Das heißt, wenn der Test positiv ist, bedeutet das noch lange nicht, dass das Tier BSE hat, daher sind weitere Tests notwendig. Wenn aber der Test negativ ist, so ist das Tier mit an Sicherheit grenzender Wahrscheinlichkeit nicht BSE-krank.

In der klinischen Praxis interessieren uns vor allem der positive und der negative Vorhersagewert.

Wir haben also gesehen, dass die Wahrscheinlichkeit der Erkrankung schon bevor wir einen Test durchführen (wir haben sie oben als Prävalenz bezeichnet) ganz entscheidend die Wahrscheinlichkeit der Erkrankung abhängig vom Testergebnis beeinflusst. Wir können also auch von einer Vortest-Wahrscheinlichkeit und einer Nachtest-Wahrscheinlichkeit sprechen. Der berühmte englische Pastor Thomas Bayes hat genau beschrieben, wie der Zusammenhang zwischen Vortest-Wahrscheinlichkeit, Testergebnis und der daraus resultierenden Nachtest-Wahrscheinlichkeit berechnet werden kann. Damit haben wir die Möglichkeit, für jede klinische Situation relativ genau eine sinnvolle diagnostische Aussage zu treffen. Dazu brauchen wir:

(1) Die Vortest-Wahrscheinlichkeit, die wir etwa über die Prävalenz der gesuchten Erkrankung in unserer Ambulanz ganz gut schätzen können. Klinische Risiko-*Scores* können hier noch individuell exaktere Wahrscheinlichkeiten angeben. Der *Wells Score* beispielsweise gibt uns sehr brauchbare Häufigkeiten einer Lungenembolie für die jeweilige klinische Konstellation von Risikofaktoren in Prozentwerten an.

(2) Weiters brauchen wir einen vernünftigen Parameter, der uns die Validität des Tests mit einer Zahl beschreibt. Hier gibt es eine einfache Lösung: Wenn wir Sensitivität und Spezifizität kombinieren, erhalten wir eine *Likelihood Ratio*. Im Falle eines positiven Tests ist die *Likelihood Ratio* (+) = Sensitivität/(1-Spezifizität) und bei einem negativen Test ist die *Likelihood Ratio* (−) = (1-Sensitivität)/Spezifizität.

Diese *Likelihood Ratios* kann man einerseits aus publizierten Sensitivitäten/Spezifizitäten rasch ausrechnen, oder man greift auf bestehende Sammlungen zurück (beispielsweise http://ktclearinghouse.ca/cebm/toolbox/lr).

Da die Formel für die Kombination von Vortest-Wahrscheinlichkeit und *Likelihood Ratio* etwas umständlich ist, empfehlen wir entweder ein kleines Rechenprogramm zu verwenden, wie es sie für alle Smartphones und Ähnliches gibt, auf Online-Rechner auszuweichen (zum Beispiel auf *www.cebm.net*) oder ein Nomogramm (Abbildung 24.1) zu verwenden.

Ein Beispiel aus dem klinischen Alltag

Jeder vernünftige Mediziner denkt bei jüngeren Patienten mit Unterbauch-schmerz rechts auch an eine Blinddarmentzündung als wichtige Differenti-aldiagnose. Als diagnostische Kriterien kommen neben vielen informellen „diagnostischen" Eindrücken die Abtastung des Bauches (Palpation) mit der speziellen Frage nach einem charakteristischen Schmerz beim raschen Los-lassen (Loslassschmerz) und der Nachweis einer erhöhten Anzahl weißer Blutkörperchen (Leukozytose) im Blutbild zur Anwendung.

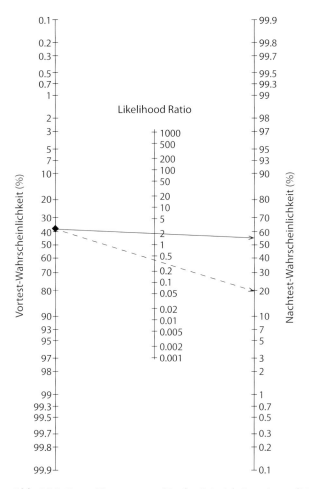

Abb. 24.2 Fagan Nomogramm. Für das Beispiel einer Appendizitis gehen wir von einer Vortest-Wahrscheinlichkeit von 38 % aus. Die *Likelihood Ratios* für den klinischen Test „Loslassschmerz" sind 1,99 (Loslassschmerz liegt vor) oder 0,39 (Loslassschmerz liegt nicht vor). Eine Fortsetzung der Li-nien ergibt die Nachtest-Wahrscheinlichkeit, also die Wahrscheinlichkeit, dass die Diagnose vorliegt, *nachdem wir den Test durchgeführt haben*

Wie sicher können wir uns also sein, dass wir eine Appendizitis richtig diagnostizieren (und dann operieren) oder richtig ausschließen und unseren Patienten als „gesund" entlassen oder nach anderen Differentialdiagnosen fahnden?

Da stellt sich also zuerst die Frage nach der Vortest-Wahrscheinlichkcit. Eine rasche Literatursuche bringt uns etwa auf eine Meta-Analyse von Andersson (Andersson 2004). Hier können wir sehen, dass 38 % aller Patienten, die sich mit Unterbauchschmerz rechts – und damit suspekt auf eine Appendizitis – präsentieren, tatsächlich (bestätigt durch Operation) eine Appendizitis haben. Diese Zahl eignet sich schon ganz gut als Vortest-Wahrscheinlichkeit. Ebenso finden wir hier *Likelihood Ratios* für relevante klinische Tests: Wenn Loslassschmerz vorliegt, ist die *Likelihood Ratio* 1,99, liegt kein Loslassschmerz vor, ist die *Likelihood Ratio* 0,39.

Wenn wir diese Werte nun in das so genannte Fagan Nomogramm einfügen und die Linie zwischen Vortest-Wahrscheinlichkeit und der jeweiligen *Likelihood Ratio* fortsetzen, erhalten wir die jeweilige Posttestwahrscheinlichkeit.

Die Nachtest-Wahrscheinlichkeit beträgt also 55 %, wenn unser Patient einen Loslassschmerz hat, und etwa 20 %, wenn kein Loslassschmerz vorliegt. Loslassschmerz alleine ist also eine schlechte Basis für ein definitives Vorgehen: Bei einem positiven Test würden wir knapp die Hälfte der Patienten unnötig operieren, bei negativem Test jeden Fünften (20 %) trotz Appendizitis entlassen.

Wenn wir etwa Loslassschmerz mit einem Blutbild kombinieren, können wir die Trefferwahrscheinlichkeit unserer Diagnose deutlich erhöhen. Für die Kombination aus positivem Loslassschmerz und Leukozytose ist die *Likelihood Ratio* 11,4, wenn weder Loslassschmerz noch eine Leukozytose vorliegen, ist die *Likelihood Ratio* 0,14. Sie können nun selbst am Nomogramm versuchen, sich die Nachtest-Wahrscheinlichkeiten zu ermitteln. Wenn Sie 87 % beziehungsweise 8 % erhalten haben, liegen Sie genau richtig. Diese Werte sehen auch vernünftiger aus, um eine angemessene klinische Entscheidung zu treffen.

Auch diese Methode hat natürlich ihre Einschränkungen. Wir müssen immer bedenken, wie diese Messwerte zustande kommen. Wir werden weiter unten Schwachstellen bei diagnostischen Studien beleuchten. Außerdem unterliegen solche Maßzahlen immer einer Zufallsschwankung, es ist also vernünftig, sich auch die Konfidenzintervalle für die Nachtest-Wahrscheinlichkeit anzusehen. Wie wir dann eine Nachtest-Wahrscheinlichkeit in unser Handeln einfließen lassen, hängt sicherlich von der Tragweite der Intervention oder deren Unterlassung ab. Wenn ich mich zu einer Herzoperation entschließe, erwarte ich mir eine höhere Nachtest-Wahrscheinlichkeit als wenn die Konsequenz der Diagnose die Verschreibung eines „banalen" Schmerzmittels ist. Ähnliches gilt für negative Tests: Wenn ich einen Herzinfarkt ausschließe, dann möchte ich mir sehr sicher sein, weil die Konsequenz des

„falsch" negativen Befundes (erhöhtes Risiko für plötzlichen Herztod) sehr dramatisch ist. Jedenfalls haben wir hier eine Methode zur Hand, wie wir objektiv über Stärken und Schwächen von klinischen Tests in verschiedenen klinischen Situationen kommunizieren und urteilen können. Viele Kollegen sind erstaunt, wie viel Unsicherheit wir bei gut etablierten diagnostischen Tests mitberücksichtigen müssen.

24.4 Das Besondere an der Meta-Analyse diagnostischer Studien

24.4.1 Studiendesign diagnostischer Studien

Um die Wirksamkeit eines diagnostischen Tests zu überprüfen, wäre eine randomisiert kontrollierte Studie, in welcher der Effekt eines diagnostischen Tests in einer aktiven Gruppe versus einer Kontrollgruppe auf einen klinisch relevanten Endpunkt untersucht wird, das wünschenswerte Design. Das ist ausgesprochen aufwändig und deshalb finden wir solche Studien nur sehr selten. Es gibt deswegen einfachere Studiendesigns, in denen typischerweise untersucht wird, wie die Übereinstimmung eines diagnostischen Tests mit einem anerkannten Diagnosestandard (Referenztest) ist. Dazu werden Querschnittstudien verwendet, wo die Resultate des Tests und der Referenz zu einem annähernd gleichen Zeitpunkt ermittelt werden (siehe Kapitel 13). Der wesentliche Unterschied zu den klassischen Beobachtungsstudien besteht darin, dass nicht zwei Gruppen (zum Beispiel exponierte versus nicht exponierte) verglichen werden, sondern von jedem Individuum zwei Werte (Test und Referenz) in ihrer Übereinstimmung betrachtet werden. So kommen die Sensitivität, die Spezifizität und die anderen Testcharakteristika zustande.

Bei solchen diagnostischen Studien gibt es nun im Wesentlichen zwei Methoden, wie man die Individuen einschließen kann. Die bessere Variante beruht auf einem Einschluss von Individuen, die prinzipiell für die gesuchte Diagnose in Frage kommen (eine diagnostische Kohorte), und bei allen wird dann Test und Referenz ausgewertet. Weil hier eine unselektionierte Kohorte untersucht wird, spricht man auch von der diagnostischen Kohortenstudie, obwohl es sich formal natürlich um eine Querschnittstudie handelt.

Die schlechtere (aber praktischere) Methode geht von Patienten aus, die bereits die Referenzdiagnose erhalten haben. Bei diesen Patienten wird der neue Test angewendet. Daneben wird der neue Test auch bei anderen Individuen angewendet, die in der Referenzdiagnose negativ sind. Das sieht so ähnlich aus wie ein Fall-Kontrolldesign und deshalb spricht man hier auch von der diagnostischen Fall-Kontrollstudie, wiederum natürlich formal eine Querschnittstudie. Wie auch bei der klassischen Fall-Kontrollstudie ist natürlich auch hier die Selektionierung der Kontrollen ein sehr heikler Punkt.

24.4.1.1 Methodologische Qualität von diagnostischen Studien

Auch wenn es sich prinzipiell um Querschnittstudien handelt, haben die diagnostischen Studien ein paar spezielle methodologische Aspekte, auf die bei kritischer Überprüfung besonders geachtet werden sollte. Das derzeit allgemein akzeptierte Instrument zur systematischen Qualitätsüberprüfung basiert auf einem modifizierten QUADAS-Konzept (Whiting 2003) und ist im *Cochrane Handbook for Systematic Reviews of Diagnostic Test Accuracy* detailliert beschrieben (Reitsma 2009). Anhand von elf Fragen können die wesentlichen Schwachstellen identifiziert werden.

Weitere optionale Punkte umfassen etwa die Fragen, ob *Cut-off*-Werte a priori festgelegt waren, ob die Technologie der Tests über die Studiendauer unverändert blieb, ob das Studienpersonal ausreichendes Training hatte und ob es finanzielle Abhängigkeiten gab.

Tabelle 24.6 Modifiziertes QUADAS-Instrument

Repräsentatives Spektrum	Waren die Studienpatienten repräsentativ für die Population, in der der Test angewendet werden soll?
Akzeptabler Referenztest	Ist der Referenztest geeignet, die gesuchte Diagnose verlässlich zu identifizieren?
Akzeptables Zeitintervall zwischen den Tests	Ist der zeitliche Abstand zwischen dem untersuchten Test und dem Referenztest kurz genug, dass sich die gesuchte Diagnose nicht verändert hat?
Partielle Verifikation vermieden	Wurde bei der gesamten Studienpopulation oder einer Zufallsstichprobe die Diagnose mit dem Referenztest gesichert?
Differentielle Verifikation vermieden	Wurde bei allen Studienteilnehmern der gleiche Referenztest verwendet, vor allem unabhängig vom untersuchten Test?
Inkorporation vermieden	War der Referenztest unabhängig vom untersuchten Test (das heißt, der untersuchte Test war nicht Teil des Referenztests)?
Untersuchter Test verblindet	Wurden die Ergebnisse des Referenztests ohne Kenntnis über das Resultat des untersuchten Tests interpretiert?
Referenztest verblindet	Wurden die Ergebnisse des untersuchten Tests ohne Kenntnis über das Resultat des Referenztests interpretiert?
Relevante klinische Information	Waren bei der Interpretation des untersuchten Tests dieselben klinischen Informationen verfügbar wie das in der klinischen Praxis üblich ist?
Unklare Ergebnisse berichtet	Wurden nicht interpretierbare oder unklare Ergebnisse berichtet?
Ausgeschlossene Individuen berichtet	Wurden aus der Studie ausgeschlossene Individuen ausreichend berichtet?

24.4.2 Von einzelnen Studien zur Meta-Analyse

Die systematische Suche nach diagnostischen Studien ist aufwändiger als für randomisiert kontrollierte Studien. Das liegt einerseits daran, dass in vielen Gebieten mehr diagnostische Studien vorhanden sind und dass die Suchmethoden noch nicht so ausgereift sind, um sensitive und gleichzeitig präzise Suchergebnisse zu erhalten. Jedenfalls sollten wieder MEDLINE und EMBASE abgesucht werden. Ein *Cochrane Register of Diagnostic Test Accuracy Studies* ist derzeit in Arbeit. Natürlich sollten Referenzen von anderen Reviews berücksichtigt werden. Die Suchsyntax sollte den zu untersuchenden Test beinhalten sowie den Referenztest und die zugrunde liegende Diagnose. Auch sollten MeSH- und EMTREE-Begriffe verwendet werden. Aus Mangel an funktionierenden Methodenfiltern wird derzeit von deren Verwendung abgeraten.

Wie bei herkömmlichen Meta-Analysen kommt nach der systematischen Suche eine systematische Beurteilung der Studienqualität, wie wir sie oben anhand der QUADAS-Methode beschrieben haben. In Sensitivitätsanalysen kann dann untersucht werden, ob Mängel in der Studienqualität die Robustheit der Analyse beeinträchtigen.

In der Meta-Analyse können dann Sensitivität, Spezifität, positive und negative Vorhersagewerte und *Likelihood Ratios* zu einem gewichteten Mittelwert zusammengerechnet werden. Auch lässt sich eine *summary Diagnostic Odds Ratio* (*sDOR*) berechnen, die ähnlich wie die herkömmliche *Odds Ratio* mathematisch relativ einfach zu handhaben ist, in ihrer Aussagekraft allerdings nur beschränkt nützlich ist.

Leider ist die Mathematik der diagnostischen Meta-Analyse insgesamt recht komplex und aktuell in rascher Entwicklung begriffen (Kapitel 23). Wir verweisen unsere interessierten Leser auf die Seite der Cochrane Collaboration, die hier wesentliche Entwicklungen vorantreibt (*srdta.cochrane.org*).

24.5 Was ist Screening?

Der oben beschriebene Speichel-BSE-Test scheint sich für ein Screening-Programm ganz gut zu eignen. Screening bedeutet, dass eine Population von asymptomatischen Personen (in unserem Beispiel Tiere) auf eine Frühphase bzw. Vorläufer einer Erkrankung hin untersucht wird. Das Ziel des Screenings ist üblicherweise, eine Erkrankung frühzeitig zu erkennen, um diese rechtzeitig behandeln zu können und dadurch die Prognose zu verbessern. In unserem Tierbeispiel geht es darum, Erkrankungen zu erkennen, um die Tiere schlachten zu können, ehe eine Übertragung auf den Menschen stattfinden kann.

Um ein Screening-Programm einzurichten, sollten die von der WHO definierten Vorgaben erfüllt sein (Tabelle 24.7) (Wilson 1968).

Ob ein Screening-Programm die Prognose wirklich verbessert, ist oft schwierig zu beurteilen, da es mehrere Möglichkeiten für *Bias* gibt (siehe Kapitel 7). Teilnehmer eines Screening-Programms unterscheiden sich hinsichtlich ihres Risikoprofils von den Nichtteilnehmern (*Selection Bias*). Die frühere Entdeckung einer Erkrankung führt möglicherweise zu einem „längeren" Verlauf (eher einer längeren Beobachtung des Verlaufs), unabhängig von der Therapie, was aber als längeres Überleben gedeutet werden könnte (*Lead Time Bias*). Innerhalb einer Erkrankung gibt es Krankheitsfor-

Tabelle 24.7 WHO-Kriterien für ein Screening-Programm

- Die Erkrankung soll ein bedeutsames Gesundheitsproblem sein
- Der natürliche Verlauf der Erkrankung, von der latenten Phase bis zur manifesten Erkrankung, muss bekannt sein
- Es soll eine wirksame Behandlung vorhanden sein
- Es soll klare Richtlinien für die Indikation zur Behandlung geben
- Diagnosestellung und Behandlung müssen technisch machbar sein (gilt vor allem für große Fallzahlen)
- Die Erkrankung muss eine diagnostizierbare Frühphase haben
- Es muss einen gültigen und anwendbaren klinischen Test für die Diagnose geben
- Der Test muss für die Bevölkerung annehmbar sein
- Die wirtschaftlichen Kosten müssen in einem annehmbaren Verhältnis zum Nutzen des Programms stehen
- Screening ist ein kontinuierlicher Prozess, keine kurzfristige Aktivität

men, die unterschiedlich verlaufen. Durch Screening können Krankheitsformen entdeckt werden, die langsamer verlaufen (*Length Time Bias*) oder sogar harmlos sind (Überdiagnose-*Bias*). Das heißt, „mehr schauen" ist nicht unbedingt auch besser.

Wünschenswert wäre es, ein Screening-Programm nicht einfach zu implementieren, sondern vorher im Rahmen randomisiert kontrollierter Studien ausreichend zu untersuchen.

Ein gutes Beispiel für die Problematik des Themas ist Brustkrebs-Screening. Es erscheint logisch, dass man die Prognose von Patientinnen mit Brustkrebs verbessern kann, wenn man die Erkrankung durch regelmäßige Untersuchungen frühzeitig entdeckt. Eindeutige Beweise für eine Verbesserung der Prognose durch Brustkrebs-Screening gibt es leider nicht (Gøtzsche 2009), wobei es natürlich Studien zu diesem Thema gibt. Das Problem mit den vorhandenen Studien aber ist, dass manche methodische Schwächen aufweisen und ein Überlebensvorteil durch das Screening-Programm nicht eindeutig nachgewiesen ist. Das bedeutet nicht, dass Brustkrebs-Screening nicht hilft, sondern dass wir nicht wissen, ob es hilft. Was man aber nachweisen kann, ist, dass Brustoperationen und Strahlentherapie häufiger vorkommen, wenn Frauen an einem Screening-Programm teilnehmen. Ob Brustkrebs-Screening wirksam ist oder nicht, wird extrem emotional diskutiert und wir bezweifeln, dass es jemals ausreichend Evidenz geben wird.

24.6 Weiterführende Literatur

Wie man Sensitivität, Spezifizität usw. berechnet, finden Sie in jedem Statistikbuch (z. B. Kirkwood 2003; Altman 1992). Wir mussten diese Formeln etwa hundertmal wiederholen, um sie doch wieder zu vergessen. Letztlich haben wir einen Zugang gefunden, die Formeln richtig abzuleiten, wahrscheinlich leiten wir sie aber nicht wirklich ab, sondern können sie mittlerweile einfach doch auswendig. Das Buch *Medical Decision Making* (Sox 1988) geht der Sache jedenfalls so richtig auf den Grund.

Abschnitt III

Grundlagen der Präsentation

Kapitel 25

Nicht ohne CONSORT!

- ▸ Das CONSORT *Statement* ist eine Liste von Punkten, die bei der Planung und Präsentation von randomisiert kontrollierten Studien helfen
- ▸ Eine randomisiert kontrollierte Studie sollte immer anhand dieser Punkte geplant und präsentiert werden
- ▸ Solche Statements wurden auch für viele andere Studiendesigns erstellt
- ▸ Im EQUATOR *Network* kann man die aktuellen Versionen von Richtlinien zum Berichten klinischer Studien finden

Wie schon erwähnt, ist die Qualität von publizierten wissenschaftlichen Arbeiten bzw. die Qualität der Präsentation oft so unzulänglich, dass der Leser nicht beurteilen kann, ob die Schlussfolgerung der Studie überhaupt gerechtfertigt ist (Kapitel 1).

Um zu gewährleisten, dass die notwendigsten Details von randomisiert kontrollierten Studien im Rahmen der Publikation einer wissenschaftlichen Arbeit auch wirklich angegeben werden, wurde CONSORT ins Leben gerufen.

CONSORT ist ein Akronym für *CONsolidated Standards Of Reporting randomised controlled Trials* und wurde von Biostatistikern, klinischen Epidemiologen und Editoren von wissenschaftlichen Journalen entwickelt. CONSORT ist in seinem Kernstück eine Tabelle (Tabelle 25.1) und eine Grafik (Abbildung 25.1), die als Anleitung für die Planung und Präsentation einer randomisiert kontrollierten Studie verwendet werden sollen (Moher 2001a). Viele Journale verlangen, dass sich Autoren genau an diese Vorgaben halten. Tatsächlich hat sich die Qualität der Berichterstattung seit der Einführung dieser Vorgabe in diesen Journalen verbessert, nicht aber in Journalen, wie zum Beispiel dem *New England Journal of Medicine*, die CONSORT nicht zwingend vorschreiben (Moher 2001b).

Der Text in der Tabelle 25.1 scheint selbsterklärend zu sein, ist es aber leider nicht immer bzw. nicht für jeden. Wenn es Fragen oder Zweifel hinsichtlich einiger Punkte gibt, sollten Sie diese mit klinischen Epidemiologen oder Biometrikern besprechen. Obendrein lohnt es, den Originaltext durchzuarbeiten – wenn nicht im Ganzen, dann zumindest problemorientiert (Moher 2010).

Tabelle 25.1

Section/Topic	Item No	Checklist item
Title and abstract		
	1a	Identification as a randomised trial in the title
	1b	Structured summary of trial design, methods, results, and conclusions
Introduction		
Background and objectives	2a	Scientific background and explanation of rationale
	2b	Specific objectives or hypotheses
Methods		
Trial design	3a	Description of trial design (such as parallel, factorial) including allocation ratio
	3b	Important changes to methods after trial commencement (such as eligibility criteria), with reasons
Participants	4a	Eligibility criteria for participants
	4b	Settings and locations where the data were collected
Interventions	5	The interventions for each group with sufficient details to allow replication, including how and when they were actually administered
Outcomes	6a	Completely defined pre-specified primary and secondary outcome measures, including how and when they were assessed
	6b	Any changes to trial outcomes after the trial commenced, with reasons
Sample size	7a	How sample size was determined
	7b	When applicable, explanation of any interim analyses and stopping guidelines
Randomisation:		
Sequence generation	8a	Method used to generate the random allocation sequence
	8b	Type of randomisation; details of any restriction (such as blocking and block size)
Allocation concealment mechanism	9	Mechanism used to implement the random allocation sequence (such as sequentially numbered containers), describing any steps taken to conceal the sequence until interventions were assigned
Implementation	10	Who generated the random allocation sequence, who enrolled participants, and who assigned participants to interventions
Blinding	11a	If done, who was blinded after assignment to interventions (for example, participants, care providers, those assessing outcomes) and how
	11b	If relevant, description of the similarity of interventions
Statistical methods	12a	Statistical methods used to compare groups for primary and secondary outcomes
	12b	Methods for additional analyses, such as subgroup analyses and adjusted analyses

Tabelle 25.1 (Fortsetzung)

Section/Topic	Item No	Checklist item
Results		
Participant flow (a diagram is strongly recommended)	13a	For each group, the numbers of participants who were randomly assigned, received intended treatment, and were analysed for the primary outcome
	13b	For each group, losses and exclusions after randomisation, together with reasons
Recruitment	14a	Dates defining the periods of recruitment and follow-up
	14b	Why the trial ended or was stopped
Baseline data	15	A table showing baseline demographic and clinical characteristics for each group
Numbers analysed	16	For each group, number of participants (denominator) included in each analysis and whether the analysis was by original assigned groups
Outcomes and estimation	17a	For each primary and secondary outcome, results for each group, and the estimated effect size and its precision (such as 95 % confidence interval)
	17b	For binary outcomes, presentation of both absolute and relative effect sizes is recommended
Ancillary analyses	18	Results of any other analyses performed, including subgroup analyses and adjusted analyses, distinguishing pre-specified from exploratory
Harms	19	All important harms or unintended effects in each group
Discussion		
Limitations	20	Trial limitations, addressing sources of potential bias, imprecision, and, if relevant, multiplicity of analyses
Generalisability	21	Generalisability (external validity, applicability) of the trial findings
Interpretation	22	Interpretation consistent with results, balancing benefits and harms, and considering other relevant evidence
Other information		
Registration	23	Registration number and name of trial registry
Protocol	24	Where the full trial protocol can be accessed, if available
Funding	25	Sources of funding and other support (such as supply of drugs), role of funders

Der CONSORT *Flow Chart* (Abbildung 25.1) ist notwendig, um erfassen zu können, ob (1) *Selection Bias* Einfluss auf die Ergebnisse haben kann und ob (2) die Information im Sinne der *Evidence Based Medicine* überhaupt brauchbar ist (Egger 2001a). *Selection Bias* ist dann anzunehmen, wenn in einer Gruppe mehr Probanden verloren gehen als in der anderen Gruppe. Wenn *Selection Bias* vorliegt, ist die Studie leider unbrauchbar, da man die Ergebnisse nicht interpretieren kann (siehe Kapitel 7).

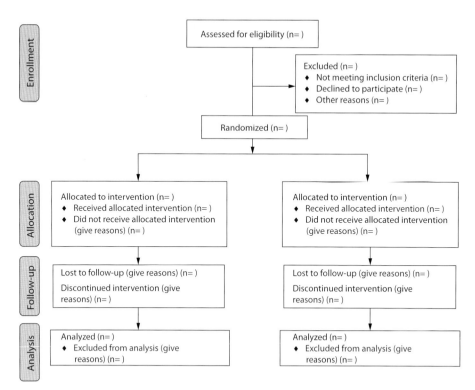

Abb. 25.1 CONSORT *Flow Chart* für das so genannte Parallelgruppendesign (Probanden werden einer von zwei Gruppen zugeteilt und über die Zeit beobachtet) (*Aus* Schulz KF, Altman DG, Mohrer D, for the CONSORT Group. CONSORT 2010 Statement: updated guidelines for reporting parallel group randomised trials. *BMJ* 2010; 340:c332)

Wenn schon während der Einschlussphase ein Großteil der Probanden/Patienten nicht in Frage kommt oder > 20 % in beiden Gruppen während der Verlaufes verloren gehen, mag die Studie in sich gültig sein (interne Validität), man kann aber keine zuverlässigen Schlüsse für das „echte klinische Leben" daraus ziehen (externe Validität).

Die gesamten CONSORT-Informationen sind in mehreren Sprachen gratis unter *www.consort-statement.org* erhältlich.

Da das CONSORT Statement für viele als sehr brauchbar gilt, hat sich bald eine Reihe weiterer Statements entwickelt, die ein nachvollziehbares Berichten unter anderem von Meta-Analysen, diagnostischen Studien, diagnostischen Meta-Analysen und klassischen Beobachtungsstudien fördern. In der Folge entwickelte sich eine gemeinsame Plattform, die alle diese Statements zusammenführt und als EQUATOR *Network* (*www.equator-network.org*) 2008 ihre Tätigkeit aufnahm.

Die prominentesten Statements sind nach wie vor:

- CONSORT (randomisiert kontrollierte Studien)
- STARD (diagnostische Studien)
- STROBE (Beobachtungsstudien)
- PRISMA (Metaanalysen)

In Kürze wird auch ein Statement über Protokollerstellungen für randomisierte Studien verfügbar sein (SPIRIT). Es finden sich aber auch Statements zu experimentellen Studien, ökonomischen Evaluierungen und Statements für Spezialfälle, die wir versucht haben bei den jeweiligen Kapiteln auch zu erwähnen.

Falls Sie in die Lage kommen sollten, als Peer Reviewer eine wissenschaftliche Arbeit zu begutachten, gibt es hier auch hilfreiches Material. Wir empfehlen dringend, bei Beginn jedes klinisch-wissenschaftlichen Projektes sich über die aktuellen Statements und Richtlinien zu informieren.

Kapitel 26

Wie soll ich meine Daten präsentieren?

- ▸ Man muss zwischen beschreibender Statistik und Angaben, aus denen Schlüsse gezogen werden, unterscheiden
- ▸ Beschreibende Statistik:
  - ▪ Unterscheide zwischen kontinuierlichen und kategorischen Variablen
  - ▪ Bei kontinuierlichen Variablen unterscheide zwischen normalverteilten und nicht normalverteilten Daten
  - ▪ Bei Normalverteilung beschreibe den Mittelwert (*Mean*) und die Standardabweichung
  - ▪ Bei nicht normalverteilten Daten beschreibe den Median, die erste und die dritte Quartile sowie den größten und den kleinsten Wert (*Range*)
- ▸ Angaben, aus denen Schlüsse gezogen werden, sollten auch das 95 %-Konfidenzintervall beinhalten

26.1 Hintergrund

Die Frage, wie man wissenschaftliche Ergebnisse richtig präsentiert, beschäftigt nicht nur manchen Autor, sondern auch Statistiker, Editoren von wissenschaftlichen Journalen und Leser, die wissen wollen, wie die vorliegende Studie zu interpretieren ist. Zum Glück gibt es einige einfache Faustregeln, die in den meisten Fällen problemlos angewendet werden können. Ergänzend möchten wir aber dazu sagen, dass es mehrere Möglichkeiten der Datenpräsentation gibt. Die von uns beschriebenen Wege werden üblicherweise von den meisten einflussreichen medizinisch-wissenschaftlichen Journalen anerkannt beziehungsweise gefordert.

Die Präsentation von Daten dient dazu, von einer beobachteten, meist relativ kleinen Stichprobe (Patienten, Messparameter, Zellen, Mäuse …) auf andere, große Bevölkerungsgruppen schließen zu können; in der Medizin handelt es sich oft um Patienten und deren Messgrößen (Alter; Geschlecht; Blutdruck; das Risiko, ein definiertes Ereignis zu erleiden …). Daher brauchen wir Angaben, die einerseits das jeweilige Ergebnis zusammenfassend beschreiben und die andererseits die zu erwartende Variabilität angeben.

Im Wesentlichen muss man zwischen der zusammenfassenden Beschreibung der Daten und Informationen, die Schlussfolgerungen erlauben, unterscheiden. Wir beschreiben zum Beispiel die Charakteristika der Patienten zu Studienbeginn (Alter, Geschlecht, Risikofaktoren). Schlussfolgerungen werden hingegen erst aus den erreichten Endpunkten gezogen. Das klingt einleuchtend und kompliziert zugleich (zumindest war das für uns lange so) – wir werden später darauf eingehen, warum dieser Unterschied wichtig ist.

Zuerst möchten wir auf die beschreibende Statistik, dann auf die Präsentation von Angaben bzw. Ergebnissen, die Schlussfolgerungen erlauben, und erst zum Schluss kurz auf die grafische Darstellung von Ergebnissen eingehen. Trotzdem verwenden wir Grafiken schon vorher, weil bestimmte Konzepte grafisch einfacher zu vermitteln sind als im Zahlenformat. Diese Grafiken sind allerdings nicht zur Präsentation in wissenschaftlichen Journalen geeignet.

26.2 Beschreibende Statistik oder: Wie stelle ich meine Studienpopulation dar?

26.2.1 Beschreibende Statistik von kontinuierlichen Variablen

Kontinuierliche Variablen sind Werte wie Blutdruck, Gewicht oder Serumcholesterinwerte, also Variablen, die – zumindest theoretisch – unendlich viele mögliche Größen haben können. Eine Sonderform der kontinuierlichen Variablen sind so genannte diskrete Variablen. Diskrete Variablen können keinen negativen Wert annehmen und es gibt nur „ganze" Einheiten, zum Beispiel die Anzahl von Personen in einem Raum oder das Alter am letzten Geburtstag.

Für die summarische Beschreibung von kontinuierlichen Ergebnissen wird üblicherweise der Mittelwert oder der Median verwendet. Der Mittelwert errechnet sich aus der Summe der Einzelwerte, gebrochen durch die Anzahl der Einzelwerte. Der Median ist der Wert in der Mitte, wenn alle Werte der Größe nach gereiht werden (wenn die Anzahl der Stichproben gerade ist, dann nimmt man den Mittelwert von den zwei Werten in der Mitte). Das bedeutet auch, dass 50 % der Stichprobe diesen Wert oder weniger haben und 50 % darüber sind.

26.2.1.1 Median oder Mittelwert?

Wann soll nun der Median und wann der Mittelwert (engl. *Mean*) verwendet werden? Um diese Frage zu beantworten, lohnt es, einen Blick auf mögliche Verteilungsmuster zu werfen. Bei kleinen Stichproben ist oft ein unregelmäßiges Verteilungsmuster mit verhältnismäßig großer Schwankungsbreite zu beobachten (Abbildung 26.1).

Mit Zunahme der Stichprobengröße wird das Verteilungsmuster regelmäßiger und die Schwankungsbreite kleiner. Wenn das Verteilungsmuster annähernd wie eine Glocke (Normalverteilungskurve) aussieht (Abbildung 26.2), kann man den Mit-

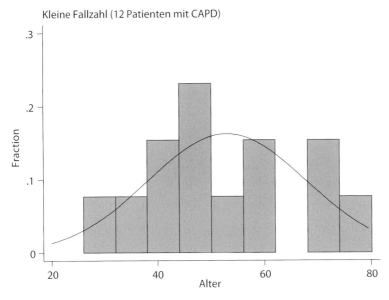

Abb. 26.1 Die Abbildung ist ein so genanntes Histogramm und zeigt die Altersverteilung einer kleinen Stichprobe von zwölf Patienten mit chronischer Peritonealdialyse (CAPD). Auf der *x*-Achse ist das Alter aufgetragen und auf der *y*-Achse ist der Anteil der Patienten (als Fraktion) in der jeweiligen Altersgruppe. Die *glockenförmige Linie* kennzeichnet, wie die (Normal-)Verteilung in der Population, aus der die Stichprobe stammt, annähernd aussehen könnte

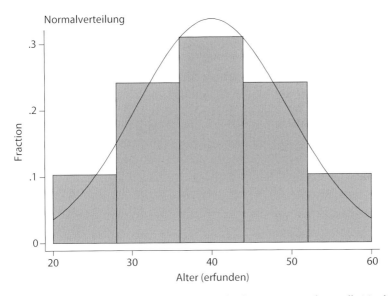

Abb. 26.2 Hier ist die Altersverteilung von 29 erfundenen Patienten dargestellt: Man kann sehen, dass die Altersverteilung relativ brav der *Glockenkurve* folgt. Ich habe die Werte erfunden, da sich selbst bei großen Stichproben oft keine ausreichende Normalverteilung findet – die weitere Diskussion würde den Rahmen dieses Buches sprengen

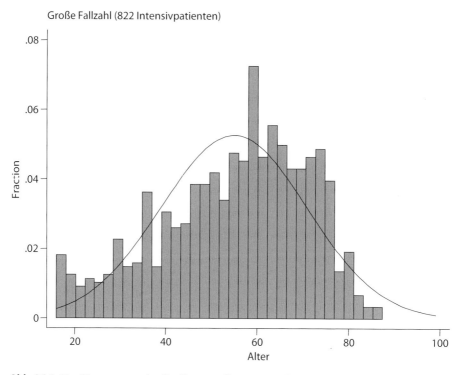

Abb. 26.3 Das Histogramm zeigt die Altersverteilung von 822 Intensivpatienten. Obwohl es sich um eine große Stichprobe handelt, ist diese nicht normalverteilt. Es scheint sogar, dass die *Kurve* zwei Gipfel hat: einen kleineren Gipfel im jungen Alter (< 20 Jahre) und einen größeren im höheren Alter (60 bis 65 Jahre). Es ist daher wichtig, sich mit den Daten vor der Analyse gut vertraut zu machen

telwert angeben, wenn die Verteilung stark von einer Normalverteilungskurve abweicht, sollte man den Median verwenden (Abbildung 26.3).

Ein paar Beispiele

Wenn man eine erfundene Stichprobe mit folgenden Messwerten verwendet (4, 5, 3, 4), dann ist der Mittelwert 4 und der Median auch 4. Wenn die Messwerte aber so aussehen (4, 12, 4, 3), dann ist der Mittelwert 6 und der Median 4. Das heißt, bei nicht normalverteilten Daten, insbesondere wenn es so genannte Ausreißer gibt, beschreibt der Mittelwert die Daten nicht sehr gut und es sollte der Median verwendet werden. Der Mittelwert des Alters in einer Studie an Patienten mit Bauchdialyse ist 49 Jahre, der Median jedoch 53 Jahre. In einer Beobachtungsstudie bei Patienten auf einer Intensivstation beträgt der Mittelwert des Alters 57 Jahre, der Median 55 Jahre.

Als Alternative kann man die Daten auch transformieren, das heißt durch eine meistens einfache mathematische Funktion wieder in eine Normalverteilung bringen. Auf diese Möglichkeit und ihre Konsequenz in der statistischen Auswertung wollen wir in diesem Rahmen nicht weiter eingehen, empfehlen Interessierten aber zur Einführung den Artikel von Bland (1996).

Letztlich kann man kontinuierliche Variablen auch in ordinale Kategorien „kollabieren": Man kann z. B. das Alter in den Kategorien 0 bis 5 Jahre, > 5 bis 10 Jahre, > 10 bis 15 Jahre usw. angeben (streng genommen ist das Lebensalter in Jahren ohnedies ein ordinaler Wert, aber wir wollen Sie jetzt nicht verwirren). Dann können die Werte als Anzahl pro Kategorie mit dem prozentualen Anteil am Gesamt präsentiert werden (siehe unten).

Zusammenfassend kann der Mittelwert verwendet werden, wenn die Verteilung annähernd normal ist. Wenn nicht, sollte der Median verwendet werden. Im Zweifelsfall kann man beide Werte angeben. In jedem Fall ist die dazugehörige Beschreibung der Variabilität wichtig.

26.2.2 Beschreibung der Variabilität von kontinuierlichen Variablen

Die Variabilität der beobachteten Ergebnisse kann man zum Beispiel mittels Standardabweichung, Quartilen und dem *Range* vom niedrigsten bis zum höchsten Wert beschreiben.

26.2.2.1 Die Standardabweichung

Die Standardabweichung ist ein Summenmaß der Abweichung vom Mittelwert und darf nicht mit dem Standardfehler verwechselt werden (siehe auch unten). Eine häufig verwendete Abkürzung für Standardabweichung ist SD (für *Standard Deviation*). Das Konzept der Standardabweichung ist in Lehrbüchern der Statistik ausführlich beschrieben. Als Faustregel gilt, dass mit zwei Standardabweichungen in beide Richtungen etwa 95 % aller Beobachtungen erfasst werden, vorausgesetzt, die Werte folgen annähernd einer Normalverteilung. Wenn das nicht der Fall ist, darf man natürlich die Daten auch nicht mittels SD beschreiben.

Ein Beispiel

Im Beispiel der Intensivpatienten beträgt die Standardabweichung des Alters vom Mittelwert 16 Jahre, das heißt, Patienten könnten etwa so beschrieben werden: „… das durchschnittliche Alter betrug 57 (SD 16) Jahre …". Es ist jedoch offensichtlich, dass die Verteilung um den Mittelwert nicht symmetrisch ist und diese Beschreibung so eigentlich irreführend ist (Abbildung 26.4).

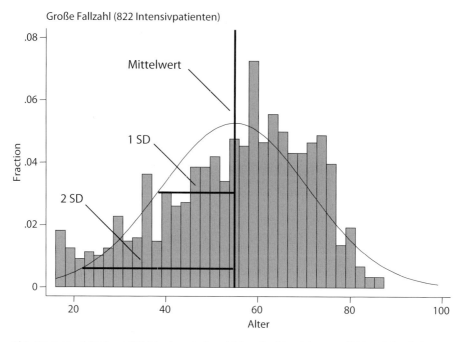

Abb. 26.4 Der Mittelwert (57 Jahre) sowie 1 und 2 Standardabweichungen (SD) sind durch *fette Li-nien* gekennzeichnet

26.2.2.2 Perzentilen und Quartilen

Alternativ zur Standardabweichung kann man Perzentilen verwenden. Wenn Perzentilen verwendet werden, so werden die Daten auf- oder absteigend geordnet und in 100 gleich große Gruppen unterteilt. Die 50. Perzentile ist der Median.

Eine häufig gebrauchte Variante der Perzentilen sind die Quartilen. In diesem Fall werden die Daten in vier gleich große Gruppen geteilt. Der Wert, der die erste von der zweiten Gruppe trennt, ist die 25. Perzentile (oder auch erste Quartile), der Wert, der die zweite von der dritten Gruppe trennt, ist die 75. Perzentile (oder auch dritte Quartile). Praktisch heißt das, dass 25 % aller Beobachtungen zwischen dem kleinsten beobachteten Wert und der ersten Quartile liegen, 25 % liegen zwischen erster Quartile und dem Median, 25 % zwischen Median und der dritten Quartile und die letzten 25 % zwischen dritter Quartile und dem höchsten Wert. Der Bereich zwischen der zweiten und der dritten Quartile ist der Interquartilenrange (IQR).

Ein Beispiel

Im Beispiel der Intensivpatienten ist der jüngste Patient 16 Jahre, der älteste 87 Jahre alt und 25 % der Patienten sind zwischen 16 und 43 Jahre, 25 %

zwischen 44 und 54 Jahre, 25 % zwischen 55 und 65 Jahre und 25 % zwischen 66 und 87 Jahre alt. Die Daten können daher auch so beschrieben werden: „… das Alter betrug im Median 55 (IQR 55 bis 66) Jahre …"; im Idealfall sollte man auch den kleinsten und größten Wert angeben „… (Range 16 bis 87 Jahre)".

Zunehmend werden Studien in Meta-Analysen zusammengefasst. Mit den verfügbaren Methoden sind Mittelwerte und Standardabweichungen leicht verwendbar, Median und vor allem Quartilen sind nur über grobe Näherungen sinnvoll in Meta-Analysen rechenbar. Wenn die Daten normalverteilt sind, dann entspricht der Mittelwert ohnehin dem Median, hier ist es also nicht so wichtig, welcher Wert angegeben wird. Bei den Streumaßen hingegen machen Sie den Kollegen, die eine Meta-Analyse durchführen, das Leben schwer, wenn Sie trotz Normalverteilung Quartilen statt der Standardabweichung präsentieren.

26.2.3 Beschreibende Statistik von binären und kategorischen Variablen

Im Gegensatz zu kontinuierlichen Variablen stehen binäre, ordinale und kategorische Variablen. Binäre Variablen erlauben nur zwei Möglichkeiten (z. B. männlich/weiblich – genotypisch, bei Menschen jedenfalls). Bei ordinalen Variablen ist eine meist beschränkte Anzahl Kategorien in auf- oder absteigender Ordnung möglich (z. B. groß – mittel – klein). Kategorische Variablen erlauben mehrere Angaben, die aber nicht in einer natürlichen Ordnung stehen (z. B. ledig – verheiratet – geschieden – verwitwet, blau – grün – weiß – rot). Die beschreibende Statistik dieser Variablen ist einfach, da man die Anzahl in einer bestimmten Kategorie im Verhältnis zur Anzahl der gesamten Stichprobe und die daraus resultierende Prozentangabe beschreibt. Zum Beispiel: „… 43 % der Studienteilnehmer waren Frauen (17/40) …" Wichtig ist es, um Unklarheiten zu vermeiden immer den Numerator (in unserem Beispiel 17) und den Denominator (hier 40) anzugeben. Für Kategorien gibt es keine Variabilität in der beobachteten Stichprobe (entweder man hat die Eigenschaft oder nicht).

26.3 Aus Beobachtungen Schlüsse ziehen oder: Wie stelle ich die Effekte meiner Studie dar?

Die Beschreibung der Patienten ist wichtig, da sie dem Leser erlaubt, ein Gefühl für die beschriebene Population zu bekommen. In weiterer Folge will man aus bestimmten Ergebnissen – jedoch nicht aus allen erhobenen Werten – Schlüsse ziehen. Das ist die so genannte statistische Inferenz: Wie sicher kann ich sein, dass der von mir beobachtete Effekt tatsächlich vorhanden ist bzw. wie groß ist der Effekt wirklich (siehe auch Kapitel 9)?

Der jeweilige Effekt ist eine einzige Zahl, zum Beispiel das Ausmaß der Blutdrucksenkung durch ein bestimmtes Arzneimittel. Stellen Sie sich vor, Sie führen eine Studie mit 50 Patienten durch und finden, dass das Präparat X den Blutdruck nach einer Behandlungsperiode von zwei Wochen um 4 mmHg senkt. Glauben Sie, dass Präparat X in einer gleich durchgeführten Studie, aber mit anderen 50 Patienten, wieder genau einen Effekt von 4 mmHg zeigen wird? Menschen, als biologische Systeme, reagieren unterschiedlich gut auf Arzneimittel. Weiters gibt es andere Gründe und Umstände, die die Wirkung von Arzneimitteln beeinflussen können. Die Wahrscheinlichkeit, in so einer kleinen Studie wieder genau das gleiche Ergebnis zu erhalten, ist nicht sehr groß. Wir können diese Unsicherheit aber berechnen und beschreiben. Man kann für alle gängigen Effektmaße das entsprechende Konfidenzintervall mehr oder weniger einfach errechnen bzw. es werden diese Werte von den meisten gängigen Statistikpaketen berechnet. Der Effekt kann ein kontinuierlicher Wert sein (wie zum Beispiel eine Blutdruckdifferenz in mmHg), eine Differenz in Prozent oder ein Maß für das relative Risiko (z. B. *Odds Ratio*). Üblicherweise verwendet man das 95 %-Konfidenzintervall, ebenso gut kann man aber auch das 99 %- oder das 90 %-Konfidenzintervall angeben.

Hier ein paar Beispiele

(a) „*The comparison of acupuncture with relaxation was significant (chi-squared = 6.54; P = .01), with an estimated overall odds ratio for a cocaine-negative urine screen of 3.41 (95 % confidence interval, 1.33–8.72).*"

Das 95 % *Confidence Interval* bedeutet hier, dass wir zu 95 % sicher sein können, dass der wahre **durchschnittliche** Effekt – die Chance, dass der Kokainentzug erfolgreich ist – in der Akupunkturgruppe zwischen der 1,3fachen Erhöhung bis hin zur 8,7fachen Erhöhung reichen. Wir können uns jedenfalls zu 95 % sicher sein, dass die durchschnittliche Chance auf einen erfolgreichen Kokainentzug größer als 1 ist (1 = kein Effekt).

(b) „*At three months, mean scores for decisional conflict were significantly lower in the intervention group than in the control group (2.5 vs. 2.8; mean difference −0.3, 95 % confidence interval −0.5 to −0.2).*"

In diesem Beispiel bedeutet das 95 % *Confidence Interval*, dass wir zu 95 % sicher sein können, dass der „wahre" durchschnittliche Unterschied dieses *Conflict* Scores zwischen −0,2 und −0,5 liegt und 0 (null) nicht beinhaltet (0 = kein Unterschied/Effekt).

(c) „*The incidence and prevalence of diarrhoea were lower in the zinc and vitamin A groups than in the placebo group. Zinc and vitamin A … had a rate ratio (95 % confidence interval) of 0.79 (0.66 to 0.94) for the prevalence of persistent diarrhoea and 0.80 (0.67 to 0.95) for dysentery.*"

Beispiel (c) kann wie Beispiel (a) interpretiert werden, da es sich hier auch um ein relatives Risiko handelt (siehe Kapitel 6).

Wenn das 95 %-Konfidenzintervall angegeben wird, kann man eigentlich auf die Angabe eines p-Wertes verzichten, das hängt aber natürlich auch von den Vorgaben des jeweiligen Journals ab. Die alleinige Angabe eines p-Wertes ohne die Möglichkeit, die Effektgröße abschätzen zu können, soll jedenfalls vermieden werden (Beispiel (d)). (Mehr zum p-Wert siehe Kapitel 9.)

(d) *„Patients in group A were older compared to patients in group B ($p <$ 0.05).“*

26.4 Pseudogenauigkeit: Wie viele Dezimalen sind sinnvoll?

Wenn an Ihrer Abteilung 24 Ärzte arbeiten und sieben davon Frauen sind, würden Sie sagen, dass 29,2 % Frauen sind? Geben Sie im Gespräch mit Freunden oder Arbeitskollegen Ihr Alter auf eine Dezimale genau an?

Es gibt keine exakten Regeln, wie viele Dezimalen angegeben werden sollen. Als vernünftige Faustregel gilt, dass ebenso viele Dezimalen notwendig sind, wie auch im „echten Leben" angegeben werden (keine Dezimale für z. B. Blutdruck in mmHg, Serumcholesterinspiegel in mg/dl, Alter, Serumnatriumspiegel in mmol/l; eine Dezimale für z. B. Serumlaktatspiegel 0,8 mg/dl; zwei Dezimalen für Serumkaliumspiegel in mmol/l, Serumkreatininspiegel im mg/dl). Prozent sollten nur mit Dezimalen angegeben werden, wenn die Stichprobe aus vielen, vielen hunderten Patienten besteht, was wahrscheinlich selten der Fall ist. Angaben für das relative Risiko (*Odds Ratio*, *Rate Ratio* usw.) sollten mit einer, maximal zwei Dezimalen angegeben werden.

Das Signifikanzniveau – der so genannte p-Wert – sollte wiederum mit ausreichender Genauigkeit wiedergegeben werden, wobei in den meisten Fällen drei Dezimalen ausreichen. Der p-Wert sollte nicht als „$< 0,05$" oder „$< 0,01$" angegeben werden; das stammt noch aus einer Zeit, als das Signifikanzniveau aus Tabellen abgelesen wurde. Es macht einen Unterschied, ob das Signifikanzniveau bei 4,5 % liegt ($p = 0,045$) oder bei 1,4 % ($p = 0,014$), der aber bei einem summarischen $p < 0,05$ nicht zu erkennen ist. Noch wichtiger ist das bei p-Werten $> 0,05$, da ein p-Wert von 0,07 sicherlich anders interpretiert wird als $p = 0,82$. Computerprogramme geben exakte p-Werte an und die sollten bis auf wenige Ausnahmen auch so übernommen werden. Die Ausnahmen sind: (a) Ein Wert der $< 0,001$ ist, benötigt nicht mehr als drei Dezimalen (z. B. $p = 0,00005$ reicht als $p < 0,001$); (b) ein p-Wert von 1 ist unmöglich und sollte als $p = 0,99$ angegeben werden; (c) ein p-Wert von 0,0000 ist auch nicht möglich und lediglich ein durch das Computerprogramm verursachtes Artefakt – wie oben angegeben, sollte $p < 0,001$ ausreichen.

Kapitel 27

Wie sollte eine wissenschaftliche Arbeit aussehen?

▸ Wissenschaftliche Arbeiten sollen einer vorgegebenen Struktur folgen

▸ Die *Uniform Requirements for Manuscripts Submitted to Biomedical Journals* finden sich unter *www.icmje.org*

▸ Obendrein hat jedes Journal spezifische Anforderungen, die unbedingt beachtet werden sollten

27.1 Allgemeines

27.1.1 Uniform Requirements

Es gibt eine Konvention, wie medizinisch-wissenschaftliche Arbeiten aufgebaut und präsentiert werden sollten. Das ist ein wunderbares Beispiel, dass Wissen immer ein Konstrukt der Gesellschaft ist. Das bedeutet, Studien und deren Ergebnisse, die nicht nach diesen Vorgaben präsentiert werden, werden oft nicht als „relevantes Wissen" akzeptiert. Wer also in unserer (westlichen) Gesellschaft eine wissenschaftliche Karriere anstrebt, muss gewisse Spielregeln beherrschen. Eine dieser Spielregeln sind die so genannten *Uniform Requirements for Manuscripts Submitted to Biomedical Journals,* die in aller Ausführlichkeit unter *www.icmje.org* zu finden sind (*International Committee of Medical Journal Editors update 2010*). Im Wesentlichen finden Sie in diesem Kapitel eine Zusammenfassung dieser Kriterien mit einer persönlichen Interpretation.

Wir glauben, dass jede Arbeit „kurz" sein sollte, und es gibt mehrere gute Gründe dafür: (1) Die Aufmerksamkeitsspanne fast jedes Lesers ist kurz und wenn Sie wollen, dass Ihre Arbeit wirklich gelesen wird, sollten Sie das berücksichtigen; (2) Editoren wissen das auch UND leiden ebenso an einer kurzen Aufmerksamkeitsspanne; außerdem sind Druckseiten teuer.

„Kurz" ist ein ziemlich ungenauer Begriff, aber je nach Thema und Studiendesign kann man mit 1.000 bis 2.500 Wörtern (nur Text, ohne Abstract und Literaturzitate) fast alles sagen – das entspricht letztlich etwa drei bis vier Druckseiten. Sie können natürlich zusätzliches Daten- oder Informationsmaterial, das nicht unbedingt für die Veröffentlichung gedacht ist, beilegen und so den Begutachtungsprozess erleichtern.

Solches Zusatzmaterial können zum Beispiel weitere Tabellen und Grafiken sein, aber auch Fragebögen oder eine ausführliche Beschreibung von Methoden, die verwendet wurden. Manche Journale veröffentlichen diese Materialien auch auf ihrer Website.

Wenn Sie eine Arbeit bei einem Journal zur Begutachtung einreichen, lesen Sie bitte unbedingt (!) die Leitlinien für Autoren durch. Die Leitlinien finden Sie entweder auf der Homepage des jeweiligen Journals oder in einer der Ausgaben.

27.1.2 Die Leiden der non-native Speaker

Mit der Sprache ist das leider so eine Sache. Die meisten international anerkannten Journale veröffentlichen Artikel vornehmlich oder ausschließlich in englischer Sprache. Wir versichern Ihnen, dass wir – selbst wenn wir uns noch so bemühen – oft schon nach wenigen Sätzen als *non-native Speaker* erkannt werden. Manchmal hat das leider unerfreuliche Auswirkungen auf die Begutachtung, aber an den mangelhaften Sprachkenntnissen scheitern nur sehr wenige Arbeiten. Eventuell erleichtern große sprachliche Probleme dem Editor die Entscheidung zur Ablehnung. Versuchen Sie Ihr Anliegen klar auszudrücken, am besten so, dass auch Nichtspezialisten Ihre Arbeit verstehen können. Albert (1997) hat die Gabe, auch *non-native Speakers* die Regeln des wissenschaftlichen Englisch wirkungsvoll vor Augen zu führen.

27.2 Struktur einer wissenschaftlichen Arbeit

Eine wissenschaftliche Arbeit besteht im Wesentlichen aus dem Titel, dem Abstract, dem Textkörper, welcher der so genannten IMRaD-Struktur folgen sollte (**I**ntroduction, **M**ethods, **R**esults **a**nd **D**iscussion), den Literaturzitaten, eventuellen Tabellen und Abbildungen mit den dazugehörigen Legenden. Manche Journale stellen den Methodikteil ans Ende.

27.2.1 Der Titel

Manche Journale bevorzugen beschreibende Titel (*Cohort study of depressed mood during pregnancy and after childbirth*), andere mögen es lieber indikativ (*Depressed mood occurs frequently after childbirth but not during pregnancy*). Wir glauben, der Titel sollte kurz und informativ hinsichtlich der Fragestellung, der Studienpopulation und des Studiendesigns sein, neugierig machen, aber nicht zu viel verraten.

27.2.2 Das Abstract

Das Abstract ist ein Kernstück Ihrer Arbeit! Die meisten Leser werden überhaupt nur das Abstract lesen und Editoren bzw. Gutachter werden schon vorweg günstig oder negativ beeinflusst. Sie sollten daher Zeit und Mühe investieren, um eine präzise, sprachlich einwandfreie Kurzfassung Ihrer Arbeit zu erstellen, welche die wesentliche Botschaft Ihrer Arbeit verständlich und „appetitlich" präsentiert.

Die häufigsten Fehler bei Abstracts sind, dass Schlussfolgerungen gezogen werden, die aus den präsentierten Ergebnissen nicht zu entnehmen sind, oder dass die Informationen im Abstract nicht mit denen in der ausführlichen Version übereinstimmen.

Die „großen" Journale veröffentlichen nur strukturierte Abstracts, was die Informationsaufnahme erheblich erleichtert. Unsere Arbeiten haben immer ein strukturiertes Abstract, selbst wenn das nicht vom Journal, bei dem wir einreichen, verlangt wird. Die gewünschte Struktur hängt vom jeweiligen Journal ab. So haben zum Beispiel Abstracts im *BMJ* folgende Struktur: *Objective, Design, Setting, Participants, Main outcome measures, Results, Conclusions.*

27.2.3 Die Methoden

Hier ist das Hauptproblem, dass man Platz benötigt, um die Methodik in ausreichender Genauigkeit zu beschreiben, und trotzdem leserfreundlich – das heißt kurz und verständlich – bleiben sollte. Zwischenüberschriften (zum Beispiel *Patients, Intervention/Method description/Definitions, Main outcome measures, Ethical considerations, Statistical methods*) erleichtern das Lesen.

27.2.4 Die Ergebnisse

Der Ergebnisteil sollte sich durch eine besonders klare und fokussierte Präsentation auszeichnen. Auch hier empfiehlt sich die Verwendung von Zwischenüberschriften. Neben- und Subgruppenanalysen, sofern überhaupt sinnvoll, sollten deutlich als solches gekennzeichnet werden. Wie Daten am besten präsentiert werden, wird in Kapitel 26 ausführlicher beschrieben.

27.2.5 Die Diskussion

In der Diskussion sollten die Ergebnisse in einem Absatz nochmals kurz und schlüssig zusammengefasst werden.

Zumindest ein Absatz sollte die Ergebnisse kritisch in Relation zu den vorhandenen Studien setzen.

Die Stärken und insbesondere die Schwächen/Limitationen der eigenen Studie müssen unbedingt in einem eigenen Absatz diskutiert werden. Es gibt keine Studie, die keine Limitationen hat! Die Stärken und Limitationen der eigenen Studie sollten auch mit denen der bereits vorhandenen Studien verglichen werden. Ihre Studie sollte eigentlich so geplant und durchgeführt worden sein, dass spezifische Schwächen anderer Studien vermieden wurden, sonst hätten Sie sich ja die ganze Mühe eigentlich sparen können. Wir wollen damit sagen, dass viele Limitationen annehmbar sind, wenn es einfach derzeit keine bessere Studie gibt. Manchmal muss man das den Editoren und Gutachtern explizit vor Augen führen.

Ein Absatz sollte sich damit befassen, was die vorliegende Studie praktisch/klinisch bedeutet. Eine einzige Studie, und sei sie noch so gut gemacht, beantwortet fast nie eine Frage, sondern im Gegenteil, wirft meist weitere Fragen auf. Zuletzt sollte daher auf diese unbeantworteten Fragen und zukünftige Forschungsmethoden eingegangen werden. Das mögen Editoren ganz gerne, weil eine weitsichtige Arbeit vielleicht in der Zukunft auch öfters zitiert wird.

27.2.6 Tabellen und Grafiken

Tabellen und Grafiken sollen Informationen vermitteln und dabei helfen, ein Problem, unter Einsparung von Worten, schneller und besser zu verstehen. Grafiken sind besonders geeignet, Zeitverläufe oder den Zusammenhang zwischen mehreren Variablen gleichzeitig darzustellen. Achten Sie darauf, keine Zahlen aus Tabellen im Text zu wiederholen. Tabellen und Grafiken sollten unter Zuhilfenahme der Legende (die auch vorhanden sein sollte!), aber auch ohne Haupttext, selbsterklärend und verständlich sein. Tabellen dienen nicht dazu, Dutzende von Zahlen zu präsentieren, für die sich ein Durchschnittsleser ohnedies nicht interessiert. Ebenso wenig sollten Grafiken mit Druckerschwärze überladen werden, ohne relevante Information anzubieten (günstiger *Ink-to-data*-Quotient). Als Faustregel gilt, dass man pro 800 Wörter Text etwa eine Grafik oder eine Tabelle präsentieren sollte. Ein geniales Buch zu diesem Thema stammt von Tufte (1992).

27.2.7 Literaturangaben

Es gibt unterschiedliche Regeln, wie Literaturangaben zu machen sind, die aber von Journal zu Journal variieren. Geben Sie die Literatur unbedingt nach den Vorgaben des jeweiligen Journals an.

27.2.8 Spezielle Situationen

Es gibt Standards, wie randomisierte kontrollierte Studien präsentiert werden sollten (siehe Kapitel 25). Ebenso gibt es Standards für die Präsentation systematischer Übersichtsarbeiten als *Cochrane Review* (siehe Kapitel 22 und 23), aber auch für die Präsentation in herkömmlichen Journalen wie etwa das PRISMA oder MOOSE Statement (siehe Kapitel 25). Nicht jedes Journal verlangt diese Formate, sie sind aber in jedem Fall sehr praktisch. Achten Sie auf die Vorgaben des jeweiligen Journals. Die Nichteinhaltung solcher Vorgaben führt üblicherweise nicht automatisch zur Ablehnung, kann aber den Begutachtungsprozess beträchtlich verzögern.

Die Präsentation von wissenschaftlichen Arbeiten wird von Huth (1998) und Hall (1994) ganz gut beschrieben. Das Buch von Matthews (2000) ist besonders benutzerfreundlich und praxisorientiert und zeigt, dass es keinen großen Unterschied macht, ob man medizinische oder biologische Arbeiten präsentiert, da die Struktur dahinter die gleiche ist.

Kapitel 28

Über Editoren und den Peer Review

- Ziel wissenschaftlicher Tätigkeit sollte sein, jede wissenschaftliche Arbeit in einem international anerkannten Journal zur Veröffentlichung zu bringen

- Wissenschaftliche Arbeiten werden von Journalen meist abgelehnt, weil das Studiendesign fehlerhaft ist oder die Fragestellung nicht die richtige war (bzw. das Journal das falsche)

- Ein Journal sollte gewählt werden, weil die Arbeit thematisch hineinpasst, nicht weil das Journal einen hohen *Impact Factor* hat

- Der *Impact Factor* beschreibt, wie oft eine Arbeit im Durchschnitt in den ersten zwei Jahren nach Veröffentlichung zitiert wird

- *Peer Review*, die Begutachtung durch Fachspezialisten, ist fehlerhaft, aber derzeit das bestmögliche Vorgehen, um die wissenschaftliche Qualität zu wahren

28.1 Wozu Wissenschaft?

Im Idealfall betreiben wir Wissenschaft, um die wahren Ursachen von Krankheiten zu erkennen und diese wirksam zu behandeln. Neben diesen „höheren" Motiven spielen auch persönliche Gründe, wie die Sorge um den Arbeitsplatz und die akademische Beförderung, mit. Gerade in der Medizin wird leider zwischen Wissenschaft und klinischen Routinetätigkeiten oft sehr schlecht getrennt und das zwingt viele zur Hobby- und Freizeitwissenschaft.

Warum auch immer geforscht wird, die Ergebnisse sollten uns der „Wahrheit" näher bringen. Daher müssen diese Ergebnisse verbreitet werden, damit auch andere Nutzen daraus ziehen können. Letztlich sollte also das Ziel der klinischen Wissenschaft die Publikation in einem international anerkannten Journal sein. Leider, oder zum Glück, ist es nicht so einfach, eine Arbeit in einem qualitativ hochwertigen Journal unterzubringen.

28.2 Wie mag's der Editor?

Jeder Wissenschaftler, der gerade dabei ist, eine wissenschaftliche Arbeit fertig zu stellen und an ein Journal zu schicken, überlegt sich, wie man diese am besten so schreibt und präsentiert, dass sie angenommen wird. Leider gibt es darauf keine eindeutig richtige Antwort, da es keinen „besten" Weg gibt. Es gibt jedoch Leitlinien und Gesichtspunkte nach denen eine Arbeit begutachtet wird. Diese Leitlinien sind keine Geheimwissenschaft und alle Leser, die schon einige Protokolle erstellt beziehungsweise Arbeiten geschrieben haben, werden in diesem Kapitel nichts Neues finden.

Nach mehreren Jahren Tätigkeit als Editor für ein wissenschaftliches Journal kann man den Eindruck bekommen, dass Arbeiten, welche die „richtigen" Fragen auch richtig beantworten, so gut wie immer angenommen werden, egal wie sie präsentiert werden. Schlecht oder umständlich präsentierte Arbeiten werden aber in ihrer Wichtigkeit gelegentlich nicht erkannt.

28.2.1 Der Editor als Repräsentant des Journals und der Leserschaft

Was nun die richtige Frage ist, hängt von dem jeweiligen Journal ab. Jedes Journal hat ein so genanntes *Mission Statement*, das im weiteren Sinne definiert, welche Fragestellungen für das Journal und die Leserschaft von Bedeutung sind. Eine der Aufgaben des Editors ist es, wissenschaftliche Arbeiten zu erkennen und auszuwählen, die dem *Mission Statement* entsprechen (Tabelle 28.1).

Editoren sollten engen Kontakt zu ihrer Leserschaft und deren Wünschen halten. Es gibt nur wenige gute allgemeinmedizinische Journale, die von Medizinern und Wissenschaftlern der unterschiedlichsten Spezialrichtungen sowie von Journalisten und Laien gelesen werden. Allgemein spricht man von den „Big 5" (*New England Journal of Medicine, Lancet, Annals of Internal Medicine, JAMA* und *BMJ*). Diese Journale erscheinen meistens wöchentlich und haben oft auch einen Abschnitt, in dem medizinrelevante Nachrichten gebracht werden. Für die Editoren solcher Journale ist es besonders schwierig, allen Lesern und Autoren etwas zu präsentieren, was sie interessiert und zufrieden stellt.

Spezialjournale sprechen, wie der Name schon sagt, eher Spezialisten, in manchen Fällen sogar Subspezialisten an.

28.2.2 Warum werden Arbeiten abgelehnt?

Die Hauptursache für die Ablehnung einer Arbeit ist fehlerhaftes Studiendesign. Die fehlerhafte Analyse ist in der Regel kein Ablehnungsgrund, da diese bei korrektem Studiendesign einfach wiederholt werden kann. Die inadäquate Interpretation der Ergebnisse ist gelegentlich schon ein Ablehnungsgrund. Vor allem wenn die Autoren nicht bereit sind, Ihre Meinung gegen besseres Wissen zu revidieren. Das kommt aber nur sehr selten vor. Gelegentlich werden Arbeiten abgelehnt, weil sie unverständlich

Tabelle 28.1 *Mission Statements* einiger allgemeinmedizinischer- und Spezialjournale

BMJ
„The BMJ aims to help doctors everywhere practise better medicine and to influence the debate on health. To achieve these aims we publish original scientific studies, review and educational articles, and papers commenting on the clinical, scientific, social, political, and economic factors affecting health."

Lancet
„The Lancet will consider any contribution that advances or illuminates medical science or practice or that educates or entertains the journal's readers. Articles: … if they are likely to contribute to a change in clinical practice or in thinking about a disease. They need to be of general interest – e.g., they cross the boundaries of specialties or are of sufficient novelty and importance that the journal's readers ought to be aware of the findings, whatever their specialty. Length is a criterion too."

Journal of the American Medical Association
„Key and critical objectives of JAMA

Key objective

To promote the science and art of medicine and the betterment of the public health.

Critical objectives

1. To publish original, important, well-documented, peer-reviewed clinical and laboratory articles on a diverse range of medical topics.
2. To provide physicians with continuing education in basic and clinical science to support informed clinical decisions.
3. To enable physicians to remain informed in multiple areas of medicine, including developments in fields other than their own.
4. To improve public health internationally by elevating the quality of medical care, disease prevention, and research provided by an informed readership.
5. To foster responsible and balanced debate on controversial issues that affect medicine and health care.
6. To forecast important issues and trends in medicine and health care.
7. To inform readers about nonclinical aspects of medicine and public health, including the political, philosophic, ethical, legal, environmental, economic, historical, and cultural.
8. To recognize that, in addition to these specific objectives, THE JOURNAL has a social responsibility to improve the total human condition and to promote the integrity of science.
9. To report American Medical Association policy, as appropriate, while maintaining editorial independence, objectivity, and responsibility.
10. To achieve the highest level of ethical medical journalism and to produce a publication that is timely, credible, and enjoyable to read."

Nature
„Articles are original reports whose conclusions represent a substantial advance in understanding of an important problem and are of broad general interest."

Circulation
„Circulation publishes articles related to clinical research of cardiovascular diseases, including observational studies, clinical trials, and advances in applied and basic research. Manuscripts are evaluated by expert reviewers assigned by the editors. Provisional or final acceptance is based on originality, scientific content, and topical balance of the journal."

Heart
„Heart is an international journal of cardiology. Clinical cardiology is its central theme; however, Heart also publishes basic science papers with a clear clinical application."

sind oder keinen Sinn ergeben, was aber selten auf sprachliche Probleme zurückgeführt werden kann, sondern eher auf eine schlecht strukturierte Präsentation.

Wenn ein wichtiges Thema richtig behandelt wurde, die Arbeit aber trotzdem abgelehnt wird, hat man wahrscheinlich das falsche Journal gewählt. Manchmal liegt es auch nicht daran, dass das „falsche" Journal gewählt wurde, da die Ursache der Ablehnung oft nicht wirklich klar ist. Auch Editoren sind nicht immer konsistent in ihren Entscheidungen und sie machen, ebenso wie Gutachter, Fehler. Wenn Sie daher glauben, dass eine Ihrer Arbeiten ungerechtfertigterweise abgelehnt wurde, empfehlen wir Ihnen, eine (freundliche oder zumindest höfliche) Berufung einzulegen. Wenn die Arbeit nochmals abgelehnt wird   Kopf hoch und das nächste Journal probieren. Immerhin werden bei den „großen" Journalen nur etwa 10 bis 30 % aller eingereichten Arbeiten angenommen.

28.3 Wie finde ich das „richtige" Journal?

Am besten wählen Sie das Journal nach Gefühl („meine Arbeit passt thematisch gut in das Journal") und Sympathie für das Journal und der Leserschaft, die Sie erreichen wollen. Sie sollten nicht nach der Prominenz bzw. dem *Impact Factor* gehen.

Der *Impact Factor* errechnet sich aus der Summe, wie oft Originalarbeiten eines Journals in den ersten zwei Jahren nach ihrer Veröffentlichung in wissenschaftlichen Journalen zitiert werden, dividiert durch die Summe der im letzten Jahr in diesem Journal veröffentlichten Originalarbeiten. Daher bedeutet zum Beispiel ein *Impact Factor* von 3, dass jede Arbeit in den darauf folgenden zwei Jahren im Durchschnitt dreimal zitiert wurde. Praktisch ist es aber so, dass die meisten Arbeiten kaum zitiert werden und *der Impact Factor* durch einige wenige, aber dafür sehr häufig zitierte Arbeiten erzeugt wird. Daher ist *der Impact Factor* zwar ein Maß für die Bedeutung eines Journals, aber nicht unbedingt für die Bedeutung einer einzelnen wissenschaftlichen Arbeit. Erhöht wird der *Impact Factor* durch hohe Auflagen, so genannte *Scientific letters* mit Originaldaten (werden häufig zitiert, aber oft nicht zu den Originalarbeiten gezählt), eine lebhafte Korrespondenz-Rubrik und kurze Publikationszeiten.

28.4 Der Peer-Review-Prozess

Der „*Peer*" ist ein „Gleichgestellter" und *Peer Review* bedeutet, frei übersetzt, am ehesten „Begutachtung durch Spezialisten des Fachgebietes". Die Idee dahinter ist, dass Fachleute des jeweiligen Gebietes die Arbeit begutachten und so feststellen, (1) ob die Methodik richtig gewählt wurde und (2) ob die vorliegende Arbeit noch verbessert werden kann.

28.4.1 Wie läuft der Peer-Review-Prozess ab?

Wie der Prozess praktisch abläuft, ist von Journal zu Journal sehr unterschiedlich. In den meisten Fällen wird eine Arbeit, nachdem sie im *Editorial Office* ankommt, registriert und ein Editor sucht mindestens zwei Gutachter (manche Journale verwenden bis zu sechs Gutachter), welche die Arbeit dann zur Begutachtung zugeschickt bekommen bzw. zunehmend auch online begutachten können. Gutachter sind in der Regel Fachleute des jeweiligen Gebiets. Journale, die sehr viele Arbeiten bekommen, begutachten die Arbeiten zuerst *in-house*, wo entschieden wird, ob die Arbeit thematisch für das jeweilige Journal geeignet ist und gewissen methodischen Mindestanforderungen entspricht. Entspricht die Arbeit nicht, wird die Arbeit noch vor dem externen *Peer Review* abgelehnt. Das *BMJ* lehnt auf dieser Ebene etwa 45 bis 50 % aller Arbeiten ab. Einige der „großen" Journale beschreiben den Begutachtungsprozess auf ihrer Homepage detailliert (siehe zum Beispiel *http://resources.bmj.com/bmj/reviewers*). Das elektronische Journal *BiomedCentral* (*www.biomedcentral.com*) beschäftigt sich z. B. besonders ausführlich mit dem *Peer-Review*-Prozess.

Manche Journale verblinden Gutachter und Autoren, manche nur die Autoren und manche führen den Prozess offen, also ungeblindet aus. Randomisiert kontrollierte Studien zeigten, dass die Qualität der Begutachtung durch Verblindung nicht beeinflusst wird, die Gutachter aber meist unhöflicher sind (Godlee 1999).

Das Gutachten der *Peers* hilft dem Editor bei der Entscheidung, ob die Arbeit veröffentlicht wird, ob sie vor der Veröffentlichung noch verändert werden soll oder ob die Arbeit abgelehnt werden muss/soll. Diese Entscheidung trifft aber letztlich immer der Editor, nicht der Gutachter!

28.4.2 Probleme des Peer-Review-Prozesses

Der *Peer-Review*-Prozess ist leider eine sehr mangelhafte Methode. Die Liste der Probleme ist lang, und wir möchten nur ein paar Punkte erwähnen. Die so genannten Spezialisten mögen zwar Fachleute auf dem jeweiligen Gebiet sein, sind aber selten klinisch-epidemiologisch oder biometrisch ausgebildet. Unzureichende Studienqualität – vor allem fehlerhaftes Design – wird daher oft nicht erkannt (Godlee 1998; Black 1998). Ein weiteres und sehr wichtiges Problem sind nicht deklarierte oder subtile Interessenkonflikte, insbesondere finanzieller Natur. Es gibt einige Beispiele für den beträchtlichen Einfluss von Interessenkonflikten auf das Ergebnis und die Dunkelziffer ist sicherlich beträchtlich. Wie soll man das auch erkennen, wenn der Gutachter anonym ist? Ein weiteres Problem ist, dass es oft recht lange dauert, bis der Prozess abgeschlossen ist (Wochen bis Monate). Trotz aller erwähnten Probleme gibt es bislang doch kein besseres Vorgehen: Der *Peer Review* ist derzeit die beste Garantie, dass veröffentlichte Arbeiten der (klinischen) Wahrheit, die es zu finden gilt, so nahe als möglich kommen.

28.4.3 Auf welche Punkte sollte ein Gutachter eingehen?

Gute Journale geben Gutachtern klare Anweisungen, was von ihnen erwartet wird. In einem Gutachten sollten üblicherweise folgende Punkte diskutiert werden: (1) die Wichtigkeit der Fragestellung, (2) der Neuwert der Fragestellung bzw. der Antwort, (3) die Stärken und Schwächen des Studiendesigns und der Methoden, (4) die Qualität der Präsentation und (5) die Interpretation der Ergebnisse. Die Kritik sollte immer konstruktiv sein und Gutachter sollten alle Behauptungen auch logisch argumentieren können.

28.4.4 Gibt es den idealen Gutachter?

Zu dieser Frage gibt es nicht viele Informationen. Es ist lediglich bekannt, dass Gutachter mit einer Zusatzausbildung in Epidemiologie oder Biostatistik häufiger die oben genannten Punkte erfüllen. Weiters scheint es, dass Gutachter nicht mehr als drei Stunden in das Gutachten investieren sollten, da die Qualität des Gutachtens bei längerer Dauer nicht steigt. Letztlich fällt auf, dass Gutachter < 40 bzw. über 60 Jahren die besten Gutachten erstellen (Black 1998; Godlee 1999). Warum sind wohl 40- bis 60-Jährige im Durchschnitt nicht so gute Gutachter?

28.4.5 Wo findet Peer Review noch statt?

Peer Review findet natürlich auch im Rahmen der Begutachtung durch Ethikkommissionen ebenso wie bei Ansuchen um finanzielle Forschungsförderung statt. Hier sind die Fehlerhaftigkeit des Prozesses, die Subjektivität und vor allem die Undurchsichtigkeit bei Interessenkonflikten ganz besonders problematisch. Zuletzt findet *Peer Review* im Rahmen der Arzneimittelzulassung statt. Wir müssen nicht ausführen, wie bedeutungsvoll dieser Bereich ist, da nicht wirksame Arzneimittel volksgesundheitlich und -wirtschaftlich inakzeptabel sind. Obendrein haben solche Arzneimittel möglicherweise sogar unerwünschte Nebenwirkungen, die dann auch zu einem ethischen Problem führen. Die Regeln zur Offenlegung von Interessenkonflikten sind hier besonders streng.

28.5 Scientific Misconduct oder was man besser unterlassen sollte

Wie überall gibt es auch im Bereich der medizinisch-klinischen Wissenschaft schwarze Schafe. Offensichtliche Formen von Betrug, wie z. B. das Erfinden von Daten, sollte man unbedingt unterlassen, nicht nur weil es strafbar ist, sondern weil diese falschen Ergebnisse in die Irre führen können. Im schlimmsten Fall werden wegen dieser Ergebnisse sogar Menschen falsch behandelt. Es gibt aber auch subtilere Formen des Fehlverhaltens. Dazu gehören insbesondere die Doppelpublikation und die künstliche Aufspaltung von Arbeiten, um diese mehrfach publizieren zu können (dieses Vorgehen wird unter Editoren Salamitechnik genannt).

Eine Doppelpublikation ist nur dann erlaubt, wenn die Arbeit in zwei verschiedenen Sprachen erfolgt und wenn in der zweiten Arbeit die Leser deutlich auf die vorhergegangene Veröffentlichung hingewiesen werden. Ab wann man von der Salamitechnik sprechen kann, ist im Einzelfall nicht immer leicht zu beantworten. Am besten ist es, wenn man die Editoren, Gutachter und Leser ausführlich informiert, was die jeweilige Arbeit von der vorhergegangenen unterscheidet. Durch diese Informationen kann (1) jeder für sich entscheiden, ob hier Arbeiten künstlich vermehrt werden, und (2) vermeidet man so den Anschein, die Vermehrung vertuschen zu wollen.

Abschnitt IV

Interpretation klinischer Studien

Kapitel 29

Evidenz und klinische Praxis

- ▸ Klinische Wissenschaft ist die Grundlage der Optimierung der medizinischen Behandlung
- ▸ Studienergebnisse sind ein Durchschnittswert für die gesamte untersuchte Gruppe und daher nur bedingt auf den einzelnen Menschen übertragbar
- ▸ Studienteilnehmer sind oft jünger, gesünder und wohlhabender als Patienten aus der täglichen Praxis und daher mit diesen nur bedingt vergleichbar
- ▸ Studien sind besser generalisierbar, wenn
  - ▪ durch pragmatisches Vorgehen *Real-World*-Verhältnisse nachgebildet werden
  - ▪ auf randomisierte Subgruppen eingegangen wird (stratifizierte Studien)
  - ▪ die Vorlieben der Patienten hinsichtlich der Behandlung erfasst werden

29.1 Wissenschaftliche Erkenntnisse und medizinisches Handeln

Die westliche Medizin, wie wir sie kennen, hat sich zwar im Wesentlichen aus wissenschaftlichen Erkenntnissen entwickelt, aber wie wissenschaftliche Ergebnisse in die klinische Praxis einfließen, ist nicht leicht nachvollziehbar. Vordergründig scheint es, dass durch wissenschaftliche Studien neue Erkenntnisse gewonnen und in die klinische Praxis integriert werden. Zunehmend wird klar, dass die klinische Praxis durch die Bereitstellung von Evidenz (in Form von wissenschaftlichen Erkenntnissen) nur gering und zögerlich beeinflusst wird. Obendrein ist die Menge an qualitativ hochwertiger Evidenz noch sehr, sehr gering. Unser medizinisches Handeln beruht derzeit daher nur zu einem kleinen Teil auf brauchbarer Evidenz und zu einem Großteil auf der Tatsache, dass wir als Gruppe einfach an die Wirksamkeit und Sinnhaftigkeit von medizinischen Handlungen glauben wollen. Das bedeutet nicht unbedingt, dass viele medizinische Handlungen wirkungslos sind, sondern dass wir nicht wissen, ob sie wirken beziehungsweise wie groß der tatsächliche Effekt ist.

29.2 Hierarchien der Evidenz

Es gibt eine so genannte Hierarchie der Evidenz (Tabelle 29.1), an deren Spitze, als Evidenz der wertvollsten Stufe, systematische Übersichtsarbeiten und Meta-Analysen von randomisierten Studien und an letzter Stufe die nicht evidenzbasierte Expertenmeinung angesiedelt ist.

Sie sollten sich nicht dogmatisch an diese Hierarchie halten, sondern unbedingt die Qualität der jeweiligen Studien berücksichtigen. Eine hochwertige Fall-Kontrollstudie ist mehr wert als eine fehlerhafte randomisiert kontrollierte Studie. Jedenfalls ist es sinnvoll, als Konsequenz dieser Hierarchie die Suche nach wissenschaftlicher Evidenz immer bei Meta-Analysen zu starten, weil wir so eine überschaubare Anzahl an Studien finden, deren Qualität obendrein meistens die beste ist. Wenn wir keine Meta-Analysen finden, sollten wir schrittweise weitersuchen, bis wir geeignete Informationen gefunden haben. Wenn es zu einer bestimmten Fragestellung keine publizierten Studien gibt, dann ist auch die nicht evidenzbasierte Expertenmeinung die beste verfügbare Evidenz.

Tabelle 29.1 Hierarchien der Evidenz (eine Vereinfachung)

1.	Systematische Übersichtsarbeit und/oder Meta-Analyse von mehreren randomisiert kontrollierten Studien
2.	Einzelne randomisiert kontrollierte Studien mit ausreichender *Power*
3.	Nicht randomisiert kontrollierte Studien (Beobachtungsstudien)
4.	Nicht kontrollierte Studie (Fallserie)
5.	Nicht evidenzbasierte Expertenmeinung

29.3 Die „Aussage" von Studien für den einzelnen Patienten

Studien liefern „durchschnittliche" Ergebnisse, die genau genommen eigentlich für die ganze Gruppe als Gesamtheit gelten. In der klinischen Praxis fragen wir uns aber, ob eine Behandlung bei der Patientin wirksam ist, die wir gerade behandeln. Eine Möglichkeit, wie man diese Limitation von Studien in die klinische Praxis übersetzen kann, ist die so genannte *Number-needed-to-treat* (NNT). Die NNT beschreibt die Anzahl von Patienten, die man behandeln muss, um eine „Einheit" Vorteil beziehungsweise Nutzen zu erlangen.

Ein Beispiel

Studien haben gezeigt, dass mit steigenden Blutfettwerten, insbesondere dem Cholesterin, das Herzinfarktrisiko steigt. Arzneimittel, so genannte Lipidsenker, können die Blutfettwerte und dadurch auch das Herzinfarktrisiko senken. Je höher der Cholesterinspiegel ist, desto größer ist die Risikoreduktion durch eine Behandlung mit Lipidsenkern. Aber auch wenn man „durchschnittliche", also normale Werte weiter senkt, sinkt das Herzinfarktrisiko. Man muss aber 50 Menschen mit „durchschnittlichen" Cholesterinwerten über fünf Jahre mit dem Lipidsenker Pravastatin behandeln, um einen Herzinfarkt zu vermeiden (Downs 1998). Anders betrachtet nehmen 49 der behandelten Personen dieses Arzneimittel umsonst, allerdings können wir nicht voraussagen, wer profitieren wird.

Die NNT kann man sich leicht ausrechnen, wenn bekannt ist, wie viele Prozent in den Behandlungsgruppen den Endpunkt (zum Beispiel Herzinfarkt, Tod usw.) erleiden (siehe auch Kapitel 6).

Noch ein Beispiel

Präeklampsie ist eine Erkrankung, die während der Schwangerschaft auftreten kann. Die Krankheit äußert sich vor allem durch hohen Blutdruck und Eiweißverlust über die Niere der Mutter. In weiterer Folge kann es zu Schwangerschaftskomplikationen, wie zum Beispiel einer Frühgeburt, kommen. In einer Meta-Analyse wurde bei Müttern mit erhöhtem Präeklampsierisiko untersucht, ob Aspirin im Vergleich zu Placebo Kinder vor Frühgeburten schützt (Duley 2001). Es wurden insgesamt 39 randomisiert kontrollierte Studien mit 30.536 Schwangeren gefunden. In der Aspiringruppe wurden 17,2 % der Kinder, in der Placebogruppe 18,6 % der Kinder zu früh geboren. Die NNT ist hier 71 (= 1/(0,186 − 0,172)). Das heißt, man muss 71 Frauen, die ein definiertes Risiko haben, mit Aspirin behandeln, um eine Frühgeburt zu vermeiden. Natürlich sollte man allen Frauen, die ein solches Risikoprofil haben, Aspirin geben, aber welcher erspart man damit nun die Frühgeburt? Das 95 %-Konfidenzintervall reicht von 44 bis 200: In der klinischen Realität bedeutet das, dass wir zu 95 % sicher sein können, im Durchschnitt eine Frühgeburt zu verhindern, wenn wir mindesten 44 und höchstens 200 Frauen behandeln – ein ziemlich weiter Bereich.

Die Frühgeburt will man verhindern, um die Folgekomplikationen und letztlich den frühkindlichen Tod zu vermeiden, der zum Glück nur bei einem geringen Prozentsatz der Frühgeburten eintritt. Konsequenterweise können wir also fragen, wie viele Frauen man behandeln muss, um einen frühkindlichen Todesfall zu vermeiden. Nach den Ergebnissen dieser Meta-Analyse kann man zu 95 % sicher sein, dass ein frühkindlicher Todesfall vermieden werden kann, wenn man zwischen 125 und 10.000 (!) Risikoschwangere behandelt. Das heißt, Aspirin ist wirksam. Wir sollten es Frauen mit einer Risikoschwangerschaft unbedingt geben. Wir müssen uns aber auch bewusst sein, dass der Effekt möglicherweise sogar bedeutungslos ist. Weiters wissen wir natürlich nicht, welcher Mutter wir helfen und welcher nicht.

Die NNT ist ein sehr brauchbares Konzept, trotzdem ist sie nur ein bedingt nützliches Werkzeug der *Evidence Based Medicine*. Erstens kann man die NNT aus einer Studie nicht immer problemlos auf eine andere Patientenpopulation übertragen. Die NNT wird nämlich stark vom Basisrisiko beeinflusst. Dieses Basisrisiko als Ausdruck der Häufigkeit des *Outcome* variiert zwischen verschiedenen Populationen mitunter beträchtlich. Weiters ist die NNT nur für die Beschreibung von binären Ergebnissen geeignet. Manches lässt sich nur sehr schwer in „gut" und „böse" einteilen, sondern vernünftig nur auf einer Skala abbilden. Manche Begriffe für Gesundheit sind überhaupt nur sehr schwer zu quantifizieren, da es sich um Qualitäten handelt. Lebensqualität ist hier ein sehr gutes und vor allem wichtiges Beispiel. Lebensqualität ist nicht nur ein Kontinuum, das von unvorstellbar schlecht bis zu sehr, sehr gut reichen kann. Sie wird auch durch verschiedene qualitative Unterbereiche, so genannte Dimensionen, geprägt. Dazu gehören Aspekte wie die allgemeine Gesundheitswahrnehmung, Veränderung der Gesundheit, körperliche Rollenfunktion, emotionale Rollenfunktion, psychisches Wohlbefinden und soziale Funktionsfähigkeit (Bullinger 1995).

29.4 Die Generalisierbarkeit von Studien

29.4.1 Warum sind Studienergebnisse nicht oder nur bedingt generalisierbar?

Studienteilnehmer werden nach bestimmten Gesichtspunkten ausgewählt und sind daher oft nicht repräsentativ für Patienten aus dem klinischen Alltag. Häufig sind Studienpatienten jünger, haben weniger Begleiterkrankungen und sind sozioökonomisch besser gestellt als der „Durchschnittspatient."

Ein Beispiel

In einer Studie, die Antikoagulation bei Vorhofflimmern untersuchte, wurden über 90 % der Patienten mit Vorhofflimmern ausgeschlossen (Sweeney 1995). Ausschlussgründe waren unter anderen soziale Probleme und Begleiterkrankungen. Die Prävalenz von Vorhofflimmern nimmt mit dem Alter stark zu. Weiters ist in der täglichen Praxis bei über 25 % der über 65-Jährigen mit relevanten Begleiterkrankungen zu rechnen (Van Weel 1996). Es erstaunt daher nicht, dass die Rate von Blutungskomplikationen in randomisiert kontrollierten Studien niedriger ist als in Beobachtungsstudien und unter Realbedingungen.

Noch ein Beispiel

Ein weiteres Beispiel ist die Therapie der Herzinsuffizienz mit Digitalisprä-paraten. Eine der bislang besten Studien hat nur Patienten mit Sinusrhythmus untersucht (Digitalis Intervention Group 1994), aber Vorhofflimmern ist nun einmal eine häufige Begleitkomplikation der Herzinsuffizienz. Wir könnten unseren Patienten bei Herzinsuffizienz und Vorhofflimmern Digitalis verschreiben, wir meinen, dass die Verbesserung der Lebensqualität auch für Patienten mit Vorhofflimmern gilt; bewiesen ist das nicht und es gibt plausible Gründe, warum Digitalis bei diesen Patienten vielleicht nicht wirkt. Man muss übrigens im Durchschnitt 14 Patienten über 37 Monate behandeln, um eine Krankenhausaufnahme zu vermeiden. Das Überleben wird nicht verbessert.

29.4.2 Wie kann man die Generalisierbarkeit von Studien verbessern?

Leider gibt es diesbezüglich keine allgemeingültige Lösung, jedenfalls kann eine Studie nur „individuelle" Vorhersagen treffen, wenn sie speziell dafür geplant wurde. Generell gilt, dass Studien (1) pragmatisch sein müssen, (2) nach Risikogruppen stratifiziert sein und (3) die Vorliebe des Patienten auch erfassen sollten.

29.4.2.1 Pragmatische Studien

„Pragmatisch" bedeutet in diesem Zusammenhang, dass Patienten mit einem bestimmten, klinisch einfach zu bestimmenden Charakteristikum eingeschlossen werden. Wenn zum Beispiel die Zielgruppe die der Patienten mit Herzinsuffizienz ist, müssten in einer nicht pragmatischen Studie „hieb- und stichfeste" Einschlusskriterien definiert werden. Um die Pumpleistung des Herzens zu bestimmen, bietet sich zum Beispiel die Echokardiographie an. In einer idealen Gesundheitsversorgungssituation erhalten alle Patienten mit Verdacht auf Herzinsuffizienz eine Herzultraschalluntersuchung (Echokardiographie), mit der man die Diagnose relativ gut sichern kann. Eine Echokardiographie war auch zur Diagnosesicherung der oben genannten Studie notwendig, obwohl die schon relativ pragmatisch war, da immerhin fast 7.000 Patienten eingeschlossen wurden. Die Untersuchung kostet etwa 80 Euro, was nicht viel zu sein scheint. Wenn man aber davon ausgeht, dass etwa 3 % aller über 45-Jährigen eine Herzinsuffizienz haben, kann das, zumindest aus der Perspektive der Krankenkassen, schon recht teuer werden.

In der klinischen Realität ist daher nicht anzunehmen, dass der durchschnittliche Patient mit Herzinsuffizienz jemals ein Echokardiographiegerät zu Gesicht bekommt: zu wenige Geräte; zu wenige Spezialisten, die diese Geräte bedienen könnten, zu teuer.

Ein Beispiel

Eine pragmatische Studie könnte zum Beispiel so aussehen, dass eine Herzinsuffizienz angenommen wird, wenn der behandelnde Arzt diese diagnostiziert, egal wie. Natürlich werden in diesem Fall auch Patienten dabei sein, die eine andere Krankheit mit ähnlichen Symptomen haben; Atemnot ist zum Beispiel ein typisches Symptom, aber auch chronische Lungenerkrankungen führen zu Atemnot. In der täglichen klinischen Praxis gibt es tatsächlich viele solcher „Fehldiagnosen" und daraus resultierenden Fehlbehandlungen. Solche Fehler können wir zwar minimieren, aber nicht vermeiden.

29.4.2.2 Stratifizierte Studien

Stratifizierung bedeutet, dass schon während der Planung der Studie vorgesehen ist, nach definierten, klinisch relevanten Subgruppen zu randomisieren (siehe Kapitel 17). Die Stratifizierung ist wichtig, da so von vornherein unterschiedliche Gruppen gesondert beobachtet werden können und ein Effekt nicht im groben „statistischen Durchschnittswert" verschwindet.

Ein Beispiel (noch immer Digitalis)

Die Hauptfrage ist, ob Digitalis bei der Herzinsuffizienz eine positive Wirkung hat. Möglicherweise wirkt Digitalis besser, wenn die Pumpleistung des Herzen besonders schlecht ist? Vielleicht gibt es auch Altersgruppen, die besonders profitieren, wie zum Beispiel die über 80-Jährigen – eine Altersgruppe, über die es ohnedies wenig Informationen hinsichtlich der Wirksamkeit von medizinischen Interventionen gibt.

Wenn ich die Patienten einfach nach dem Zufallsprinzip in eine Digitalisgruppe und eine Placebogruppe einteile, kann ich solche Effekte nicht mehr zuverlässig erkennen. Nachträgliche Subgruppenanalysen sind nur begrenzt sinnvoll, weil einerseits häufig der Effekt der Randomisierung verloren geht und andererseits durch multiples Testen in vielen Subgruppen das Risiko für einen Typ-I-Fehler ansteigt. Gegen das Erstere hilft Randomisierung auf Subgruppenebene, gegen Zweiteres eine A-priori-Festlegung einiger weniger Subgruppenanalysen (siehe auch Kapitel 9). Ein weiteres Problem der Subgruppenanalysen ist, dass es zu sehr kleinen Fallzahlen beziehungsweise Unterschieden in bzw. zwischen den Strata kommen kann und die *Power* daher nicht mehr ausreichend ist (siehe Kapitel 20). Daher ist es am besten, die Gruppen nach der Pumpfunktion des Herzens und dem Alter zu definieren und stratifiziert in jeder Gruppe nach der Zugehörigkeit zu randomisieren (Abbildung 29.1). In diesem Beispiel werden Patienten zuerst nach der Pumpfunktion des Herzens (Auswurfleistung $\leq 30\,\%$ oder $> 30\,\%$)

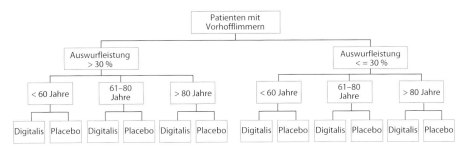

Abb. 29.1 Stratifizierte Randomisierung. Die Patienten werden nach Pumpfunktion des Herzens (Auswurfleistung > 30 % *v* ≤ 30 %) und nach drei Altersgruppen stratifiziert. Nur so kann die Wirksamkeit für jede dieser Gruppen untersucht werden

und dann nach drei Altersgruppen stratifiziert. Nur so kann die Wirksamkeit der Intervention für jede dieser Gruppen untersucht werden.

Die praktische Umsetzung eines solchen Studiendesigns ist natürlich nicht einfach. Wir haben hier schon sechs Strata. Sie dürfen nicht vergessen, dass auch die Fallzahl in jedem Stratum groß genug sein muss, um die Gruppen zu vergleichen.

29.4.2.3 Vorlieben der Patienten erfassen

Jeder hat spezielle Wünsche und Vorlieben, die mitunter auch irrational sein können. Zum Beispiel greifen Patienten nachweislich lieber zu roten als zu blauen Tabletten (zumindest in einer US-Studie). Vorlieben können das Ergebnis einer Studie, aber auch die Ergebnisse einer Behandlung stark beeinflussen und sollten daher erfasst werden. Dieses Thema ist komplex und wir verweisen Interessierte auf weiterführende Literatur (Torgerson 1998).

Kapitel 30

Wissenschaftliche Arbeiten kritisch lesen – eine Checkliste

Ein Grundpfeiler der *Evidence Based Medicine* ist, veröffentlichte wissenschaftliche Arbeiten kritisch zu lesen und zu hinterfragen. Das Rüstzeug dafür bieten die vorangegangenen Seiten. Hier sind die essenziellen Fragen, die man sich beim Lesen einer wissenschaftlichen Arbeit fragen sollte, nochmals zusammengefasst. Eigentlich erlauben die meisten Fragen nur ein Ja oder ein Nein als Antwort. Oft genug wird es aber vorkommen, dass die Antwort „unklar" ist.

30.1 Allgemeine Fragen – diese Fragen gelten für jede Studie

✓ Ist das Ziel der Studie eindeutig beschrieben?
✓ Wer genau wurde untersucht?
✓ Gibt es eine Erklärung für die Wahl der Stichprobengröße?
✓ Sind die verwendeten Messmethoden gültig und zuverlässig?
✓ Beschreiben die Autoren, wie sie mit fehlenden Werten umgingen?
✓ Wurden die statistischen Methoden ausreichend beschrieben?
✓ Wurden die Basisdaten ausreichend beschrieben?
✓ Stimmen die Zahlen, wenn man sie zusammenzählt?
✓ Wurden statistische Signifikanz (p-Werte) und/oder Inferenz (Konfidenzintervalle) angegeben?
✓ Was bedeuten die Hauptresultate?
✓ Gibt es „Subgruppenanalysen" und wenn ja, wurden diese im Vorhinein definiert?
✓ Wie wurden „negative" Ergebnisse, also solche, die keinen Unterschied zeigen, interpretiert?
✓ Wurden wichtige Effekte übersehen?
✓ Wie verhalten sich diese Ergebnisse zu bereits veröffentlichten Ergebnissen?
✓ Was bedeuten die Ergebnisse für die eigene klinische Praxis?

30.2 Spezielle Fragen

30.2.1 Fall-Kontrollstudie

(siehe Kapitel 14)

✓ Kann die Fragestellung mit einer Fall-Kontrollstudie beantwortet werden?
✓ Sind die Fälle ausreichend definiert?
✓ Sind die gewählten Fälle repräsentativ für die zu erwartenden Fälle?
✓ Wird das Auswahlverfahren für die Kontrollen ausreichend beschrieben?
✓ Wenn ein Kontrollpatient/-proband zum Fall würde, käme er in die Gruppe der Fälle?
✓ Wurden Informationen für beide Gruppen mit den gleichen Methoden gesammelt?
✓ Wussten die Fälle, dass sie den Risikofaktor hatten?
✓ Wussten die Beobachter beim Einschluss der Fälle, ob diese den Risikofaktor hatten?
✓ Wussten die Beobachter beim Messen des Risikofaktors, ob es sich um einen Fall oder eine Kontrolle handelt?

30.2.2 Kohortenstudie

(siehe Kapitel 15)

✓ Kann die Fragestellung mit einer Kohortenstudie beantwortet werden?
✓ Gab es eine Kontrollgruppe?
✓ War das *Follow-up* ausreichend ($\geq 80\,\%$)?
✓ Wenn nicht, wie viel Prozent betrug es?
✓ Gibt es Hinweise, dass das *Follow-up* zwischen den Gruppen unterschiedlich war?
✓ Wussten die Probanden, ob sie den jeweiligen Risikofaktor hatten?
✓ Wussten die Beobachter, ob die jeweiligen Probanden den Risikofaktor hatten?

30.2.3 Randomisiert kontrollierte Studien

(siehe Kapitel 16 bis 21)

✓ Wurden die Einschlusskriterien ausreichend beschrieben?
✓ Entsprechen die eingeschlossenen Patienten auch dem durchschnittlichen (bzw. meinen) Patienten mit dieser Krankheit?
✓ Erfolgte die Gruppenzuteilung nach dem Zufallsprinzip?
✓ War für die Einschließenden vorherzusehen, in welche Gruppe der nächste Patient kommen wird?
✓ Wussten die Beobachter, in welchem Behandlungsarm der Patient war?

✓ Wussten die Patienten, in welchem Behandlungsarm sie waren?

✓ Wurde die Analyse nach dem *Intention-to-treat*-Prinzip durchgeführt?

✓ Waren die Gruppen hinsichtlich der Basisdaten vergleichbar?

✓ Wurden Nebenwirkungen erfasst?

30.2.4 Systematische Übersichtsarbeiten und Meta-Analysen

(siehe Kapitel 22 und 23)

✓ In welchen Datenbanken wurde gesucht?

✓ Wurden nur bestimmte Sprachen eingeschlossen? Welche?

✓ Wurde in den Referenzen der gefundenen Arbeiten auch nach Information gesucht?

✓ Wurde „Handsuche" betrieben?

✓ Ist der Suchzeitraum angegeben?

✓ Sind die Suchbegriffe angegeben?

✓ Sind die Suchbegriffe ausreichend?

✓ Welche Arten des Studiendesigns wurden eingeschlossen?

✓ Ist die relevante Patientengruppe ausreichend definiert?

✓ Wurde die Qualität der eingeschlossenen Studien erhoben? Wenn ja, wie?

✓ Wurde nach Hinweisen auf *Reporting Bias* gesucht?

✓ Wurde auf klinische und statistische Heterogenität eingegangen?

Die Fragen sind, zumindest teilweise, in Anlehnung an Iain Crombies Taschenbüchlein entstanden (Crombie 1996). Die praktischen Vor- und Nachteile der jeweiligen Designform werden auch in Appendix I dargestellt.

Kapitel 31

EBM-Quellen

▶ Nur wenige wissenschaftliche Arbeiten erfüllen Qualitätsanforderungen, die für *Evidence Based Medicine* (EBM) notwendig sind

▶ EBM-Quellen veröffentlichen wissenschaftliche Arbeiten, die einer entsprechenden Qualitätskontrolle unterzogen wurden

▶ EBM-Quellen sind nur verlässlich, wenn die Inhalte regelmäßig erneuert werden

▶ Klinische Leitlinien können ein sinnvolles EBM-Werkzeug sein

▶ Die Erstellung klinischer Leitlinien erfordert ein breites Spektrum an Fachwissen

31.1 Die Hierarchie der EBM-Quellen

Bei der Suche nach EBM-Informationsquellen bzw. beim Durchsuchen dieser Quellen sollte man unterschiedliche hierarchische Stufen unterscheiden. Stellen Sie sich Evidenz als Pyramide vor. Die unten beschriebenen Stufen sind aber nicht immer eindeutig voneinander zu trennen.

31.1.1 Die Basis

Die erste Stufe besteht aus Originalarbeiten, die in wissenschaftlichen Journalen, wie zum Beispiel dem *New England Journal of Medicine*, *Lancet* oder *BMJ*, veröffentlicht werden.

31.1.2 Der Mittelbau

Die zweite Stufe besteht aus systematischen Übersichtsarbeiten und Meta-Analysen von wissenschaftlichen Originalarbeiten der Stufe 1, wie sie zum Beispiel in der *Cochrane Library* veröffentlicht werden. Zum Glück erkennen die Editoren von wissenschaftlichen Journalen zusehends, dass diese Art der Arbeit hohen wissenschaftlichen und vor allem klinischen Wert hat.

31.1.3 Die Spitze der Pyramide

Die dritte Stufe sind EBM-Quellen wie zum Beispiel *Clinical Evidence* oder der *ACP Journal Club*. Brauchbare EBM-Quellen zeichnen sich dadurch aus, dass (1) wissenschaftliche Arbeiten der Stufe 1 und 2 anhand von relativ strikten Kriterien kritisch evaluiert werden und dass (2) ein regelmäßiges, systematisches Update erfolgt, da auch die Evidenz durch laufend anwachsendes Wissen verändert wird. „Veränderung" durch anwachsendes Wissen bedeutet in den meisten Fällen, dass Hypothesen gestärkt und die Effektgröße von Interventionen präzisiert werden; in seltenen Fällen werden Behandlungsparadigmen umgestoßen werden. Elektronische Speichermedien und insbesondere das Internet bieten eine ideale Plattform für kontinuierlich in Entwicklung befindliches Wissen.

31.2 Einige wichtige EBM-Quellen

31.2.1 EBM-Journale (oder Äquivalent)

Die vier Journale *Evidence Based Medicine* (*http://ebm.bmj.com*), *Evidence Based Mental Health* (*http://ebmh.bmj.com*), *Evidence Based Nursing* (*http://ebn.bmj.com*) und *ACP Journal Club* (*www.acpjc.org*) funktionieren nach demselben Prinzip: An einer zentralen Stelle, der McMaster Universität in Kanada, werden eine Reihe von Journalen jeweils nach dem Erscheinen auf das Vorhandensein bestimmter Kriterien begutachtet (Tabelle 31.1).

Diese Kriterien mögen nach der Lektüre dieses Buches gar nicht so streng erscheinen, wir können Ihnen aber versichern, dass nur etwa 2 bis 4 % aller publizierten wissenschaftlichen Arbeiten diesem Standard entsprechen. Etwa 50.000 Artikel aus mehr als 100 Journalen pro Jahr werden begutachtet und auf etwa 120 relevante Artikel reduziert.

Wenn ein Artikel diese kritische Evaluation überstanden hat, wird entschieden, für welche der vier Journale er geeignet ist. Die Arbeit wird im Anschluss gemeinsam mit einem kurzen Kommentar von einem Spezialisten im jeweiligen Gebiet veröffentlicht, um einen klinischen Kontext für die Ergebnisse herzustellen. Wenn diese Kriterien nicht erfüllt sind, sind die jeweiligen Artikel nach den Prinzipien der *Evidence Based Medicine* nicht als Informationsquelle geeignet.

Die oben genannten Journale nehmen sozusagen, „was kommt", solange die Qualität stimmt. *Clinical Evidence* (*http://clinicalevidence.bmj.com*) ist nach klinischen (derzeit allgemeinmedizinischen) Bedürfnissen ausgerichtet. Im Rahmen von Fokusgruppendiskussionen wurde ein Fragenkatalog entwickelt (z. B. Welche Therapiemöglichkeiten gibt es für die Behandlung der benignen Prostatahyperplasie?). Dann versucht ein Team von klinischen Epidemiologen, diese Fragen anhand von systematischer Literatursuche und kritischer Evaluation der gefundenen Literatur zu beantworten. Das Journal (mittlerweile eher mehrere Bücher) wird halbjährlich erneuert und erweitert.

Tabelle 31.1 Kriterien zur Beurteilung der Qualität von wissenschaftlichen Arbeiten

1. Studien, die Prävention oder Behandlung beschreiben: Es muss eine Kontrollgruppe und eine Interventionsgruppe vorhanden sein; die Gruppenzugehörigkeit muss nach dem Zufallsprinzip erfolgt sein; *Follow-up* von > 80 % der Teilnehmer.

2. Studien, die diagnostische Methoden beschreiben: Es muss eine oder mehrere eindeutig beschriebene Vergleichsgruppe(n) geben, eine Gruppe muss frei von der untersuchten Pathologie sein; der diagnostische Test muss ohne Wissen um das Ergebnis beurteilt worden sein; es muss ein „Goldstandard" verwendet worden sein (entweder eindeutiger Referenztest oder derzeitiger klinischer Standard); wenn ein klinischer Standard verwendet wurde, sollen Kriterien der subjektiven Variabilität erfasst worden sein.

3. Studien, die Prognosefaktoren beschreiben: Kohortenstudie (eindeutige Erfassung des zeitlichen Zusammenhanges zwischen Risikofaktor und Endpunkt); alle Probanden müssen zu Beginn der Beobachtung frei vom Endpunkt gewesen sein; *Follow-up* von > 80 % der Teilnehmer.

4. Studien, die unter Zuhilfenahme von Prognosefaktoren Risiken vorhersagen: müssen dem Punkt 3 entsprechen und an einem zweiten unabhängigen Kollektiv validiert worden sein.

5. Studien, die Kausalität beschreiben: müssen das jeweilige Design ausreichend beschreiben (Kohortenstudie, Fall-Kontrollstudie, randomisierte/nicht randomisierte Interventionsstudie; wenn technisch/ethisch möglich, sollten sowohl Studienteilnehmer als auch die Durchführenden hinsichtlich Risikofaktor und Endpunkt verblindet gewesen sein; der Endpunkt sollte so objektiv als möglich (z. B. Gesamtmortalität) oder standardisiert (z. B. QUALY) sein.

6. Studien, die Kosten von Gesundheitsprogrammen oder Interventionen beschreiben: Es müssen Vergleichsgruppen beschrieben sein; sowohl die Kosten als auch die Effektivität müssen beschrieben sein; Hinweise auf Effektivität soll von Studien stammen, die den Punkten 1 bis 3 entsprechen, oder von systematischen Übersichtsarbeiten; der Zeitrahmen, die Perspektive und die Währung müssen beschrieben sein; eine Sensitivitätsanalyse soll durchgeführt werden.

7. Systematische Übersichtsarbeiten: müssen eine Beschreibung der Suchmethode, -begriffe und Informationsquellen/Datenbanken beinhalten; Ein- und Ausschlusskriterien für Studien müssen angegeben sein.

Die *Cochrane Collaboration* (*www.cochrane.org*) (siehe auch Kapitel 22) veröffentlicht in ihrer rein elektronischen Bibliothek sowohl fertig gestellte systematische Übersichtsarbeiten und Meta-Analysen als auch Protokolle (nach ausgiebigem *Peer Review*). Die Qualität der dort veröffentlichten Übersichten ist in den meisten Fällen sehr gut.

Das *American College of Physicians* hat eine Reihe von qualitativ hochwertigen Leitlinien erstellt, die gemeinsam mit anderen „guten" Leitlinien unter *www.guideline.gov* zu finden sind.

Zuletzt möchten wir auf eine Meta-Suchmaschine für EBM-Publikationen verweisen (*www.tripdatabase.com*). Die Suchmaschine ist zwar etwas bockig, aber es werden alle relevanten EBM-Quellen abgesucht und in Form der oben aufgelisteten hierarchischen Stufen präsentiert. Auch hier sind qualitativ hochwertige Leitlinien abzurufen.

31.2.2 Klinische Leitlinien (Guidelines)

Klinische Leitlinien sind Empfehlungen bezüglich Diagnose und Behandlung bzw. Vermeidung von Erkrankungen. Diesen Empfehlungen sollte die beste derzeit vorhandene Evidenz zugrunde liegen. Die unterschiedlichsten Organisationen erstellen Leitlinien, meistens jedoch sind es Fachgesellschaften. Leitlinien haben sowohl für Patienten als auch für Ärzte eine Reihe von Vorteilen (Tabelle 31.2).

Tabelle 31.2 Vorteile von Richtlinien

Vorteile für Patienten

- Fördert Interventionen mit bewiesenem Effekt
- Reduziert unwirksame Interventionen
- Fördert die Uniformität der Betreuung (Betreuung variiert sehr stark mit Spezialität und geographischer Lokalisation)
- Richtlinien für Laien fördern die Fähigkeit zur informierten Entscheidung
- Beeinflussen politische Entscheidungen
- Behandeln unerkannte Gesundheitsprobleme, Vorsorgemaßnahmen, vernachlässigte Patientengruppen und Hochrisikogruppen

Vorteile für Ärzte

- Explizite Empfehlungen:
  – wenn Unsicherheit besteht
  – um Kollegen von der Nichtzeitgemäßheit von Behandlungsformen zu überzeugen
  – um autoritäre Empfehlungen abzugeben
- Deckt unzulängliche bzw. schlechte Wissenschaft auf
- Erhöht Effektivität des Gesundheitssystems

Leitlinien haben aber auch eine Reihe von Nachteilen. Die abgegebenen Empfehlungen sind manchmal schlichtweg falsch. Vor allem fehlt den meisten Mitgliedern eines „Expertenboards" die Expertise, die Literatur systematisch zu suchen und zu evaluieren. Daher sind die zugrunde liegenden Studien oft methodisch inadäquat. Obendrein leidet das Expertenboard meist unter Zeitdruck. Ein oft unterschätzter Punkt ist, dass Experten einen Erfahrungsschatz haben, der auf ein anderes, vorselektiertes Patientenkollektiv zutrifft, als es von Allgemeinmedizinern gesehen wird. Unflexible Leitlinien erlauben keine entsprechende Anpassung, ignorieren eventuell individuelle Bedürfnisse sowohl der Patienten als auch der Ärzte und können so die Arzt-Patient-Beziehung stören. Letztlich spielen Interessenkonflikte eine nicht zu unterschätzende Rolle in der Interpretation der vorhandenen Evidenz. In Kapitel 8 (Verblindung) haben wir eine Studie beschrieben, die zeigt, dass die Arthroskopie – das „Brot" vieler Orthopäden – Schmerzen bei chronischer Kniegelenksabnützung nicht reduziert. Wie, glauben Sie, wird eine orthopädische Fachgesellschaft diese Studie interpretieren und wie ein Krankenversicherungsträger?

Um brauchbare Leitlinien zu erstellen, ist eine beträchtliche Portion an Expertise notwendig. Es muss jedoch nicht jedes Mitglied des Expertenboards alles können. Neben der klinischen Expertise, die in den meisten Fällen allein für die Mitgliedschaft in einem derartigen Board ausschlaggebend ist, sollten auch Mitglieder mit Kenntnissen der systematischen Literatursuche vertreten sein (siehe auch Kapitel 22 und 23). Weiters sollten Leute mit guten Kenntnissen in Biostatistik und (klinischer) Epidemiologie vertreten sein. Damit meinen wir nicht selbst ernannte „Experten", sondern Fachkräfte mit entsprechender Ausbildung. Ein wichtiger und meistens nicht bedachter Punkt ist, dass bei Leitlinienentwicklungen Kommunikationsspezialisten anwesend sein sollten, die den Gruppenprozess steuern können. Letztlich wollen Leitlinien auch gut präsentiert sein und jemand mit Erfahrung im Verfassen und Redigieren von Texten ist notwendig. Die Erstellung von Leitlinien ist also mehr als das Zusammenholen von „Kapazitäten".

31.2.2.1 Wie erkenne ich brauchbare (qualitativ hochwertige) Leitlinien?

Es gibt beinahe so viele Leitlinien wie Sand am Meer. Viele dieser Leitlinien sind leider von schlechter Qualität, oft nicht mehr zeitgemäß oder beides. Entweder Sie überprüfen die Leitlinien kritisch, wie Sie das auch mit Originalarbeiten tun sollten, oder Sie beziehen Ihre Leitlinien aus den oben genannten EBM-Quellen und vertrauen darauf, dass ein Mindestmaß an Qualität vorhanden sein muss. Leitlinien ohne Methodenteil sollten Sie nicht lesen bzw. verwenden. Beachten Sie auf jeden Fall das Erstellungsdatum. Bedenken Sie auch, dass Leitlinien für viele Situationen nicht einfach übernommen werden können und daher oft an lokale/regionale Gegebenheiten angepasst werden müssen.

31.2.2.2 Implementierung von Leitlinien

Eigentlich gehört dieser Abschnitt gar nicht in dieses Buch, da es aber ein sehr interessanter Bereich ist, möchten wir kurz auf die Implementierung von Leitlinien eingehen. Obwohl (oder vielleicht auch weil) es so viele Leitlinien gibt und, vor allem, obwohl sie trotz ihrer Nachteile auch viele Vorteile haben, ist bekannt, dass sich fast niemand daran hält. Zur Erstellung von Leitlinien gibt es „Kochrezepte", es gibt aber leider kein Rezept, wie man Leitlinien am besten implementiert. Wenn man Leitlinien implementieren will, muss man geeignete Strategien entwickeln. Es geht vor allem darum, zu erkennen, wo genau die Barrieren sind und wie sie beschaffen sind. Solche Barrieren erkennt man am besten im Rahmen von Einzelinterviews mit Ärzten und Patienten sowie durch Gruppeninterviews und Beobachtung. Wenn die Barriere durch fehlendes Wissen bedingt ist, kann sie durch Seminare und Workshops überwunden werden. Wenn die Barriere durch unerkannte, suboptimale Praxis entsteht, können *Audit* und *Feedback* die Situation verbessern. Wenn die Barriere die existierende Kultur bzw. Subkultur ist, kann soziale Einflussnahme durch regionalen Konsens, durch Marketing und durch Meinungsbildner versucht werden.

31.3 Mehr Informationen zu klinischen Leitlinien

Eine kritische Diskussion über die Vor-, aber auch Nachteile klinischer Leitlinien finden sie in einer *BMJ*-Serie (Haycox 1999; Hurwitz 1999; Feder 1999; Woolf 1999).

Klinische Forschung und gesellschaftliche Richtlinien

Kapitel 32

Ethik und klinische Forschung

▶ Ethisches Handeln ist durch Werte oder Standards, die in einer Gesellschaft einem „normalen" Verhalten zugrunde liegen, definiert

▶ Schlechte oder inadäquate wissenschaftliche Methoden und Standards sind unethisch

▶ Für das Wohlergehen der Studienteilnehmer und die Wahrung ihrer Würde muss unter allen Umständen gesorgt werden

▶ Die Patienteninformation und die Einwilligungserklärung muss für Laien verständlich sein

32.1 Was ist Ethik?

Das Wort Ethik stammt vom griechischen Wort „Ethos" ab, was so viel wie „Sitte" oder „Brauch" bedeutet. In unserem Sprachgebrauch definiert Ethik im weitesten Sinn Werte oder Standards, die in einer Gesellschaft einem „normalen" Verhalten zugrunde liegen. In der Philosophie ist Ethik das Studium der Prinzipien, die menschlichem Verhalten zugrunde liegen, oder kurz die „Sittenlehre".

32.1.1 Die vier Grundprinzipien der Medizinethik

Jedes medizinethische Problem kann theoretisch anhand von vier Prinzipien analysiert werden:

a) Respekt der individuellen Autonomie
b) Nichts Schlechtes tun
c) Gutes tun
d) Gerechtigkeit.

32.1.1.1 Respekt der individuellen Autonomie

Im Klartext bedeutet das: Probanden/Patienten können sich bewusst, unter Zuhilfenahme von entsprechender Information, die sie auch verstehen, entscheiden, ohne dass sie kontrollierend beeinflusst werden. Die Probanden müssen vor Beginn einer Studie über mögliche Risiken und Nebenwirkungen aufgeklärt werden und müssen diese auch verstehen! Die Risiken sind bei vielen Studien zum Glück gering. Neben den Risiken gibt es auch Belastungen, wie zum Beispiel Blutabnahmen, Anreise, Wartezeiten, Nahrungskarenz usw. Die Studienteilnehmer müssen daher auch über die Unannehmlichkeiten und die Belastungen informiert werden. Die Probanden müssen verstehen, dass die Teilnahme freiwillig ist, sie jederzeit ihre Einwilligung zurückziehen können und dass eine Verweigerung der Teilnahme keinen Nachteil für die (medizinische) Betreuung bedeutet.

32.1.1.2 Nichts Schlechtes tun/Gutes tun

Als Betreuer müssen wir danach trachten, den Probanden keinen Schaden zuzufügen. Wenn die Probanden auch noch Patienten sind, sollten wir ihnen sogar nutzen. Der Nutzen betrifft normalerweise nicht den Einzelnen, sondern die Gesellschaft.

In bestimmten Situationen – zum Beispiel bei Forschungsprojekten an Minderjährigen oder Nichteinwilligungsfähigen – fordert das Gesetz sogar einen individuellen Nutzen. Diese Forderung ist unsinnig, weil sie nicht zu erfüllen ist, zumindest nicht durch die Intervention im Rahmen einer randomisiert kontrollierten Studie. Bei diesen Studien kann der individuelle Nutzen nur darin bestehen, dass die Studienteilnehmer „besser" betreut werden, dass sie öfters klinische Kontrollen haben (ob das wirklich ein Nutzen ist, stellen wir in Frage), in der Ambulanz z. B. nicht warten müssen, Fahrtkosten ersetzt bekommen usw. Andererseits sieht das Gesetz vor, dass Nichtteilnehmern durch die Nichtteilnahme kein Nachteil entsteht. Wie soll ein Studienteilnehmer dann einen individuellen Vorteil erlangen?

Hinsichtlich der Intervention sollten wir nicht wissen, ob sie wirksam ist (*Uncertainty Principle*), da sonst eine Studie unethisch ist. Das bedeutet, wenn man alle randomisiert kontrollierten Studien zu einer Fragestellung in einen Topf wirft, sollte in der Hälfte der Fälle eine Intervention wirksam sein, in der anderen nicht.

Ein interessantes Beispiel

Bei Studien mit Patienten mit multiplem Myelom, die von der pharmazeutischen Industrie finanziert wurden, zeigte die „neue" Intervention überzufällig häufig einen wirksamen Effekt (in 90 %) (Djulbegovic 2000). Wenn eine randomisiert placebo-kontrollierte Studie bei diesen Patienten von einer *Non-for-profit*-Organisation finanziert wurde, war die neue Therapie in ca. 70 % der Studien wirksam (50 % ist zu erwarten und 70 % unterschied sich in dieser Studie nicht signifikant von 50 %).

Es gibt nun mehrere Möglichkeiten, dieses Ergebnis zu interpretieren: (1) Möglicherweise veröffentlichte die pharmazeutische Industrie „negative" Studien nicht (*Publication Bias*) oder (2) das *Uncertainty Principle* wurde verletzt. Möglicherweise trifft beides zu, wobei letzteres eher wahrscheinlich ist. Das bedeutet jedoch nicht unbedingt, dass die Industrie unethisch handelt. Sie müssen sich vorstellen, dass ein extrem professioneller Apparat ein Produkt über Jahre entwickelt. Je weiter das Produkt reift, desto wahrscheinlicher ist, dass ein gewisses Wirkprofil tatsächlich vorhanden ist. Randomisierte klinische Studien sind nicht nur sehr kosten- und zeitraubend, sondern auch vom Gesetz für die Zulassung eines Arzneimittels vorgeschrieben (siehe nächstes Kapitel). Daher werden solche Studien nur durchgeführt, wenn die Erfolgswahrscheinlichkeit groß ist. Wie Sie sehen, ist das *Uncertainty Principle* eine Frage der Perspektive.

32.1.1.3 Gerechtigkeit

Unter Gerechtigkeit versteht man in diesem Zusammenhang am ehesten, dass die Probanden/Patienten zur Population jener Patienten gehören, die später auch von neuen Therapien einen Nutzen haben: Wenn die Wirksamkeit festgestellt wird, muss die Population realistischen Zugang zu dieser Therapie haben. Klinische Forschung ist sehr teuer und es bietet sich daher an, Forschungsprojekte in Entwicklungsländern durchzuführen. Man kann aber z. B. eine neue, teure antiretrovirale Therapie nicht in einem Entwicklungsland testen, wenn klar ist, dass dieses Land nicht in der Lage sein wird, die Therapie anzubieten.

32.1.2 Was macht klinische Forschung moralisch annehmbar?

In groben Zügen müssen folgende Punkte erfüllt sein:

a) Die Beantwortung der Fragestellung bringt einen relevanten Nutzen.
b) Die jeweilige Studie kann die Frage beantworten: Das richtige Studiendesign und die entsprechende Methodik wurden gewählt und die Wissenschaftler haben die entsprechende Qualifikation.
c) Das Wohlergehen der Patienten steht im Vordergrund: Der Aufwand bzw. die Unannehmlichkeiten sowie das Risiko stehen in einem annehmbaren Verhältnis zum möglichen Nutzen für den Studienteilnehmer und/oder die Gesellschaft.
d) Die Würde der Patienten wird gewahrt: Es muss gewährleistet sein, dass alle Daten vertraulich behandelt und geschützt werden. Die Patienteninformation und die Einwilligungserklärung entsprechen einem gegebenen Standard.

32.1.3 Die Rolle einer Ethikkommission

Im Wesentlichen ist es die Aufgabe einer Ethikkommission, (1) individuelle Patienten zu schützen (sowohl vor inadäquater Wissenschaft als auch vor inakzeptablen Risiken und Belastungen) und ihre Menschenrechte zu wahren (Coughlin 1996), (2) die Gesellschaft vor missbräuchlicher Verwendung von Ressourcen zu schützen,

(3) eine führende Rolle bei der Entwicklung ethisch annehmbarer Forschungsmethoden, die zur Entdeckung neuer und besserer Behandlungsmethoden notwendig sind, zu spielen und (4) Hilfe bei der Beantwortung medizinethischer Fragen anzubieten.

Seit Mai 2004 sind in der EU Ethikkommissionen vom Gesetz vorgeschrieben. Selbst wenn das nicht so wäre, empfiehlt es sich, Studienprojekte von der zuständigen Ethikkommission begutachten zu lassen. Der Hauptgrund ist, dass ein klinisch tätiger Wissenschaftler sein eigenes Projekt mit den dazugehörigen Risiken nicht vorurteilsfrei betrachten kann. Ein weiterer wichtiger Grund ist, dass ein Studienprotokoll nie perfekt ist und durch die Begutachtung einer kompetenten Ethikkommission das Protokoll in der Regel verbessert wird. Weitere wichtige Gründe für die Konsultation einer Ethikkommission sind, dass es fast kein medizinisch-wissenschaftliches Journal gibt, das klinische Studien publiziert, die nicht vorher durch eine Ethikkommission begutachtet und für annehmbar befunden wurden, und dass die Begutachtung durch eine Ethikkommission oft auch eine notwendige Voraussetzung ist, Forschungsgelder zu beantragen.

32.1.4 Patienteninformation und Einwilligungserklärung

Die Patienteninformation und die Einwilligungserklärung sind, ebenso wie das richtige Studiendesign, Kernstücke einer ethisch annehmbaren Studie. Die Erstellung dieser Texte sollte daher nicht auf die leichte Schulter genommen werden. Wir lesen leider immer wieder Patienteninformationsbögen, die kompliziert geschrieben und überladen mit unverständlichem Fachjargon sind. Manchmal fällt es uns schwer zu glauben, dass Laien (und eventuell auch Ärzte) in der Lage sind, die Information mancher Aufklärungsbögen zu verstehen. Die Patienteninformation und Einwilligungserklärung sollten sorgfältig verfasst werden und erst zum Einsatz kommen, wenn diese so lange an repräsentativen „Probepatienten" ausprobiert und verbessert wurden, bis sichergestellt ist, dass Durchschnittspatienten den Inhalt verstehen. Das Forum der Österreichischen Ethikkommissionen hat ausgezeichnete Vorlagen für Patienteninformation und Einwilligungserklärung erstellt, die unter *http://ethikkommission.meduniwien.ac.at/service/patienteninformation* abrufbar sind.

Kapitel 33

Qualität, Wirksamkeit und Sicherheit – die drei Säulen der Arzneimittelzulassung

▸ Die Arzneimittelzulassung ist eine Maßnahme der öffentlichen Gesundheit und stellt angemessene Qualität, Wirksamkeit und Sicherheit von Arzneimitteln sicher

▸ Vor der Anwendung am Menschen wird das Arzneimittel hinsichtlich Pharmakodynamik, Pharmakokinetik, Toxizität, Gentoxizität, Kanzerogenität und Reproduktionstoxizität untersucht

▸ Am Menschen wird das Arzneimittel in vier Phasen untersucht: Verträglichkeit (Phase I), Dosisfindung (Phase II), Wirksamkeit und Sicherheit (Phase III), Sicherheit (Phase IV)

▸ *Good Clinical Practice* (GCP) ist ein Qualitätssicherungsinstrument und regelt Inhalt, Abläufe und Zuständigkeiten bei klinischen Studien

▸ Pharmakovigilanz ist die systematische Überwachung von Arzneimitteln nach ihrer Zulassung, um Nutzen und Gefahrenpotential besser abwägen zu können.

Obwohl das viele Ärzte nicht so genau wissen, ist der Markteintritt von Arzneimitteln sehr genau geregelt. Jedes Arzneimittel, das in der EU zur Anwendung kommt, muss einen sehr aufwändigen Zulassungsprozess durchlaufen. Die Anforderungen sind nach dem Contergan-Skandal weltweit stark erhöht worden. In den späten 50er Jahren wurde Thalidomid in Deutschland zur Behandlung von Schlafstörungen und auch der Schwangerschaftsübelkeit auf den Markt gebracht. Damals gab es jedoch kein ausreichendes Verständnis zum Nebenwirkungsprofil und auch keinen systematischen Zugang, dieses nach Markteintritt zu erfassen und darauf zu reagieren. In Deutschland wurden zwischen 1957 und 1961 etwa 5.000 Kinder mit Missbildungen, vor allem an Armen und Beinen bis hin zum vollkommenen Fehlen der Gliedmaßen, geboren. In Österreich bestand das Bewertungsteam im Wesentlichen aus einer wehrhaften Pharmakologin, die dafür sorgte, dass das Präparat, das ohnedies erst kurz vor der Zurückziehung auf den Markt kam, nur gegen Rezept abgegeben werden konnte (*http://www.aphar.at/pdfs/Nachruf-Ingeborg-Eichler.pdf*, accessed 28. 8. 10). In der Schweiz war das Mittel ebenso rezeptpflichtig. Durch diese Maßnahme kamen in Österreich 12 Menschen zu Schaden und in der Schweiz neun.

Leider ist in unserer Geschichte immer wieder zu beobachten, dass sinnvolle Gegenmaßnahmen überhaupt erst durch das Auftreten schrecklicher Ereignisse möglich sind. In der Folge wurde das Zulassungswesen verändert und entsprechende gesetzliche Regelwerke geschaffen. Das gilt in unterschiedlicher Ausprägung für die meisten entwickelten Länder.

33.1 Der Zulassungsprozess

Die Zulassung eines Arzneimittels ist ein formaler Rechtsakt, in den eine fachlich-wissenschaftliche Bewertung eingebettet ist. Das juristische Regelwerk ist ausgesprochen kompliziert und beschäftigt weltweit, sowohl auf Seiten der Pharmaindustrie als auch auf der Seite der jeweiligen Behörden, viele tausend Menschen. Alleine im kleinen Österreich sind in der Zulassungsbehörde etwa 50 MitarbeiterInnen mit der Aufgabe der so genannten *Regulatory Affairs* beschäftigt. Diese Regularien sind in sich eine kleine und, sobald man etwas Übersicht gewonnen hat, interessante Wissenschaft. Sie regeln Verfahrensarten und Zeitvorgaben der wissenschaftlichen Bewertung. Der (zukünftige) Zulassungsinhaber muss den Zulassungsbehörden glaubwürdig darlegen, dass (a) die chemische Qualität dem entsprechenden Standard entspricht, dass (b) eine definierte Wirksamkeit belegt ist und (c) diese in einem angemessenen Verhältnis zu den unerwünschten Wirkungen steht. Die wissenschaftlichen Methoden zum Nachweis von Wirksamkeit und angemessener Sicherheit sind in diesem Buch behandelt: Es handelt sich um randomisierte, kontrollierte Studien, um Kohortenstudien, Querschnittstudien, Fall-Kontrollstudien und Fallserien.

Da es in diesem Buch vor allem um wissenschaftliches Arbeiten und das Interpretieren von Evidenz geht, wollen wir hier nur kurz zusammenfassen, welche Formen der Arzneimittelzulassung es in der EU gibt. Eine Zulassung dauert nach dem Gesetz 210 Tage und kann über vier Arten erfolgen:

Die **nationale Arzneimittelzulassung** erfolgt ausschließlich im jeweiligen Land der Einreichung und betrifft vor allem pflanzliche Arzneimittel, Homöopathika, apothekeneigene Arzneimittel, wie zum Beispiel Tees, und gelegentlich Generika.

Das **gegenseitige Anerkennungsverfahren** (*Mutual Recognition Procedure*) wird gewählt, wenn eine Zulassung in einem EU-Land bereits vorhanden ist und der Zulassungsinhaber einen Markteintritt auch in anderen EU-Ländern vornehmen will. Dieses Verfahren betrifft vor allem Generika, gelegentlich neue Wirkstoffe, insbesondere einer bekannten Substanzklasse.

Das **dezentrale Verfahren** (*Decentralised Procedure*) muss gewählt werden, wenn nirgendwo eine Zulassung der Arzneispezialität vorliegt, und wird für mehrere EU-Staaten gleichzeitig eingereicht. Auch hier betrifft das vor allem Generika, gelegentlich neue Wirkstoffe einer bekannten Substanzklasse.

Das **zentrale Zulassungsverfahren** (*Centralised Procedure*) wird bei der europäischen Arzneimittelagentur (*European Medicines Agency*, EMA) in London eingebracht, welche die formale Abwicklung des Verfahrens durchführt. Die fachliche Begutachtung der zentralen Anträge erfolgt durch das *Committee for Human Medicinal Products (CHMP)* bzw. das *Committee for Veterinary Medicinal Products (CVMP)* im Falle von Tierarzneimitteln, das für das zentrale Verfahren einen Berichterstatter (Rapporteur) und einen Mitberichterstatter (Co-Rapporteur) bestellt. Die Mitglieder dieses Komitees sind wiederum Experten der nationalen Zulassungsagenturen. Die EMA ist ein Teil eines wissenschaftlichen und regulatorischen Netzwerks (s. auch unten).

Wenn das CHMP ein positives Gutachten abgibt, erstellt die Europäische Kommission in Brüssel den Zulassungsbescheid, der für alle Mitgliedsstaaten des Europäischen Wirtschaftsraumes gültig ist.

Jährlich gibt es in der EU bis zu 800 Zulassungen mit dem dezentralen bzw. gegenseitigen Anerkennungsverfahren, aber nur ca. 40 bis 60 zentrale Zulassungen. Aus Perspektive der öffentlichen Gesundheit und natürlich aus wirtschaftlicher Sicht sind alle Zulassungsverfahren wichtig. Die zentrale Zulassung verdient aber trotzdem besonderes Augenmerk, da hier vor allem neue Wirkstoffe zugelassen werden, deren Wirkmechanismus und Nebenwirkungen erst schlecht bekannt sind. Folgende Substanzen müssen zentral zugelassen werden:

- Arzneimittel, die mit biotechnologischen Verfahren (z. B. rekombinante DNS, monoklonale Antikörper) hergestellt werden;
- Neue Wirkstoffe für folgende therapeutische Indikationen:
  Erworbenes Immundefizienz-Syndrom,
  Krebs,
  Neurodegenerative Erkrankungen,
  Diabetes,
  Autoimmunerkrankungen und andere Immunschwächen,
  Viruserkrankungen;
- Arzneimittel für seltene Leiden (*Orphan Medicinal Products*).

Optionale zentrale Zulassungen sind ebenso möglich:

- Neue Wirkstoffe für andere als die oben angeführten Indikationen, wenn dieser Wirkstoff in der EU noch nicht zugelassen ist;
- Bedeutende therapeutische, wissenschaftliche oder technische Innovationen;
- Patienteninteresse (z. B. rezeptfreie Arzneimittel);
- Generika (insbesondere wenn der Originator auch zentral zugelassen ist).

33.2 Die präklinische und klinische Entwicklung eines Arzneimittels

Es wurden in den letzten Jahren immer weniger neue Wirkstoffe gefunden und zugelassen (EFPIA 2009) (Abbildung 33.1). Und diese Wirkstoffe sind oft aus einer bekannten Substanzklasse.

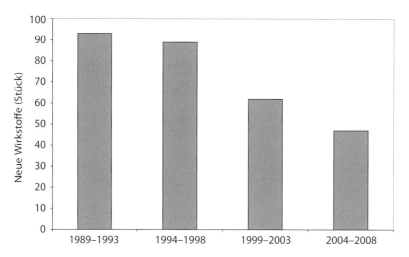

Abb. 33.1 Anzahl neuer Wirkstoffzulassungen in der EU von 1989 bis 2008

Wenn nun ein neuer Wirkstoff auf den Markt kommt, hat er bereits einen langen und beschwerlichen Weg hinter sich gebracht. Nachdem ein Wirkmechanismus identifiziert und definiert wurde, wird nach einer entsprechend wirksamen Substanz gesucht, die in den Wirkmechanismus eingreift. Dazu ist wieder eine Reihe von Experimenten notwendig. Die auf diesem Wege entdeckten bzw. entwickelten Substanzen treten nun in die *präklinische Phase*, aber nur wenige dieser Substanzen kommen überhaupt in die klinische Phase. Das liegt oft daran, dass die mechanistische Sichtweise – „ich kenne den Mechanismus und betätige nun die entsprechenden Hebel" – eine zu starke Vereinfachung hochkomplexer biologischer Systeme (z. B. des Menschen) ist.

Die notwendigen Schritte in der präklinischen und der klinischen Prüfung sind streng geregelt, um sowohl individuelle Patienten als auch die Gesellschaft vor schlechter Forschung, anderen unethischen Praktiken und letztlich unwirksamen oder übermäßige gefährlichen Arzneimitteln zu schützen (CIOMS/WHO 1993).

33.2.1 Vor der Anwendung an Menschen (die präklinische Prüfung)

Die Entwicklung einer Idee für moderne Arzneimittel und deren Umsetzung findet in Labors statt. Danach erfolgt die Anwendung in Tiermodellen. Wenn diese erfolgversprechend verlaufen, können Arzneimittel an Menschen geprüft werden.

In groben Zügen werden folgende Schritte im präklinischen Teil unternommen:

* Der Wirkmechanismus einer Substanz wird in-vitro (im Reagenzglas) und in-vivo (im tierischen Organismus) untersucht (Pharmakodynamik). Dann wird untersucht, wie eine Substanz im tierischen Organismus aufgenommen, verteilt, verstoffwechselt und ausgeschieden wird (Pharmakokinetik).

- Das Schädigungspotential an Zellen, Organen und Organsystemen wird mittels vorgeschriebener Versuchsreihen an Tieren untersucht, um so für den Menschen zumutbare Dosen zu finden (Toxikologie).
- Durch Tests an Bakterien, Zellen von Säugetieren und lebendigen Tieren wird untersucht, ob die Substanz das Erbgut verändern kann (Gentoxizität).
- Bestimmte Tiermodelle, in deren Rahmen den Tieren kurz und langfristig die neue Substanz zugeführt wird, sind vorgeschrieben, um ein etwaiges Krebsrisiko zu erkennen (Kanzerogenität).
- Im Rahmen von Tiermodellen wird an mindestens zwei Spezies untersucht, ob die neue Substanz (1) die Fruchtbarkeit von geschlechtsreifen Tieren beeinträchtigt oder (2) ungeborene Tiere schädigt, ob (3) die Entwicklung der Neugeborenen beeinträchtigt ist und (4) ob die Mutter durch das Arzneimittel beeinträchtig wird bzw. ob und wie viel von der Substanz mit der Muttermilch ausgeschieden wird (Reproduktionstoxizität).

33.2.2 Die Prüfung am Menschen (die klinische Prüfung)

Wenn Sie in einem Mitgliedsland der EU ein Arzneimittel systematisch hinsichtlich Pharmakodynamik oder Pharmakokinetik, Sicherheit oder Wirksamkeit untersuchen, so führen Sie eine *klinische Prüfung* nach dem Arzneimittelgesetz durch. Das gilt auch, wenn dieses Arzneimittel bereits zugelassen ist! Diese klinische Prüfung müssen Sie von einer Ethikkommission bewerten lassen und der jeweils zuständigen nationalen Behörde vorlegen: In Österreich dem Bundesamt für Sicherheit im Gesundheitswesen, in Deutschland sind je nach Präparat entweder das Bundesinstitut für Arzneimittel und Medizinprodukte (chemische Substanzen) oder das Paul-Ehrlich-Institut (Biologika und Impfstoffe) zuständig. Letztlich ist es die Behörde, die über die Durchführung von Arzneimittelstudien entscheidet.

Menschen machen andauernd Fehler, auch wenn wir es noch so gut meinen und uns redlich bemühen. Fehler sind unvermeidbar (siehe Kapitel 35), aber wir können uns bemühen, ihre Häufigkeit und Schwere zu minimieren. Das sollten wir einerseits von uns aus und freiwillig tun. Andererseits trägt auch der Gesetzgeber seinen Teil zur Qualitätssicherung bei. Im Rahmen der Arzneimittelforschung sind daher viele Vorgehensweisen in Form von Richtlinien (verbindlich) und Leitlinien (unverbindlich) vorgegeben, um bestimmte Standards zu erfüllen.

Ein zentrales Dokument ist die *EU Trial Directive* (*European Union Directive* 2001/20/EC), eine Richtlinie der Europäischen Kommission, die ab Mai 2004 in jedem Mitgliedsland in nationales Gesetz umgesetzt wurde. Diese Direktive schreibt unter anderem die *Good Clinical Practice* (GCP), Leitlinien für klinische Forschung, bindend vor und definiert sie folgendermaßen: Die gute klinische Praxis umfasst einen Katalog international anerkannter ethischer und wissenschaftlicher Qualitätsanforderungen, die bei der Planung, Durchführung und Aufzeichnung klinischer Prüfungen an Menschen sowie der Berichterstattung über diese Prüfungen eingehalten werden müssen. Die Einhaltung dieser Praxis gewährleistet, dass die Rechte, die

Sicherheit und das Wohlergehen der Teilnehmer an klinischen Prüfungen geschützt werden und dass die Ergebnisse der klinischen Prüfungen glaubwürdig sind.

Die GCP-Leitlinien regeln das Vorgehen bei Planung, Durchführung, Auswertung, Interpretation und Präsentation von Arzneimittelstudien. GCP ist ein Teil eines Regelwerks, das sich *Good Clinical Guidance* nennt. Die Dokumente werden von der *International Conference of Harmonisation* (ICH) erstellt. ICH trachtet nach einer Harmonisierung der notwendigen Studienabläufe zwischen Europa, Amerika und Asien. Die stimmberechtigten Mitglieder sind derzeit die EU, die USA und Japan. Kanada, die Schweiz und die WHO haben Beobachterstatus. Die ICH-Dokumente sind gut verständlich und unter *www.ich.org* zu finden. Da diese Dokumente sowohl wissenschaftliche als indirekt auch regulatorische Inhalte regeln, sind die Inhalte der Dokumente ständig im Fluss. Ein Auszug der für die Arzneimittelforschung relevanten Themen ist hier aufgelistet:

E1:   The Extent of Population Exposure to Assess Clinical Safety
E2:   Clinical Safety
E3:   Structure and Content of Clinical Study Reports
E4:   Dose-Response Information to Support Drug Registration
E5:   Ethnic Factors in the Acceptability of Foreign Clinical Data
E6:   Good Clinical Practice
E7:   Clinical Trials in Special Populations – Geriatrics
E8:   General Considerations for Clinical Trials
E9:   Statistical Principles for Clinical Trials
E10: Choice of Control Group
E11: Clinical Investigation of Medicinal Products in the Paediatric Population

Dokument E6 beschreibt die GCP-Erfordernisse, welche vor allem Zuständigkeiten und Studienabläufe regeln. Darin wird zum Beispiel die Rolle der Ethikkommission geregelt, definiert, wer *Investigator* (Prüfer) und *Sponsor* ist, und welche Pflichten diese haben. Das Dokument hat ca. 60 Seiten und ist im Vergleich zu den meisten anderen ICH-Dokumenten leider etwas langweilig. Wir wollen gar nicht mehr zu den anderen Dokumenten sagen, da sie für jeden, der in der klinischen Forschung tätig ist, Pflichtlektüre sind. Keine Angst, die meisten sind recht informativ, sinnvoll und kurzweilig.

Die Einhaltung von GCP wird über ein EU-weites Inspektionssystem sichergestellt. Wir versichern Ihnen, dass derzeit in Österreich (und vermutlich weltweit) viele Studien, die nicht von der Pharmaindustrie durchgeführt werden, auch nicht den GCP-Standards entsprechen. Sollten Sie schon Erfahrung in der klinischen Forschung haben, müssen Sie lediglich die Leitlinien lesen und mit den tatsächlichen Vorgängen vergleichen. Der Widerstand der akademischen, klinischen Forscher (also Forscher, die nicht für Pharmaunternehmen arbeiten) gegen diese Richtlinien ist groß. Das Hauptargument ist, dass die meisten Vorgaben rein administrativer Natur sind, die zwar personelle, materielle, logistische und finanzielle Ressourcen binden, aber nicht die Prozessqualität verbessern. Unserer Erfahrung nach verwenden die meisten Arbeitsgruppen, die qualitativ hochwertige Forschung betreiben, Qualitätssicherungssysteme, die weitgehend GCP-konform sind.

33.2.2.1 Die Phasen der Arzneimittelprüfung: Phase I – Verträglichkeit, Pharmakokinetik und Pharmakodynamik

In der Phase I geht es darum herauszufinden, ob das Arzneimittel für den Menschen verträglich ist. Wenn die Verträglichkeit gegeben ist, wird die Pharmakokinetik und Pharmakodynamik am Menschen untersucht. Hier werden üblicherweise nur gesunde Menschen untersucht. Das Design entspricht einer kleinen Fallserie mit wenigen Probanden (10 oder mehr). Lediglich im Bereich der Krebsforschung werden manche Prüfsubstanzen, wenn diese starke Nebenwirkungen haben, sofort an Kranken geprüft. Ein Versuch an Gesunden ist in diesem Fall nicht vertretbar. Bei Krebstherapeutika wird oft schon in dieser Phase versucht, eine geeignete Dosis zu finden. Die Dosisfindung im Bereich der Onkologie ist daher sehr komplex (Müller 2000).

33.2.2.2 Phase II – Dosisfindung

Die Phase II dient vor allem dazu, die zukünftige Dosis herauszufinden, aber auch dazu herauszufinden, ob die Prüfsubstanz möglicherweise wirkt und es lohnt, ein mögliches Wirkprofil genauer zu untersuchen. So genannte frühe Phase-II-Studien sind Fallserien mit 50 bis zu mehreren hundert Teilnehmern. Es gibt aber auch (späte) Phase-II-Studien, die randomisiert kontrollierten Studien entsprechen. Hier geht es dann schon um das Ausloten der Wirksamkeit bei Dosisoptimierung. Derartige Studien sind mehrarmig: Ein Placeboarm wird mit zwei oder mehr Armen verglichen und die Patienten erhalten unterschiedliche Dosen der wirksamen Substanz (zum Beispiel 15 mg, 30 mg und 50 mg).

33.2.2.3 Phase III – Wirksamkeit und Sicherheit

In der Phase III wird die Wirksamkeit einer Prüfsubstanz untersucht und Informationen zur Sicherheit werden gesucht. Wirksamkeit kann nur durch eine randomisiert kontrollierte Studie belegt werden (siehe Kapitel 16). Hier ist zu berücksichtigen, dass Phase-III-Studien unter beinahe idealen Bedingungen ablaufen: Die Teilnehmer sind oft jünger, haben weniger oft Begleiterkrankungen und werden besser überwacht und motiviert, den Vorgaben zu entsprechen. Demnach sprechen wir hier von *Efficacy*. Unter Realbedingungen sieht das oft nicht mehr so toll aus und kann auch einen Einfluss auf die Wirksamkeit haben (*Effectiveness*). Um das etwas bildhafter darzustellen: Wie lange braucht ein gutes Auto, um auf einer Formel-1-Rennstrecke 5 km zu fahren, und wie lange braucht das gleiche Auto für 5 km in der Hauptverkehrszeit, sagen wir am Wiener Gürtel?

Um zugelassen zu werden, muss eine neue Substanz entweder nachweislich besser als Placebo oder zumindest genau so wirksam wie die derzeitige Standardtherapie sein. In der Regel sind Phase-III-Studien hinsichtlich Mächtigkeit (*Power*, siehe Kapitel 20) nur bedingt geeignet, Unterschiede in der Häufigkeit von unerwünschten Wirkungen zu erfassen.

33.2.2.4 Zulassung

Wenn ein Arzneimittel all diese Studien erfolgreich bestanden hat, geht es um die Zulassung des Arzneimittels. Sie können sich sicherlich vorstellen, dass die teure Arzneimittelentwicklung – angeblich bis zu einer Milliarde US Dollar für einen neuen Wirkstoff – von der pharmazeutischen Industrie nicht nur aus Menschenfreundlichkeit betrieben wird. Mit den Ergebnissen aus den präklinischen und klinischen Studien (Phase I–III) suchen die Pharmafirmen nun um Marktzulassung an.

Viele primär identifizierte Substanzen gelangen von der Präklinik erst gar nicht zur klinischen Prüfung und auch danach erfolgt eine strenge Auslese. Schätzungen zufolge werden nur ca. 5–6 Prozent der neuen Substanzen, die klinisch getestet wurden, auch zugelassen (Tabelle 33.1).

Tabelle 33.1 Erfolgsraten von potentiellen neuen Wirkstoffen

Entwicklungsstufe	% Erfolg
Von Phase I in Phase II	80 %
Von Phase II in Phase III	20 %
Phase III positiv	50 %
Zulassung erfolgreich	80 %
Erfolgsaussicht zur Zulassung insgesamt	6 %

Beim Zulassungsverfahren werden von den Zulassungsagenturen noch einmal die chemische Qualität, Wirksamkeit und Sicherheit gesamthaft betrachtet. Diese drei Größen sind natürlich voneinander abhängig. Die chemische Qualität ist die Basis von Wirksamkeit und Sicherheit. Da es keine „sicheren" Arzneimittel gibt, geht es darum zu ermessen, ob Wirksamkeit und Sicherheit eines Arzneimittels in einem angemessenen Verhältnis stehen. Immerhin scheitern noch ca. 50 % in der Phase III und es werden ca. 20 % der Zulassungsanträge abgelehnt oder aufgrund der von den Behörden beanstandeten Mängel zurückgezogen, selbst wenn diese Studien aus Sicht der Firma erfolgreich war.

In seltenen Fällen werden auch zugelassene Arzneimittel suspendiert, wenn sich herausstellt, dass sich das Verhältnis aus Sicherheit und Wirksamkeit ungünstig verändert hat, aber mehr dazu im Abschnitt zur Pharmakovigilanz weiter unten.

Mit der Zulassung wird das Arzneimittel mit einer **Fachinformation** und einer **Gebrauchsinformation** ausgestattet. Struktur und Inhalt der Fachinformation sind streng geregelt, insbesondere das Anwendungsgebiet, Gegenanzeigen und allfällige Warnhinweise. Dieser Text ist, wenn man so will, die kanonische und rechtlich verbindliche Spezifikation des Arzneimittels. Ärzte können ein Arzneimittel auch außerhalb dieser Spezifikationen anwenden. Das ist der so genannte *off-label-use*. Sie tun dies dann auf eigene Verantwortung.

Die Gebrauchsinformation ist eine für Laien vereinfachte Version der Fachinformation, die in den letzten Jahren auch Lesbarkeitstests unterzogen werden müssen. Das Problem hier ist, dass die Zielgruppe „Laien" extrem heterogen ist und es laufend Beschwerden gibt, dass die Gebrauchsinformation immer noch viel zu lang und unlesbar ist und gleichzeitig Beschwerden, dass sie zu primitiv sei.

Die Fach- und Gebrauchsinformationen der meisten in Österreich zugelassenen Arzneimittel (inklusive zentraler Zulassungen) können Sie über das Arzneispezialitätenregister des Bundesamtes für Sicherheit im Gesundheitswesen aufrufen (*www.basg.at*). In Deutschland zugelassene Arzneimittel sind über die Website des Bundesinstitutes für Arzneimittel und Medizinprodukte zu finden (*www.bfarm.de*). Mehr Details zu zentral zugelassenen Arzneimitteln können Sie auf der Website der Europäischen Arzneimittelagentur finden (*www.ema.europa.eu*).

33.2.2.5 Phase IV – Sicherheit

Die Zulassungsbehörden erwarten, dass zum Zeitpunkt der Marktzulassung theoretisch bereits 1.600 Menschen die neue Substanz erhalten haben, davon sollten 300 bis 600 über sechs Monate beobachtet worden sein. Die meisten unerwünschten Wirkungen treten innerhalb der ersten Monate auf und mit dieser Fallzahl kann man unerwünschte Ereignisse mit einer Häufigkeit im Bereich von 0,5 bis 5 % erkennen. Wir kennen daher zumindest die meisten typischen bzw. häufigen unerwünschten Wirkungen. Leider müssen wir aber immer daran denken, dass es auch seltenere Nebenwirkungen geben kann und auch solche, die nicht einfach und unmittelbar mit der neuen Substanz in Zusammenhang gebracht werden können. Seltene Nebenwirkungen können natürlich obendrein auch noch schwerwiegend sein, im Extremfall sogar zum Tode führen. Um solche seltenen Nebenwirkungen zu erkennen, aber auch um das Risikoprofil von neuen Wirkstoffen besser zu verstehen, sind Phase-IV-Studien notwendig, gemeinsam mit anderen Methoden der Pharmakovigilanz. Die Phase IV dient auch dazu, das Anwender- und Verschreiberverhalten besser zu untersuchen, und auch dazu festzustellen, wie Wirksamkeit und Sicherheit im „echten Leben" aussehen. Wir dürfen nicht vergessen, dass die Phasen I bis III unter besonderen, beinahe idealtypischen Bedingungen ablaufen.

33.3 Der Lebenszyklus von Arzneimitteln

Wenn ein Arzneimittel zugelassen ist, so ist es danach nicht einfach da, sondern lebt gewissermaßen: Jedes Jahr macht ein Arzneimittel im Durchschnitt zwei bis vier Änderungen durch, davon sind zwei bis drei eher administrativer Natur (Änderung der Firmenadresse, Änderung der äußeren Verpackung usw.) und eine der Änderungen ist typischerweise eine größere, wie zum Beispiel Indikationserweiterungen, Indikationseinschränkungen, Warnhinweise, Änderung der Darreichungsform oder der Zusammensetzung. Diese Änderungen werden in der Fachinformation abgebildet. Was das Ganze schwierig macht, ist die Vielzahl der Arzneimittel. So befanden sich zum Beispiel in Österreich im Jahr 2009 ca. 13.000 zugelassene Arzneimittel am Markt. In den anderen Mitgliedsländern der EU reicht diese Zahl von ca. 6.000 bis 45.000. Sie müssen aber auch berücksichtigen, dass es nur etwa 3.500 unterschiedliche Substanzen, davon aber unterschiedliche Dosierungen und Darreichungsformen, gibt und von vielen Substanzen und deren Dosierungen und Darreichungsformen (zum Beispiel Kapseln, Tabletten, Infusionslösungen usw.) auch noch mehrere Generika. Sie können sich wahrscheinlich vorstellen, dass der größte Teil der Arbeit in der Administration, im Herstellen eines Überblicks und in der EU-weiten Harmonisierung besteht. Außerdem kann man daran auch sehr gut sehen, dass insbesondere Arzneimittelsicherheit kein nationales Thema ist, denn ein Wirkstoff verliert an den Landesgrenzen natürlich nicht seine Gefährlichkeit.

Viele der zugelassenen Arzneimittel kamen auf den Markt, als weder die Pathophysiologie der behandelten Erkrankung noch der Wirkmechanismus genau bekannt waren. Manche dieser Arzneimittel haben sich trotzdem als gut und breit wirksam herausgestellt, wie zum Beispiel Aspirin (Acetylsalicylsäure). Aspirin wurde vor über 100 Jahren als Schmerzmittel entwickelt. Mittlerweile ist es auch als Entzündungshemmer im Einsatz (obwohl es in diesem Bereich wesentlich bessere Mittel gibt) und es ist einer der am häufigsten eingesetzten Gerinnungshemmer im Bereich der kardiovaskulären Thromboseprophylaxe. Andere lange gebräuchliche Arzneimittel wiederum sind weit weniger wirksam als vermutet (zum Beispiel Digitalispräparate) (The Digitalis Investigation Group 1997) und viele der als wirksam erachteten Arzneimittel sind tatsächlich kaum oder gar nicht wirksam (zum Beispiel Hyaluronsäure zur Behandlung der Osteoarthrose) (Arrich 2005). Nur, sobald ein Arzneimittel zugelassen ist und keine großen Sicherheitsprobleme macht, ist es von Rechtswegen unmöglich, diesem die Zulassung zu entziehen. In der klinischen Praxis machen Arzneimittel sogar sehr viele Probleme, die man aber nur mit viel Aufwand überhaupt erkennen kann. Wenn man „genau schaut", sieht das anders aus. So kann man zum Beispiel im Rahmen einer gut gemachten Kohortenstudie sehen, dass etwa 6 % aller Krankenhausaufnahmen durch unerwünschte Arzneimittelwirkungen hervorgerufen werden (Pirmohamed 2004). Wenn man einmal aufgenommen ist, so hat man auch eine 10 %ige Wahrscheinlichkeit, durch die verabreichten Arzneimittel eine schwerwiegende unerwünschte Wirkung zu erleiden.

33.4 Pharmakovigilanz

Der Begriff Pharmakovigilanz umfasst die systematische Überwachung von Arzneimitteln nach ihrer Zulassung, um Nutzen und Schaden abzuwägen und Vergleiche zwischen verschiedenen Behandlungen ziehen zu können. Arzneimittel haben typischerweise immer auch unerwünschte Wirkungen und bei der Zulassung wird bewertet, ob die erwünschten und unerwünschten Wirkungen in einem annehmbaren Verhältnis stehen. Wir wollen hier als Beispiel vorerst ein Arzneimittel besprechen, das ein sehr gut bekanntes Wirk- und Nebenwirkungsprofil hat: Acetylsalicylsäure zur Primärprävention eines Herzinfarkts. Es ist auch ein schönes Beispiel, wie relatives und absolutes Risiko zusammenspielen. Aufgrund der Thrombozytenaggregationshemmung kann Acetylsalicylsäure bei Männern ohne kardiovaskuläre Vorerkrankungen das Risiko, einen Herzinfarkt zu erleiden, um etwa 32 % reduzieren (*Odds Ratio* 0,68, 95 % CI 0,54 bis 0,86) (Wolf 2009). Aber die Gefahr, durch diese Blutverdünnung eine Hirnblutung zu erleiden, steigt um etwa 69 % (*Odds Ratio* 1,69, 95 % CI 1,04 bis 2,73). Was bedeutet das nun in der Praxis? Dazu muss man das absolute Risiko bestimmen, zum Beispiel mit Hilfe des Framingham Point Scores (*http://www.nhlbi.nih.gov/guidelines/cholesterol/risk_tbl.htm*; accessed 30. 8. 2010). So hat ein 63 Jahre alter Mann, Raucher mit normalen Gesamtcholesterinwerten, bei gering erniedrigtem HDL und einer einigermaßen gut eingestellten Hypertonie eine 16 %ige Wahrscheinlichkeit, innerhalb von zehn Jahren eine koronare Herzerkrankung zu bekommen. In vielen Fällen wird sich dies als Herzinfarkt manifestieren, sagen wir in 50 %. Das bedeutet dann eine 8 %ige Wahrscheinlichkeit, innerhalb der nächsten zehn Jahre einen Herzinfarkt zu erleiden. Wenn er nun eine Dauertherapie mit Acetylsalicylsäure einnimmt, so sinkt das Risiko auf 5,4 %. Wir reduzieren das Infarktrisiko um 2,6 % absolut. Wie groß ist die Gefahr, eine Hirnblutung zu erleiden? Ohne Gerinnungshemmer und bei gut eingestelltem Blutdruck ist diese fast null und steigt unter Acetylsalicylsäure auf 10 pro 100.000 Personenjahre. Das kann man nun den 2,6 % absoluter Risikoreduktion entgegenstellen. Anders ausgedrückt, stehen, ohne Berücksichtigung der Basishäufigkeit, 10 Hirnblutungen etwa 2.560 vermiedene Myokardinfarkte pro 100.000 Personenjahre gegenüber. Das ist zwar ein stark vereinfachtes, aber durchaus plausibles Rechenbeispiel, das je nach Basisrisiko neu berechnet werden muss. Weiters können Sie sehen, dass eine Gegenüberstellung von Risiko und Nutzen nicht trivial ist, selbst wenn wir die Kerngrößen ganz gut kennen.

Bei der Zulassung haben wir zwar schon einige Erfahrungen über die Wirksamkeit unter beinahe optimalen Bedingungen gesammelt, aber das Sicherheitsprofil ist oft nur bedingt bekannt. Um dem entgegenzuwirken, bedient sich die Pharmakovigilanz vor allem passiver Instrumente, wie zum Beispiel der Spontanmeldungen und der regelmäßigen Sicherheitsberichte, die von Zulassungsinhabern eingereicht werden. Immer mehr bedient sich die Pharmakovigilanz auch aktiver Werkzeuge, die in einen so genannten Risikomanagement-Plan eingebettet sind. Weitere Säulen der Pharmakovigilanz sind natürlich die Risikokommunikation und entsprechende Maßnahmen zur Risikominimierung.

33.4.1 Spontanmeldungen und Sicherheitsberichte

In der EU sind Ärzte und Apotheker gesetzlich verpflichtet, unerwünschte Arznei-mittelwirkungen an die jeweiligen Zulassungsbehörden zu melden. In der Praxis funktioniert das nur mittelprächtig gut und das *Underreporting* liegt irgendwo bei 90 %. Diese Meldungen werden verifiziert, die Melder werden oft zur Erhebung wei-terer Informationen kontaktiert und es findet eine Bewertung hinsichtlich Schwere und möglicher Kausalität statt. In den meisten Fällen ist bei Einzelmeldungen nicht unmittelbar mit einer Handlung der Behörden zu rechnen. Die Fälle werden jeden-falls in eine EU-weite Datenbank eingegeben. Zwischen 2001 und Mitte 2009 fanden etwa 21 Millionen Transaktionen in dieser Datenbank statt (Transaktionen, weil ein Fall von mehreren Stellen gleichzeitig und über die Zeit verfolgt und mehrfach ge-meldet wird). Jährlich finden mittlerweile etwa 350.000 Transaktionen statt. Diese riesige Datenbank wird genutzt, um Signale zu entdecken. Dazu bedient man sich statistischer Methoden, im Falle der EU-Datenbank ist es die *Proportional Reporting Ratio*. Ähnlich wie die *Risk Ratio* (siehe Kapitel 6) beschreibt die *Proportional Repor-ting Ratio* den Anteil einer Substanz, die eine bestimmte unerwünschte Wirkung hat (aus der Gesamtgruppe der Meldungen zu dieser Substanz), im Vergleich zum An-teil der bestimmten unerwünschten Wirkung bei allen anderen Substanzen in der Datenbank (aus der Gesamtgruppe aller Meldungen aller anderen Substanzen) (Bate 2009), also

$$\text{Proportional Reporting Ratio} = \left[a/(a+c)\right]/\left[b/(b+d)\right] \qquad (33.1)$$

Wenn Sie nun die Kreuztabelle aus Kapitel 6 hernehmen und geringfügig anpassen, dann sieht das so aus (Tabelle 33.2):

Tabelle 33.2 Kreuztabelle für *Proportional Reporting Ratio*

	Endpunkt (definiertes unerwünschtes Ereignis)	Kein Endpunkt (alle anderen unerwünschten Ereignisse)
Risikofaktor (Substanz *x*)	*a*	*c*
Kein Risikofaktor (Alle anderen Substanzen)	*b*	*d*

Auch die Interpretation ist ähnlich: Wenn die PPR > 1 ist, dann besteht eine (po-sitive) Assoziation zwischen der Substanz und dem Ereignis. Um die Unsicherheit zu quantifizieren, kann man zum Beispiel das 95 %-Konfidenzintervall verwenden. Wenn das untere Limit > 1 ist und es mehr als zwei Fälle gibt, so spricht man von einem Signal. Diese Daten unterliegen natürlich massiven *Bias*-Quellen – überlegen Sie einmal, was alles die Spontanberichterstattung beeinflussen kann! Diese Signale müssen daher sehr vorsichtig interpretiert werden und lösen sich häufig wieder „in

Luft" auf. So wurden 2009 in der EU im Rahmen einer systematischen Beobachtung 37 Signale für zentral zugelassene Produkte entdeckt und in nur sechs Fällen war eine behördliche Maßnahme notwendig (typischerweise Warnhinweise in der Fach- und Gebrauchsinformation). Weitere 14 Produkte werden weiterhin engmaschig überwacht.

Neben der Signalerkennung legen Zulassungsinhaber in regelmäßigen Abständen Berichte zur Sicherheit der jeweiligen Arzneimittel vor. Diese Berichte beinhalten sowohl eine Zusammenfassung der Meldungen, die direkt an Firmen gesendet wurden, wie auch Literatursuchen und gegebenenfalls auch Zeitungsmeldungen (zum Beispiel bei Opiaten) und die Anzahl der Verordnungen im Beobachtungszeitraum. Letzteres ist bei einiger Ungenauigkeit (abgegeben heißt nicht eingenommen) zumindest ein grobes Maß der Exposition.

33.4.2 Aktives Risikomanagement

Im Rahmen der Zulassung können die Behörden die Vorlage eines Risikomanagementplans fordern. Je nach Gefahrenpotential enthält dieser Risikomanagementplan Maßnahmen, um allfällige Risiken zu entdecken oder besser zu erfassen, wie zum Beispiel Anwendungsbeobachtungen (große Fallserien, die jetzt im österreichischen Arzneimittelgesetz irrigerweise nichtinterventionelle Studien heißen), Kohortenstudien und in seltenen Fällen auch Fall-Kontrollstudien oder randomisierte, kontrollierte Studien. Weiters kann so ein Plan auch Maßnahmen zur Risikominimierung beinhalten, wie zum Beispiel spezielle Schulungen für Ärzte, Apotheker oder Patienten, Informationsmaterialien oder kontrollierte Abgabebedingungen.

33.4.3 Weitere Maßnahmen der Risikominimierung

Wenn den Zulassungsbehörden Probleme oder Risiken bekannt werden, gibt es formale Kanäle, wie diese einerseits Patienten, Apothekern und Ärzten und andererseits den Zulassungsinhabern und den Behörden anderer EU-Länder mitgeteilt werden. Da ein Sicherheitsproblem nicht an den Landesgrenzen aufhört, gibt es gerade in diesem Bereich eine sehr enge und gut funktionierende Kooperation zwischen den Behörden der Mitgliedsländer. Die gesamthafte Bewertung findet durch Experten der Zulassungsbehörden aller Länder in der *Pharmacovigilance Working Party* statt. Dieses Arbeitsgremium wird über die Europäische Zulassungsbehörde in London administriert. Die dort gefassten Beschlüsse werden wiederum in den Mitgliedsländern umgesetzt. Die Suspendierung oder Aufhebung einer Zulassung passiert nicht so häufig, etwa ein- bis fünfmal pro Jahr. Rückrufe wegen Qualitätsmängel kommen häufiger vor und sind in der Regel auf einzelne Produktionschargen beschränkt. Bei vielen Arzneimitteln erfolgen Auflagen, zusätzliche Warnhinweise, Hinzufügen oder neue quantitative Bewertung von Nebenwirkungshäufigkeiten, Indikationseinschränkungen, Beschränkungen von Abgabemodalitäten usw. So wurden im Jahr 2009 in Österreich zum Beispiel 26 Arzneimittel wegen Qualitätsmängel zurückgerufen, die Fach- und Gebrauchsinformation wurde bei 825 Arzneimitteln angepasst.

33.5 Das europäische Netzwerk der Zulassungsagenturen

Wir wollen noch kurz das verwirrende Zusammenspiel der europäischen Behörden erklären. In den USA gibt es eine Art Superbehörde, die *US Food and Drug Administration* (FDA), die das Zulassungsgeschehen bundesweit regelt. In der EU gibt es das nicht und ist in den nächsten Jahren auch nicht vorgesehen. Es gibt eine europäische Behörde, die *European Medicines Agency* (EMA). Weiters hat jedes Mitgliedsland eine, manchmal sogar mehrere eigene nationale Zulassungsbehörden (außer Liechtenstein, da erledigt das Österreich mit). Die EMA ist nicht die Mutteragentur, sondern eine Schwester, welche die Experten der jeweils nationalen Agenturen koordiniert. Durch die zentrale Koordination ist gewährleistet, dass bei schwierigen Fragestellungen – wie zum Beispiel neue Wirkstoffe in den angegebenen Indikationen – die beste Expertise aus der EU herangezogen werden kann. Die EMA bedient sich mehrerer Gremien, die wiederum durch Experten der nationalen Behörden bespielt werden. Das CHMP und CVMP haben wir oben schon kurz erwähnt. Diese sind die obersten Entscheidungsgremien und bedienen sich diverser *Working Parties* (wie zum Beispiel der oben genannten *Pharmacovigilance Working Party*), aber auch des *Paediatric Committee*, des *Committee for Orphan Medicinal Products* und des *Committee for Advanced Therapies*.

Zulassungsinhaber müssen seit 2008 verpflichtend Kinderindikationen mitentwickeln, damit Kinder durch nicht ausreichend getestete Arzneimittel nicht benachteiligt werden. Das *Paediatric Committee* bewertet, ob die von den Zulassungsinhabern vorgelegten Pläne und Daten wissenschaftlich haltbar sind. Für Zulassungsinhaber von Arzneimitteln für seltene Leiden gibt es wirtschaftliche Anreize wie zum Beispiel reduzierte Zulassungsgebühren. Das *Committee for Orphan Medicinal Products* bewertet, ob definierte Kriterien (Prävalenz < 5 in 10.000, schwere Erkrankung und keine angemessenen therapeutischen Alternativen) erfüllt sind. Das *Committee for Advanced Therapies* berät das CHMP bezüglich neuartiger Therapien, wie zum Beispiel Gentechnologie, somatischer Zelltherapie (die Zellen wurden so verändert, dass sie eine andere, neue Funktion wahrnehmen) und biotechnologisch bearbeiteter Gewebe (das Gewebe wurde so verändert, dass es eine neue Funktion wahrnimmt).

33.6 Relative Wirksamkeit

Wenn ein Arzneimittel die Hürden der Zulassung überstanden hat, bedeutet das für den Zulassungsinhaber noch nicht, dass damit gleich viel Geld zu verdienen ist. In den europäischen Gesundheitssystemen gibt es immer eine mehr oder weniger staatliche Stelle, die über die Rückerstattung entscheidet. Wenn diese Rückerstattung nicht erfolgt, ist das wirtschaftliche Potential eher gering. Natürlich wollen diese Stellen, in Österreich ist das der Hauptverband der Sozialversicherungsträger, einerseits den Zugang zu guten Arzneimitteln nicht verzögern, fragen sich aber, was sie für die neuen, meist viel teureren Arzneimittel bekommen. Dazu ist ein Vergleich der *Effectiveness* (Sie erinnern sich, bislang haben wir vor allem die *Efficacy* erfasst) der neuen Therapie mit den bereits vorhandenen Therapieformen notwendig. So kann die Raucherentwöhnung zum Beispiel durch mehrere Interventionen versucht werden: Verhaltenstherapie, Psychotherapie, Nikotinersatz in den unterschiedlichsten Formen (Kaugummi, Inhalator, Pflaster), Akupunktur, Vareniclin (ein partieller Nikotinagonist) und Bupropion (ein Antidepressivum). Welche Intervention ist die beste und wie ist das Preis-Leistungs-Verhältnis im Vergleich? Sowohl in der EU als auch in den USA laufen Diskussionen zum Thema, wie man diese *Relative Effectiveness* (EU) bzw. *Comparative Effectiveness* (US) am besten misst. Aus Sicht des klinischen Epidemiologen ist das ein spannendes Zukunftsfeld, wo es auch darum gehen wird, Werturteile zu erheben, quantifizieren und einfließen zu lassen.

33.7 Medizinprodukte sind keine Medicinal Products

Zum Abschluss noch ein paar Worte zu den Medizinprodukten, da die in diesem Buch vorgestellten Methoden natürlich ebenso für den Wirksamkeits- und Sicherheitsnachweis von Medizinprodukten geeignet sind.

In den meisten Fällen ist die Unterscheidung zwischen Medizinprodukt und Arzneimittel in der Praxis einfach und wir versuchen das hier ohne Juristendeutsch zu erklären: Ein Arzneimittel ist eine Substanz zur Diagnose, Vermeidung oder Behandlung von Krankheiten. Arzneimittel wirken chemisch-pharmakologisch, metabolisch oder immunologisch und wenn es ein anderer Wirkmechanismus ist, dann handelt es sich um ein Medizinprodukt. Noch einfacher, aber etwas ungenau: Medizinprodukte „wirken" mechanisch, wie zum Beispiel eine Brille, ein Kondom, Ultraschalloder Röntgengeräte, Herzschrittmacher und Gelenksendoprothesen.

Im EU-Fachenglisch wird das Arzneimittel als *Medicinal Product* übersetzt. Bitte nicht mit dem Medizinprodukt verwechseln, das Medizinprodukt wird mit *Medical Device* übersetzt. Wir können nichts dafür! Schlimmer noch als die verwechslungsfreudige Übersetzung ist, dass die wissenschaftliche Qualität von Medizinprodukttestudien bescheiden ist: Randomisierte Studien zum Wirknachweis sind die Ausnahme, ebenso wie die Verwendung klinischer Endpunkte, um ein paar Probleme aufzuzeigen (Dhruva 2009).

Abschnitt VI

Sonstiges

Kapitel 34

Was können wir überhaupt wissen?

▸ Wissen ist ein Konstrukt der Gesellschaft

▸ Wir können die Wahrheit (zum Beispiel über die Wirksamkeit eines Arzneimittels) nie wissen

▸ Klinische Forschung ist eine disziplinierte Annäherung an die Wahrheit

▸ Die Bradford-Hill-Kriterien helfen, Kausalität nachzuweisen

Dieses Kapitel sollte ganz am Beginn des Buches stehen. Allerdings wird diese theoretische Diskussion über Erkenntnis und Wissen erst würzig, wenn man sich schon mit der Entstehung von medizinischem Wissen auseinander gesetzt hat. Vielleicht steht dieses Kapitel auch deshalb ganz hinten, weil uns Medizinern eine kritische Auseinandersetzung mit Wissen und Wissenschaft niemals gelehrt wurde.

In Kapitel 7 und 9 gehen wir schon kurz darauf ein, dass wir klinische Studien entwickeln, um Modelle der klinischen Alltagssituation zu imitieren, die so vereinfacht sind, dass wir komplizierte Wirkmechanismen erkennen und verstehen können. (1) Diese Studien sollten die „Wahrheit" messen, also nicht durch Verzerrungen und Fehler Ergebnisse zeigen, die nicht der Wahrheit entsprechen. (2) Weiters sollten diese Modelle jedoch nicht so stark vereinfacht sein, dass man die Ergebnisse nicht mehr auf die klinische Alltagssituation rückübertragen kann. Sie können sich schon vorstellen, dass es immer Interessengruppen geben wird, für die mindestens einer der beiden Punkte nicht erfüllt ist. Das soll uns aber nicht hindern, der Wahrheit so gut wir eben können auf den Grund zu gehen.

34.1 Von der Wahrheit

Wir wissen natürlich nicht, was die klinische Wahrheit ist. In der medizinischen Forschung folgen wir *induktiven* Schlüssen: Wir haben einzelne Beobachtungen (selbst ein paar tausend Patienten in einer Herzinfarktstudie sind nur eine verschwindend kleine Stichprobe im Vergleich zu den tausenden Menschen, die täglich einen Herzinfarkt erleiden) und schließen vom Kleinen auf das Große. Philosophische Hardliner behaupten, dass nur *deduktive* Schlüsse das Erkennen der Wahrheit erlauben.

Deduktiv bedeutet, dass man vom Allgemeinen auf das Besondere schließt. Nach David Hume beweist der tägliche Sonnenaufgang eben nicht, dass auch morgen die Sonne wieder aufgehen wird. Zum Glück gibt es Denker, die uns erlauben anzunehmen, dass Millionen Sonnenaufgänge auch den morgigen Sonnenaufgang vorhersagen – bis zum Beweis des Gegenteils. Und da sind wir schon wieder bei den Wahrscheinlichkeiten: Die Wahrscheinlichkeit, dass morgen wieder die Sonne aufgeht, ist unendlich nahe bei 100 %, aber eben nicht 100 %. Möglicherweise hat unser Universum nur eine begrenzte Lebensdauer – vielleicht „nur" noch ein paar tausend Millionen Jahre (Hawking 1988)? Vielleicht wird die Erde zerstört, weil sie einer Hyperraum-Expressroute weichen muss (Adams 1979); die Wahrscheinlichkeit, dass diese Hyperraum-Expressrouten-Hypothese wahr ist, liegt unendlich nahe bei 0 %.

Ein erfundenes Beispiel (diese Zahlen könnten aber wahr sein)

Nehmen wir das Arzneimittel X, das den Blutdruck senken kann. Wir machen eine mittelgroße randomisierte placebo-kontrollierte Studie (500 Patienten, alle aus der Spezialambulanz einer Universitätsklinik). In dieser Studie ist am Ende der Beobachtungszeit der systolische Blutdruck in der Arzneimittelgruppe um 6 mmHg niedriger als in der Placebogruppe und das 95 %-Konfidenzintervall der Differenz beträgt 4 bis 8. Wir können uns also zu 95 % sicher sein, dass die durchschnittliche Blutdruckreduktion zwischen 4 und 8 mmHg liegt, wenn ich diese Studie mehrmals wiederhole. Kann ich daraus schließen, dass ich zu 95 % sicher sein kann, dass Arzneimittel X den durchschnittlichen Blutdruck bei allen Patienten mit Bluthochdruck um einen Wert zwischen 4 und 8 mmHg senkt?

Nun machen wir noch eine randomisierte placebo-kontrollierte Studie. Diesmal rekrutieren wir die Patienten bei niedergelassenen Internisten und Praktischen Ärzten. In dieser Studie mit 900 Patienten beträgt die Blutdruckdifferenz 4 mmHg und das 95 %-Konfidenzintervall reicht von 2 bis 6 mmHg. Was bedeuten diese etwas unterschiedlichen Ergebnisse nun? Ist der geringere Effekt „wahr", weil die Patienten anders und nicht mit denen einer Spezialambulanz vergleichbar sind? In diesem Fall könnte es mehrere Wahrheiten geben: einen Effekt für Spezialambulanzpatienten, einen für allgemeine Patienten und dann gibt es vielleicht noch ein paar unbehandelte Effektgrößen. Theoretisch könnte es unendlich viele, zufällig verteilte wahre Effekte geben. Es ist aber auch möglich, dass es einen einzigen wahren Effekt gibt und der beobachtete Unterschied lediglich Zufallsschwankungen sind. Immerhin haben wir nur 95 %-Konfidenzintervalle verwendet.

Diese Diskussion ist aber nur von Bedeutung, wenn andere Fehlerquellen, wie *Bias* oder *Confounding* (Kapitel 7), ausgeschlossen sind.

34.2 Die Interpretation von Beobachtungen

Wir werden also nie wissen, ob Studienergebnisse wahr sind – egal ob wir von einer Punktwahrheit sprechen oder einem numerischen „Wahrheitsbereich". Obendrein sind wir kaum in der Lage, uns den Informationen, die wir angeboten bekommen, unvoreingenommen zu nähern. Unser soziokulturelles Umfeld rüstet uns mit Denkformen aus, die uns Erfahrung erlaubt. Unsere Erkenntnisse sind also immer extrem begrenzt. Trotzdem oder gerade deshalb ist klinische Forschung (wie jegliche Form der Wissenschaft) die Suche nach Wahrheit, ist eine disziplinierte Annäherung an die Wahrheit. Manches, was unsere Studien zeigen, mag tatsächlich wahr sein, wir werden es aber nie sicher wissen.

Fragestellungen zu klinischen Studien kommen normalerweise nicht aus dem informationsleeren Raum. Im Gegenteil, brauchbare klinische Studien erwachsen aus Wissensmangel. Das heißt, es gibt Vorwissen und damit auch Vorurteile, was die Wahrnehmung beeinflusst. Fast nie ist eine einzige Studie so autoritär, dass eine Frage „ein für alle Mal" geklärt ist, meistens beantwortet sie einen Teil und wirft dabei neue Fragen auf. Folgestudien sollten aber folgende Merkmale haben: (1) Das grundsätzliche qualitative Design muss mindestens ebenso gut sein wie das der Vorgängerstudien; (2) Fehler von vorangegangenen Studien müssen vermieden werden; (3) die Studie soll zusätzlich Fragen klären, die von den vorangegangenen Studien nicht geklärt wurden.

Um sinnvoll zu forschen, uns bestmöglich der Wahrheit anzunähern, müssen wir unsere Denkformen disziplinieren. Hier ist eine kurze Anleitung, die wir von Karl Popper kopiert haben. Der wiederum sagt, sie sei von Xenophanes und Voltaire gestohlen (Popper 1987):

- Die Wahrheiten, die es zu wissen gibt, gehen immer weit über das hinaus, was ein Mensch meistern kann. Es gibt daher keine Autoritäten. Das gilt auch innerhalb von Spezialfächern.
- Es ist unmöglich, alle Fehler oder auch nur alle an sich vermeidbaren Fehler zu vermeiden. Fehler werden dauernd von allen Wissenschaftlern gemacht. Die Idee, dass man Fehler vermeiden kann und daher verpflichtet ist, sie zu vermeiden, muss revidiert werden: Sie selbst ist fehlerhaft.
- Natürlich bleibt es unsere Aufgabe, Fehler nach Möglichkeit zu vermeiden. Aber gerade um sie zu vermeiden, müssen wir uns vor allem darüber klar werden, wie schwer es ist, sie zu vermeiden, und dass es niemandem völlig gelingt.
- Auch wissenschaftliche Studien enthalten Fehler, ebenso können weit verwendete Praktiken oder Methoden fehlerhaft sein. Es ist unsere Aufgabe, diese Fehler zu suchen. Die Entdeckung von Fehlern kann wichtig sein.
- Um zu lernen, Fehler zu vermeiden, müssen wir von unseren Fehlern lernen. Fehler zu vertuschen ist daher die größte intellektuelle Sünde.
- Wir müssen daher andauernd nach unseren Fehlern suchen. Wenn wir sie finden, müssen wir sie uns einprägen, nach allen Seiten analysieren, um ihnen auf den Grund zu gehen.

- Die selbstkritische Haltung und Aufrichtigkeit werden damit zur Pflicht.
- Da wir von unseren Fehlern lernen müssen, müssen wir auch lernen, anzunehmen, wenn uns andere auf unsere Fehler aufmerksam machen. Wenn wir andere auf ihre Fehler aufmerksam machen, sollten wir uns immer daran erinnern, dass wir selbst ähnliche Fehler gemacht haben.
- Wir brauchen andere Menschen zur Entdeckung und Korrektur von Fehlern, insbesondere auch Menschen, die in einem anderen soziokulturellen Umfeld, mit anderen Ideen, aufgewachsen sind.
- Obwohl Selbstkritik die beste Kritik ist, brauchen wir auch die Kritik durch andere. Kritik durch andere ist fast ebenso gut wie Selbstkritik.
- Rationale Kritik muss immer spezifisch sein: Sie muss spezifische Gründe angeben, warum spezifische Aussagen falsch sind. Sie muss von der Idee geleitet sein, der objektiven Wahrheit näher zu kommen.

Dieser Text ist im Wesentlichen eine Kopie und wir haben nur geringfügige, eigenmächtige Veränderungen durchgeführt, um diese Grundsätze an den Kontext der klinischen Studie anzupassen. Wenn man Popper liest, kann man rasch sehr demütig werden, da seine Texte in ihrer Klarheit und Logik beinahe übermächtig sind.

34.3 Noch ein paar Worte zur Kausalität

Unter Kausalität verstehen wir die Frage, ob die „Wirkung" eines Risikofaktors, zum Beispiel eines Merkmals oder einer Therapie, ursächlich mit dem beobachteten Effekt zusammenhängt. Kann erhöhter Blutdruck wirklich zum Herzinfarkt führen? Kann ich mit entsprechender antiretroviraler Therapie tatsächlich das Auftreten von Aids bei HIV-positiven Menschen verhindern oder verzögern?

Wir wissen nun, dass wir niemals wirklich wissen werden, ob ein Zusammenhang kausal ist. In Anlehnung an die oben genannten Punkte müssen wir aber versuchen, der Wahrheit so nahe wie möglich zu kommen. Bradford Hill, der Architekt der ersten randomisierten kontrollierten Studie, die 1948 im *British Medical Journal* veröffentlicht wurde, hat die notwendigen Punkte trefflich zusammengefasst (Bradford Hill 1965). Kausalität ist zu vermuten, wenn alle der folgenden Punkte erfüllt sind.

Wir können einen kausalen Zusammenhang zwischen Risikofaktor und Endpunkt vermuten, wenn … :

1. … der Effekt groß ist (*Stärke*). Bei großen Effekten sind alternative Ursachen meist leicht zu erkennen.
2. … ein eindeutiger zeitlicher Zusammenhang besteht (*Temporalität*). Natürlich muss der Risikofaktor vor dem Endpunkt da gewesen sein.
3. … der Effekt von der Dosis abhängt (*biologischer Gradient*). Wenn mit steigender Dosis eines Blutdruckmittels der Blutdruck immer mehr sinkt, sind alternative Ursachen, wenn vorhanden, meist leicht zu entdecken.

4. … der Effekt auch bei anderen Studien, mit anderen Patienten, an anderen Orten, unter anderen äußeren Umständen gefunden wird (*Konsistenz*).

5. … der Effekt spezifisch ist, also ein bestimmter Risikofaktor immer mit einem bestimmten Endpunkt verknüpft ist (*Spezifizität*). Die Spezifizität vieler biologisch wirksamer Risikofaktoren ist aber relativ gering.

6. … der beobachtete Effekt durch biologische Modelle erklärbar ist (*Plausibilität*). Die Plausibilität ist natürlich trügerisch, da diese Wahrnehmung vom derzeitigen biologischen Wissen bestimmt wird. Hardliner der Biomedizin meinen zum Beispiel, dass Fernheilung durch Gebete (Astin 2000; Leibovici 2001) einfach nicht plausibel ist, und selbst wenn man einen Effekt beobachtet, diesen nicht glauben soll, da es am ehesten ein Zufallseffekt ist. Sie können sich sicher vorstellen, dass das nicht alle so sehen (*bmj.bmjjournals.com/cgi/eletters/323/7327/1450*).

7. … die Erklärungen zum beobachteten Effekt nicht im Widerspruch zum derzeitigen Wissen stehen (*Kohärenz*). Hier gilt Ähnliches wie für die Plausibilität, da auch die Wahrnehmung der Kohärenz soziokulturell bestimmt wird. Wir verstehen die fehlende Kohärenz als ein Extrem der Plausibilität: Ich kann einen Effekt nicht nur nicht erklären, sondern es ist gegen jede Regel.

8. … wenn der Effekt im Rahmen eines *Experiments* beobachtet wird. Das Experiment der klinischen Studie ist natürlich die randomisierte kontrollierte Studie.

Praktisch ist es aus den unterschiedlichsten Gründen oft nicht möglich, dass alle Punkte erfüllt werden: Natürlich können auch kleine Effekte kausal (und klinisch relevant) sein; manche Arzneimittel haben keine Dosis-Wirkungskurve, sondern lediglich eine Ja/nein-Wirkung (d. h., sie funktionieren wie z. B. ein Lichtschalter). Im Wesentlichen folgen wir beim Nachweis der Kausalität aber diesen Vorgaben. Wenn Sie noch einmal das Kapitel über die Arzneimittelzulassung ansehen, werden Sie erkennen, dass präklinischer und klinischer Plan ziemlich genau darauf ausgerichtet sind, alle diese Punkte zu erfüllen. Weiters wird mit Hilfe der Grundlagenforschung versucht, das zugrunde liegende Prinzip zu entdecken, um dann, so gut wie möglich, deduktiv vorgehen zu können. Vielleicht werden die Menschen in 20 Generationen die Köpfe über diese Kriterien schütteln, genauso, wie wir uns jetzt wundern, dass Aderlass bei allen möglichen Krankheiten großzügig angewendet wurde. Diese Bradford-Hill-Kriterien sind eben auch nur ein Konstrukt der modernen westlichen Gesellschaft.

Kapitel 35

Andere praktische Tipps

▶ Die Machbarkeit eines Projekts frühzeitig berücksichtigen

▶ Von Anfang an über Finanzierungsmöglichkeiten nachdenken

▶ Wenn möglich immer einen Biometriker oder einen klinischen Epidemiologen frühzeitig einbinden

▶ Teure Statistikprogramme sind für den Unerfahrenen keine sinnvolle Investition

35.1 Woher nehme ich Ideen für wissenschaftliche Projekte?

Wahrscheinlich haben viele junge Wissenschaftler das Problem, dass ihnen Ideen zu möglichen wissenschaftlichen Projekten fehlen. Am Anfang der Karriere kommen Ideen üblicherweise von erfahreneren Kollegen, die wahrscheinlich keinen Ideenmangel, sondern eher einen Mangel an Zeit haben, in der sie ihre Ideen umsetzen können.

Ideen erwachsen meistens im Rahmen von Forschungsprojekten, die eine Detailfrage beantworten und oft mehrere Folgefragen aufwerfen. Aber auch fehlende Evidenz für klinisches Handeln ist ein häufiger und sinnvoller Anlass für die Planung und Durchführung von Studien.

Schwieriger noch als Ideen zu haben ist es, sich zu entscheiden, welche Ideen so sinnvoll sind und es lohnen, sie weiterzuverfolgen. Wir erachten Ideen für sinnvoll, wenn die Beantwortung der Fragestellung einen relevanten Nutzen bringt UND wir bzw. das Team in der Lage ist, die Frage zu beantworten.

Wir empfehlen daher, dass man sich nach der „Empfängnis" einer Idee mit einigen relevanten Fragen ernsthaft auseinandersetzt.

- Was für einen Nutzen kann die Beantwortung der Fragestellung bringen?
- Wem genau nutzt die Beantwortung der Fragestellung?
- Kann ich das notwendige Studiendesign erstellen und auch praktisch umsetzen?
- Habe ich Zugang zu den Patienten, die ich einschließen möchte?

- Habe ich die personellen, technischen und materiellen Ressourcen, um die Fragestellung zu beantworten?
- Ist diese Fragestellung auch noch in einem Jahr interessant?

Diese Punkte sollten Sie alle positiv bzw. ausreichend beantwortet können.

35.2 Wie finanziere ich die Durchführung meiner Studie?

In unserem Arbeitsumfeld wird es als selbstverständlich angenommen, dass die an einer Studie Beteiligten ihre Arbeitszeit gratis zur Verfügung stellen. Ob das gut und richtig ist, sei dahingestellt. Aber selbst wenn keiner der an einer Studie Beteiligten für seine Leistungen Geld verlangt und auch die Infrastruktur zur Verfügung steht (Computer, Drucker, Software usw.), sind finanzielle Mittel oft notwendig, da es nicht einzusehen ist, dass Wissenschafter Aufwendungen wie Literaturbeschaffung, Schreibwaren und Ähnliches aus der eigenen Tasche zahlen müssen. Wenn etwas gemessen wird, steigen die Kosten im Handumdrehen. Dann muss man eventuell Messgeräte oder notwendige Reagenzien kaufen. Prinzipiell sollten Sie daher immer versuchen, Finanzierungsmöglichkeiten für Ihre Projekte zu finden.

Es gibt eine Vielzahl von Stellen, bei denen um Forschungsförderungsgelder angesucht werden kann. Eine ausführliche Liste der möglichen Wissenschaftsförderer in Österreich finden Sie unter *www.grants.at*. Auch die Medizin-Universität Wien bietet Informationen in Zusammenarbeit mit dem Europabüro an (*www.europabuero.org*). Weitere brauchbare Links (möglicherweise schon in den erwähnten gelistet) sind:

Fonds zur Förderung der wissenschaftlichen Forschung: *www.fwf.ac.at*
Österreichische Akademie der Wissenschaften: *www.oeaw.ac.at*
Jubiläumsfonds der Österreichischen Nationalbank: *www.oenb.at/fonds/fonds_p.htm*
Wiener Wirtschaftsförderungsfonds: *www.wwff.at*
Technologie Impulse Gesellschaft: *www.tig.or.at/foerderungen/kplus*
Austria Wirtschaftsservice Gesellschaft: *www.awsg.at*
Community Research and Development Information: *cordis.europa.eu*
US National Institutes of Health: *www.nih.gov*

In den meisten Fällen sind unter den angegebenen Adressen genaue Informationen zu finden, welche Arten von Projekten gefördert werden und welchen Anforderungen ein Antrag entsprechen sollte. Diese Liste ist natürlich nicht einmal annähernd umfassend, sondern ganz im Gegenteil sehr österreichlastig. Mit Google und ein wenig Übung und Geduld können Sie aber bestimmt eine große Zahl interessanter Links aufstöbern.

35.3 Wer analysiert meine Daten?

Im Idealfall arbeiten Sie seit der ersten Stunde eines Projekts mit einem klinischen Epidemiologen oder einem Biometriker zusammen, der gemeinsam mit Ihnen das Design und die Analyse der Studie plant. Praktisch ist es leider so, dass das Reservoir von Leuten mit diesem Spezialwissen knapp ist und so kann es notwendig sein, einfache Analysen selbst durchzuführen. Wir empfehlen aber, selbst „einfache" Analysen mit einem klinischen Epidemiologen oder einem Biometriker zu besprechen oder eine entsprechende Grundausbildung in medizinischer Statistik zu absolvieren.

35.4 Brauche ich ein Statistikprogramm für meinen Computer?

Wenn Sie keine entsprechende (Grund-)Ausbildung haben und auch nicht vorhaben, zumindest die Grundlagen richtig zu lernen, sollten Sie kein Geld für statistische Software ausgeben. Viele der wichtigen Basisfunktionen sind mit Excel für Windows anwendbar. Zum Beispiel unter *http://statpages.org* finden Sie viele (brauchbare) Gratisprogramme. Lassen Sie sich nur nicht abschrecken, wenn der eine oder andere Link nicht funktioniert.

Ein sehr mächtiges Gratisprogramm – EpiInfo (*www.cdc.gov/epiinfo*) – möchten wir besonders hervorheben. Mit diesem Programm können Sie unter anderem Stichprobengrößen für Kohorten- bzw. Fall-Kontrollstudien berechnen, aber auch Dateneingabeinstrumente erstellen und aus 4-Felder-Tabellen das Relative Risiko oder die *Odds Ratio* mit den dazugehörigen Konfidenzintervallen errechnen.

RevMan (*http://ims.cochrane.org/revman*) ist das zweite Gratisprogramm, das wir nicht unerwähnt lassen können. RevMan ist ein Programm, das von der *Cochrane Collaboration* gratis zur Erstellung und Erhaltung von systematischen Literaturübersichten bzw. Meta-Analysen zur Verfügung gestellt wird.

Es gibt natürlich auch eine große Anzahl kommerzieller Statistikprogramme, die sich alle für *den* Hausgebrauch ganz gut eignen. Unser persönlicher Favorit ist Stata. Diese Software ist leicht programmierbar und das ist auch für jene Kollegen gut, die nicht wissen, wie das geht, da Stata Corporation die von Benutzern geschriebenen Programme auf *www.stata.com* zur Verfügung stellt. Das Programm ist so fast immer auf dem aktuellen Stand, da es laufend und problemorientiert wächst. Der Nachteil ist, dass Stata relativ teuer ist. SPSS ist ein gutes Standardprogramm und für Universitätsangehörige sehr günstig zu beziehen. Wenn man ein mächtiges Programm kauft, sollte man auch die Benutzung erlernen, am besten im Rahmen von Kursen und auch mit entsprechenden Büchern, die Analysemethoden anhand von Beispielen durchspielen. Diese Ausbildung ist wichtig, da das Programm fast alles auf Knopfdruck erledigt, Sie dann aber selbst entscheiden müssen, ob die Analyse und die Ergebnisse überhaupt sinnvoll sind.

Epilog

Sogar für den Nachgedanken gibt es Merksätze:

► Auch schlechte Wissenschaft führt zu Ergebnissen, nur wissen wir nicht, ob diese Ergebnisse sinnvoll sind, oder nicht

► Ergebnisse, die nicht interpretiert werden können, sind unbrauchbar

Dieses Buch ist lediglich ein *Appetizer* und kann für einfache Situationen als Kochbuch verwendet werden. Wir verweisen daher in jedem Kapitel auf halbwegs aktuelle Referenzen und auf weiterführende Literatur. Wenn Sie öfters mit Design, Analyse, Interpretation sowie der Präsentation von klinischen Studien zu tun haben, sollten Sie eines der unten genannten Statistikbücher und zumindest eines der genannten Epidemiologiebücher besitzen und wenigstens problemorientiert durcharbeiten. Die Reihenfolge ist nicht zufällig, aber sicherlich subjektiv.

1. Epidemiologie allgemein

Epidemiology in medicine (Hennekens 1987).
Leider ist das Layout nicht optimal (viel Text auf wenig Raum), aber alle wesentlichen Aspekte des Studiendesigns sind verständlich und anhand vieler Beispiele dargestellt.

Epidemiology (Gordis 1996).
Etwas „reißerisch" und nicht sehr übersichtlich präsentiert, aber mit guten Rechenbeispielen. Die Kapitel über Studiendesign sind sehr gut, insbesondere die Kapitel über randomisierte kontrollierte Studien.

2. Statistik allgemein

Practical statistics for medical research (Altman 1992).
Durch dieses Buch wurde unsere Zuneigung zur klinischen Epidemiologie und Biometrie geweckt. Douglas Altman, den wir mittlerweile beide näher kennen gelernt haben, verehren wir, weil er komplizierte Konzepte so einfach darstellen kann, dass auch wir glauben, sie zu verstehen.

Essentials of medical statistics (Kirkwood 2003).
Dieses ist ein weiteres Statistikbuch, welches wir beide aber jahrelang verschmäht haben (unabhängig voneinander, und wir können gar nicht sagen, warum). Als wir es Jahre später – im Rahmen unserer postgraduellen Studien – erstmals aufmerksam durcharbeiteten, haben wir beide es bereut, das nicht schon früher getan zu haben. Kirkwood stellt die notwendigen Grundlagen knapp und sehr übersichtlich dar.

Für diejenigen, die jetzt großen Appetit auf klinische Epidemiologie haben, finden sich hier ein paar Titel, zu denen man als methodisch Interessierter jederzeit Zugriff haben sollte.

3. Statistik, spezielle Themen

Multivariable Analysis: a practical guide for clinicians (Katz M 1999).
Jeder Nichtstatistiker, der immer schon mehr über multivariate Modelle wissen wollte, wird sich beim Lesen denken, „warum habe ich dieses Buch nicht schon früher gefunden?". Vielleicht wird sich das auch so mancher Statistiker denken, da es hier nicht so sehr um die zugrunde liegende Mathematik geht, sondern eher darum, wie man solche Modelle interpretiert und das leserfreundlich präsentiert.

Applied regression analysis and other multivariable methods (Kleinbaum 1988).
Dieses Buch ist schon für Fortgeschrittene, es ist aber sehr gut verständlich, obwohl es Formeln enthält und praktische Rechenbeispiele. In diesem Buch fehlt die logistische Regression.

Applied logistic regression (Hosmer 1989).
Hier findet man mehr über logistische Regression, als einem Nichtmathematiker lieb ist (verständlich, aber *hard-core*).

Sample size tables for clinical trials (Machin 1997).
Das Buch nützt allen, die regelmäßig Stichprobengrößen berechnen müssen. Es enthält gut verständliche, leicht anzuwendende Tabellen, auch für mehr komplexe Designformen.

Statistics with Confidence (Altman 2000).
Dieses Buch ist gut verständliche Pflichtlektüre für alle, die mit statistischer Inferenz umgehen müssen (eigentlich alle wissenschaftlich interessierten Kliniker).

4. Anderes

Was ist ein gutes Studiendesign mit entsprechender Analyse und Interpretation ohne finanzielle Förderung? Eine recht praktische Anleitung, wie man zu finanziellen Unterstützungen kommt, inklusive eines einfachen Programms zur Erstellung eines *Grant Proposals*, findet sich in: *The pocket guide to grant applications* (Crombie 1998).

Wie man Studien präsentiert, findet man zum Beispiel in: *Successful Scientific Writing* (Matthews 2000) oder *A–Z of Medical Writing*. Albert (2000). Wie man Studien im

Sinne der *Evidence Based Medicine* interpretiert, findet man in *How to read a paper* (Greenhalgh 1997).

5. Ein Ratschlag für den weiteren Weg

KEINE Wissenschaft ist besser als schlechte Wissenschaft!

Literatur

Abajo FJ, García Rodríguez LA, Montero D (1999) Association between selective serotonin reuptake inhibitors and upper gastrointestinal bleeding: population based case-control study. BMJ 319:1106–1109

Adachi M, Takayanagi R, Tomura A (2000) Androgen-insensitivity syndrome as a possible coactivator disease. N Engl J Med 343:856

Adams D (1979) Per Anhalter durch die Galaxis. Ullstein, Frankfurt

Albert T (1997) Winning the publications game. Radcliffe Medical Pr Ltd, Oxford-New York

Altman DG (1992) Practical statistics for medical research. Chapman & Hall, London

Altman DG (1994) The scandal of poor medical research. BMJ 308:283–284

Altman DG, Bland MJ (1996) Statistics notes: presentation of numerical data. Douglas G. BMJ 312:572

Andersson RE (2004) Meta-analysis of the clinical and laboratory diagnosis of appendicitis. Br J Surg 91(1):28–37

Armstrong BK, White E, Saracci R (1992) Principles of exposure measurement in epidemiology. Oxford University Press, Oxford

Arrich J, Piribauer F, Mad P, Schmid D, Klaushofer K, Müllner M (2005) Intra-articular hyaluronic acid for the treatment of osteoarthritis of the knee: systematic review and meta-analysis. CMAJ 172:1039–1043 http://www.cmaj.ca/cgi/reprint/172/8/1039. Zugriff 3 Sep 2010

Assessment of the Safety and Efficacy of a New Thrombolytic (ASSENT-2) Investigators (1999) Single-bolus tenecteplase compared with front-loaded alteplase in acute myocardial infarction: the ASSENT-2 double-blind randomised trial. Lancet 354:716–722

Assmann SF, Pocock SJ, Enos LE, Kasten LE (2000) Subgroup analysis and other (mis)uses of baseline data in clinical trials. Lancet 355:1064–1069

Astin JA, Harkness E, Ernst E (2000) The efficacy of "distant healing": a systematic review of randomized trials. Ann Intern Med 132:903–910

Babej-Dölle R, Freytag S, Eckmeyer J, Zerle G, Schinzel S, Schmieder G, Stankov G (1994) Parenteral dipyrone versus diclophenac and placebo in patients with acute lumbago or sciatic pain: randomized observer-blind multicenter study. Int J Clin Pharmacol 32:204–209

Barker DJP (1995) Fetal origins of coronary heart disease. BMJ 311:171–174

Bate A, Evans SJ (2009) Quantitative signal detection using spontaneous ADR reporting. Pharmacoepidemiol Drug Saf 8:427–436

Bernstein PL (1996) Against the gods. The remarkable history of risk. John Wiley & Sons, Inc, New York

Black N, van Rooyen S, Godlee F, Smith R, Evans S (1998) What makes a good reviewer and a good review for a general medical journal? JAMA 280:231–233

Bland JM, Kerry SM (1997) Statistics notes. Trials randomised in clusters. BMJ 315:600

Bland MJ, Altman DG (1996) Statistics notes: transforming data. BMJ 312:770

Böttiger BW, Arntz HR, Chamberlain DA, Bluhmki E, Belmans A, Danays T, Carli PA, Adgey JA, Bode C, Wenzel V, TROICA Trial Investigators (2008) Thrombolysis during resuscitation for out-of-hospital cardiac arrest. N Engl J Med 359(25):2651–2662

Bradford Hill A (1965) The environment and disease: association or causation. J Royal Soc Med 58:295–300

Bullinger M, Kirchberger I, Ware J (1995) Der deutsche SF-36 Health Survey. Z Gesundheitswiss 3:21–36

The Cardiac Arrhythmia Suppression Trial (CAST) Investigators (1989) Preliminary report: effect of encainide and flecainide on mortality in a randomized trial of arrhythmia suppression after myocardial infarction. N Engl J Med 321:406–412

CIOMS/WHO (1993) International ethical guidelines for biomedical research involving human subjects. Council for international organisation of medical sciences, Genf

Clarke M, Oxman AD (2000) Cochrane Reviewers' Handbook 4.1 (updated June 2000). In: Review Manager (RevMan) (Computer program), Version 4.1. The Cochrane Collaboration, Oxford, UK

Cochrane AL (1971) Effectiveness and efficiency. Random reflections on health services. The Royal Society of Medicine Press, Cambridge, UK

Cochrane Injuries Group Albumin Reviewers (1998) Human albumin administration in critically ill patients: systematic review of randomised controlled trials. BMJ 317:235–240

Cooper H, Hedges LV (1994) The handbook of research synthesis. Russell Sage Foundation, New York

Coughlin S, Beauchamp T (1996) Ethics and epidemiology. Oxford University Press, New York

Crombie IK (1996) The pocket guide to critical appraisal. BMJ Books, London, UK

Day SJ, Altman DG (2000) Blinding in clinical trials and other studies. BMJ 321:504

Delgado-Rodriguez M, Ruiz-Canela M, De Irala-Estevez J, Llorca J, Martinez-Gonzalez A (2001) Participation of epidemiologists and/or biostatisticians and methodological quality of published controlled clinical trials. J Epidemiol Community Health 55:569–572

Deutsches Cochrane Zentrum (2010) www.cochrane.de, Zugriff: 20.11.2010

Dhruva SS, Bero LA, Redberg RF (2009) Strength of study evidence examined by the FDA in premarket approval of cardiovascular devices. JAMA 302:2679–2685

Djulbegovic B, Lacevic M, Cantor A, Fields KK, Bennett CL, Adams JR, Kuderer NM, Lyman GH (2000) The uncertainty principle and industry-sponsored research. Lancet 356:635–638

Doll R, Peto R, Wheatley K, Gray R, Sutherland I (1994) Mortality in relation to smoking: 40 years' observations on male British doctors. BMJ 309:901–911

Donner A, Klar N (2000) Design and analysis of cluster randomization trials in health research. Arnold Publishers, London

Downs JR, Clearfiel M, Weis S et al. (1998) Primary prevention of acute coronary events with lovastatin in men and women with average cholesterol levels. JAMA 97:946

Duley L, Henderson-Smart D, Knight M et al. (2001) Antiplatelet drugs for prevention of pre-eclampsia and its consequences: systematic review. BMJ 322:329

Dulguerov P, Gysin C, Perneger TV, Chevrolet JC (1999) Percutaneous or surgical tracheostomy: a meta-analysis. Crit Care Med 27:1617–1625

Edwards P, Roberts I, Clarke M, DiGuiseppi C, Pratap S, Wentz R, Kwan I (2002) Increasing response rates to postal questionnaires: systematic review. BMJ 324:1183

EFPIA (2009) The pharmaceutical industry in figures. Key data, 2009 update. www.efpia.eu/Content/Default.asp?PageID=559&DocID=4883. Zugriff 29 Aug 2009

Egger M, Smith GD, Schneider M, Minder C (1997) Bias in meta-analysis detected by a simple, graphical test. BMJ 315:629–634

Egger M, Jüni P, Bartlett C for the CONSORT Group (2001a) Value of flow diagrams in reports of randomised trials. JAMA 285:1996

Egger M, Smith GD, Altman D (2001b) Systematic reviews in health care. Meta-Analysis in Context, 2. Aufl. BMJ Books, London

European Union Directive 2001/20/EC (2001) 4 Apr 2001, http://eur-lex.europa.eu, Zugriff: 20.11.2010

Evans RW, Armon C, Frohman EM, Goodin DS (2000) Assessment:prevention of post-lumbar puncture headaches. Report of the Therapeutics and Technology Assessment Subcommittee of the American Academy of Neurology.Neurology 55:909–914

Feder G, Eccles M, Grol R, Griffiths C, Grimshaw J (1999) Using clinical guidelines. BMJ 318:728–730

Fisher R (1932) Statistical methods for research workers. Oliver and Boyd, London

Gardner M, Altman DG (1989) Statistics with confidence. BMJ Books, London

Glass G (1976) Primary, secondary, and meta-analysis of research. Educ Res 5:3–8

Godlee F, Jefferson T (1999) Peer Review in Health Sciences. BMJ Books, London

Gordis L (1996) Epidemiology. WB Saunders, Philadelphia

Gøtzsche PC, Nielsen M (2009). Screening for breast cancer with mammography. Cochrane Database Syst Rev 7(4):CD001877

Greenhalgh T (1997) Assessing the methodological quality of published papers. BMJ 315(7103):305–308

Gruppo Italiano per lo Studio della Streptochinasi nell'Infarto Miocardico (GISSI) (1986) Effectiveness of intravenous thrombolytic treatment in acute myocardial infarction. Lancet 1:397–402

The Hypothermia After Cardiac Arrest Study Group (2002) Mild therapeutic hypothermia to improve neurologic outcome after cardiac arrest. N Engl J Med 346:549-556

Hahn JM (1997) Checkliste Innere Medizin. Thieme, Stuttgart New York

Halbert JA, Silagy CA, Finucane P, Withers RT, Hamdorf PA (1997) The effectiveness of exercise training in lowering blood pressure: a meta-analysis of randomised controlled trials of 4 weeks or longer. J Hum Hypertens 11:641–649

Hall G (1994) How to write a paper. BMJ Publishing Group, London

Hawking S (1988) A brief history of time. Bantam Books, London

Haycox A, Bagust A, Walley T (1999) Clinical guidelines – the hidden costs. BMJ 318:391–393

Hennekens CH, Buring JE (1987) Epidemiology in medicine. Little, Brown and company, Boston

Higgins JPT, Green S (Hrsg) (2009)Cochrane handbook for systematic reviews of iInterventions version 5.0.2 (updated September 2009). The Cochrane Collaboration. www.cochrane-handbook.org, Zugriff: 20.11.2010

Hollis S, Campbell F (1999) What is meant by intention to treat analysis? Survey of published randomised controlled trials. BMJ 319:670

Hurwitz B (1999) Legal and political considerations of clinical practice guidelines. BMJ 318:661–664

Huth EJ (1998) Writing and publishing in medicine. Lippincott, Williams and Wilkins

International Committee of Medical Journal Editors (1999) Uniform requirements for manuscripts submitted to biomedical journals. http://jama.ama-assn.org/info/auinst_req.html. Med Educ 33:66–78, Zugriff: 20.11.2010

ISIS-2 Collaborative Group (1988) Randomised trial of intravenous streptokinase, oral aspirin, both, or neither among 17.187 cases of suspected myocardial infarction. Lancet 2(8607):349–360

Jadad AR, Moore RA, Carroll D, Jenkinson C, Reynolds DJ, Gavaghan DJ, McQuay HJ (1996) Assessing the quality of reports of randomized clinical trials: is blinding necessary? Control Clin Trials17:1–12

Katz MH (1999) Multivariable analysis : a practical guide for clinicians. Cambridge University Press, Cambridge

Kerry SM, Bland JM (1998) Analysis of a trial randomised in clusters. BMJ 316:54

Kirkwood BR (1988) Medical statistics. Blackwell Science, Oxford UK

Kleinbaum DG, Kuper LL und Muller KE (1988) Applied regression analysis and other multivariable methods. Duxbury, Belmont, California

Klingelhöfer J, Spranger M (1997) Klinikleitfaden Neurologie, Psychiatrie. Fischer, Stuttgart

Koreny M, Riedmüller E, Nikfardjam M, Siostrzonek P, Müllner M (2004) Arterial puncture closing devices compared with standard manual compression after cardiac catheterization: systematic review and meta-analysis. JAMA 291:350–357

Lang TA, Secic M (1997) How to report statistics in medicine. Annotated guidelines for authors, ediotors and reviewers. ACP, Philadelphia, Pensylvania

Lau J, Antman EM, Jimenez-Silva J, Kupelnick B, Mosteller F, Chalmers TC (1992) Cumulative meta-analysis of therapeutic trials for myocardial infarction. N Engl J Med 327:248–254

Leeflang MM, Deeks JJ, Gatsonis C, Bossuyt PM (2008) Cochrane Diagnostic Test Accuracy Working Group. Systematic reviews of diagnostic test accuracy. Ann Intern Med 149(12):889–897

Leibovici L (2001) Effects of remote, retroactive intercessory prayer on outcomes in patients with bloodstream infection: randomised controlled trial. BMJ 323:1450–1451

LeLorier J, Gregoriere G, Benhaddad A, Lapierre J, Derderian, F (1997) Discrepancies between meta-analyses and subsequent large randomised, controlled trials. N Engl J Med 337:536–542

Levine RS, Hennekens CH, Jesse MJ (1994) Blood pressure in prospective population based cohort of newborn and infant twins. BMJ 308:298–302

Lewis S, Clarke M (2001) Forest plots: trying to see the wood and the trees. BMJ 322:1479–1480

Lucas NP, Macaskill P, Irwig L, Bogduk N (2010) The development of a quality appraisal tool for studies of diagnostic reliability (QAREL). J Clin Epidemiol 63:854–861

Machin D, Campbell MJ, Fayers P, Pinol A (1997) Sample size tables for clinical studies, 2. Aufl. Blackwell Science, UK, Oxford

MacMahon B, Trichopoulos (1997) Epidemiology: principles and practice, 2. Aufl. Lippincott Williams & Wilkins Publishers, Philadelphia

Matthews JR, Bowen JM, Matthews RW (2000) Successful scientific writing, 2. Aufl. Cambridge University Press, Cambridge

McColl E, Jacoby A, Thomas L, Soutter J, Bamford C, Garratt A, Harvey E, Thomas R, Bond J (1998) Designing and using patient and staff questionnaires. In: Black N, Brazier J, Fitzpatrick R, Reeves B (Hrsg) Health services research methods. BMJ Books, London, S 46–58

McFadden E (1997) Management of data in clinical trials. Wiley & Sons, Hoboken

Medical Research Council (1948) Streptomycin treatment of pulmonary tuberculosis. BMJ ii:769

Moher D, Hopewell S, Schulz KF, Montori V, Gøtzsche PC, Devereaux PJ, Elbourne D, Egger M, Altman DG (2010) Consolidated standards of reporting trials group. CONSORT 2010 explanation and elaboration: Updated guidelines for reporting parallel group randomised trials. J Clin Epidemiol 63(8):e1–37

Moher D, Jones A, Lepage L, for the CONSORT Group (2001b) Use of the CONSORT statement and quality of reports of randomized trials. A comparative before-and-after evaluation. JAMA 285:1992–1995

Moseley JB, O'Malley K, Petersen NJ et al. (2002) A controlled trial for arthroscopic surgery for osteoarthritis of the knee. N Engl J Med 347:81–88

Müller M (2000) Fortschritte bei der Konzeption klinischer Arzneimittelprüfungen. Onkologie 23:487–491

Müllner M, Urbanek B, Havel C, Losert H, Waechter F, Gamper G (2004) Vasopressors for shock (Cochrane Review). In: The Cochrane Library, Ausgabe 3. Wiley & Sons Ltd., Chichester, UK

Müllner M, Matthews H, Altman DG (2002) Reporting on statistical methods to adjust for confounding: a cross sectional survey. Ann Intern Med 136:122–126

Müllner M, Sterz F, Binder M, Schreiber W, Deimel A, Laggner AN (1997) Blood glucose concentration after cardiopulmonary resuscitation influences functional neurologic recovery in human cardiac arrest survivors. J Cereb Blood Flow Metab 17:430–436

Murphy E, Dingwall R (1998) Qualitative methods in health service research. In: Black N, Brazier J, Fitzpatrick R, Reeves B (Hrsg) Health services research methods. BMJ Books, London, S 129–138

Murray E, Davis H, See Tai S, Coulter A, Gray A, Haines A (2001) Randomised controlled trial of an interactive multimedia decision aid on hormone replacement therapy in primary care. BMJ 323:490

Niu SR, Yang GH, Chen ZM, Wang JL, Wang GH, He XZ, Schoepff H, Boreham J, Pan HC, Peto R (1998) Emerging tobacco hazards in China: early mortality results from a prospective study. BMJ 317:1423–1424

Oddy WH, Holt PG, Sly PD, Read AW, Landau LI, Stanley FJ, Kendall GE, Burton PR (1999) Association between breast feeding and asthma in 6 year old children: findings of a prospective birth cohort study. BMJ 319:815

O'Malley PG, Jones DL, Feuerstein IM, Taylor AJ (2000) Lack of correlation between psychological factors and subclinical coronary artery disease. N Engl J Med 343:1298–1304

Parmar MKB, Griffiths GO, Spiegelhalter DJ, Souhami RL, Altman DG, van der Scheuren E, for the CHART steering committee (2001) Monitoring of large randomised clinical trials: a new approach with Bayesian methods. Lancet 358:375–381

Peters JL, Sutton AJ, Jones DR, Abrams KR, Rushton L (2008) Contour-enhanced meta-analysis funnel plots help distinguish publication bias from other causes of asymmetry. J Clin Epidemiol 61(10):991–996

Petiti DB (1994) Meta-analysis, decision analysis and cost effectiveness analysis. Oxford University, Oxford

Pirmohamed M, James S, Meakin S, Green C, Scott AK, Walley TJ, Farrar K, Park BK, Breckenridge AM (2004) Adverse drug reactions as cause of admission to hospital: prospective analysis of 18.820 patients. BMJ 329:15, doi: 10.1136/bmj.329.7456.15

Pocock SJ (1983) Clinical trials. A practical approach. John Wiley & Sons, Chichester

Popper K (1987) Auf der Suche nach einer besseren Welt. Piper, München

Porter AM (1999) Misuse of correlation and regression in three medical journals. J R Soc Med 92:123–128

Rahman MM, Vermund SH, Wahed MA, Fuchs GJ, Baqui AH, Alvarez JO (2001) Simultaneous zinc and vitamin A supplementation in Bangladeshi children: randomised double blind controlled trial. BMJ 323:314–318

Reitsma JB, Rutjes AWS, Whiting P, Vlassov VV, Leeflang MMG, Deeks JJ (2009) Chapter 9: Assessing methodological quality. In: Deeks JJ, Bossuyt PM, Gatsonis C (Hrsg) Cochrane handbook for systematic reviews of diagnostic test accuracy version 1.0.0. The Cochrane Collaboration. http://srdta.cochrane.org, Zugriff: 20.11.2010

Rosenbaum PR (2002) Observational studies. Springer, New York

Schlesselman JJ (1981) Case control studies: design, conduct, analysis. Oxford University Press, Oxford

Schulz KF, Chalmers I, Hayes RJ, Altman DG (1995) Empirical evidence of bias. Dimensions of methodological quality associated with estimates of treatment effects in controlled trials. JAMA 273:408–412

Smith PG, Mprrow RH (1996) Field trials of health interventions in developing countries. A toolbox. Macmillan Education Ltd, London, UK

Sox HC, Blatt MA, Higgins MC, Marton KI (1988) Medical decision making. Butterworth-Heinemann, Boston

Staessen JA, Gasowski J, Wang JG, Thijs L, Hond ED, Boissel JP, Coope J, Ekbom T, Gueyffier F, Liu L, Kerlikowske K, Pocock S, Fagard RH (2000) Risks of untreated and treated isolated systolic hypertension in the elderly: meta-analysis of outcome trials. 355:865–872

Staquet MJ, Hays RD, Fayers PM (1998) Quality of life assessment in clinical trails. Methods and practice. Oxford University Press, Oxford

Steptoe A, Dohertyc S, Rink E, Kerry S, Kendrick T, Hilton S, Day S (1999) Behavioural counselling in general practice for the promotion of healthy behaviour among adults at increased risk of coronary heart disease: randomised trial. BMJ 319:943–948

Stroup DF, Berlin JA, Morton SA, Olkin I for the MOOSE Group (2000) Meta-analysis of observational studies in epidemiology. A proposal for reporting. JAMA 283:2008–2012

Sutton AJ, Duval SJ, Tweedie RL, Abrams KR, Jones DR (2000) Empirical assessment of effect of publication bias on meta-analyses. BMJ 320:1574–1577

Sweeney KG, Gray DP, Steele R, Evans P (1995) Use of warfarin in non-rheumatic atrial fibrillation: a commentary from general practice. Br J Gen Pract 45:153–158

Tardif JC, Cote G, Lesperance J, Bourassa M, Lambert J, Doucet S (1997) Probucol and multivitamins in the prevention of restenosis after coronary angioplasty. Multivitamins and Probucol Study Group. N Engl J Med 337:365–372

The Assessment of the Safety and Efficacy of a New Thrombolytic Regimen (ASSENT)-3 Investigators (2001) Efficacy and safety of tenecteplase in combination with enoxaparin, abciximab, or unfractionated heparin: the ASSENT-3 randomised trial in acute myocardial infarction. Lancet 358:605–613

The Digitalis Investigation Group (1997) The effect of digoxin on mortality and morbidity in patients with heart failure. N Engl J Med 336:525–533

The Hantavirus Study Group (1994) Hantavirus pulmonary syndrome: a clinical description of 17 patients with a newly recognized disease. N Engl J Med 330:949

Thoennissen J, Lang W, Laggner AN, Müllner M (2000) Bed rest after lumbar puncture: a nation-wide survey in Austria. Wien Klin Wochenschr 112:1040–1043

Thoennissen J, Herkner H, Lang W, Domanovits H, Laggner AN, Müllner M (2001) Bed rest after subarachnoidal puncture to prevent headache: a systematic review. CMAJ 165:1311–1316

Tonks A (1999) Registering clinical trials. BMJ 319:1565–1568

Torgerson D, Sibbald B (1998) Understanding controlled trials: What is a patient preference trial? BMJ 316:360

Tufte ER (1992) The visual display of quantitative information. Graphics Press, Cheshire

Van Weel C (1996) Chronic disease in general practice: the longitudinal dimension. Eur J Gen Pract 2:17

Vickers AJ (2001) The use of percentage change from baseline as an outcome in a controlled trial is statistically inefficient:a simulation study. www.biomedcentral.com/1471-2288/1/6. Zugriff 6 Aug 2001. BMC Medical Research Methodology (2001) 1:6

Vlay SC, Lawson WE (1988) The safety of combined thrombolysis and beta-adrenergic blockade in patients with acute myocardial infarction. A randomized study. Chest 93:716–721

West KP, Katz J, Khatry SK, LeClerq SC, Pradhan EK, Shrestha SR, Connor PB, Dali SM, Christian P, Pokhrel RP, Sommer A (1999) Double blind, cluster randomised trial of low dose supplementation with vitamin A or β-carotene on mortality related to pregnancy in Nepal. BMJ 318:570–575

Whitehead A (2002) Meta-analysis of controlled clinical trials. John Wiley and Sons LTD, Chichester, UK

Whiting P, Rutjes AWS, Reitsma JB, Bossuyt PMM, Kleijnen J (2003) The development of QUADAS: a tool for the quality assessment of studies of diagnostic accuracy included in systematic reviews. BMC Med Res Methodol 3(1) doi:10.1186/1471-2288-3-25

Wilkes MM, Navickis RJ (2001) Patient survival after human albumin administration. A meta-analysis of randomized, controlled trials. Ann Intern Med 135:149–164

Wilson JNG, Jungner G (1968) Principles and practice of screening for disease. World Health Organisation, Geneva

Wolff T, Miller T, Ko S (2009) Aspirin for the primary prevention of cardiovascular events: an update of the evidence for the U.S. preventive services task force, update 2009. www.ncbi.nlm.nih.gov/pubmed/20722166. Zugriff: 30. Aug 2010

Woolf SH, Grol R, Hutchinson A, Eccles M, Grimshaw J (1999) Potential benefits, limitations, and harms of clinical guidelines. BMJ 318:527–530

Appendix I: Studiendesign im Überblick

	Querschnittstudie	Fall-Kontrollstudie	Kohortenstudie	Randomisierte, kontrollierte Studie
Beschreibung	• Risikofaktor und Endpunkt werden gleichzeitig gemessen (Prävalenz)	• Fälle werden gesammelt • Kontrollen werden ausgewählt • Dann wird der Risikofaktor (retrospektiv) gemessen	• Probanden werden rekrutiert • Der Risikofaktor wird gemessen • Beobachtung über die Zeit und Erfassung des Endpunktes (Inzidenz)	• Probanden werden rekrutiert • Die Intervention (Risikofaktor) wird nach Zufallsprinzip zugeteilt • Beobachtung über die Zeit und Erfassung des Endpunktes
Maß für Effektgröße (bei binärem Endpunkt)	• Prävalenz Ratio	• Odds Ratio	• Risk Ratio • Rate Ratio • Hazard Ratio • Odds Ratio*	• Risk Ratio • Rate Ratio • Hazard Ratio • Odds Ratio*
Vorteile	• Schnelle Durchführung • Kostengünstig • Ermöglicht Gesundheitsplanung	• Schnelle Durchführung • Kostengünstig • Für seltene Krankheiten gut geeignet • Mehrere Risikofaktoren möglich	• Zeitlicher Zusammenhang zw. Risikofaktor und Endpunkt klar • Mehrere Endpunkte möglich • Erfassung der Inzidenz	• Kausaler Zusammenhang zw. Risikofaktor und Endpunkt klar • Untersuchung mehrerer Endpunkte möglich • Erfassung der Inzidenz
Nachteile	• Prävalenz schwer zu interpretieren • Zeitlicher Zusammenhang zw. Risikofaktor und Endpunkt oft nicht klar • Kein Hypothesenbeweis	• Zeitlicher Zusammenhang zw. Risikofaktor und Endpunkt oft nicht klar • Besonders biasanfällig • Keine seltenen Risikofaktoren • Kein Hypothesenbeweis	• Lange Beobachtungszeiten • Teuer • Keine seltenen Endpunkte • Kein Hypothesenbeweis	• Technisch aufwändig • Teuer • Keine seltenen Endpunkte • Ethisch manchmal nicht möglich • Evtl. lange Beobachtungszeiten

* Odds Ratio nur, wenn die Inzidenz des Endpunktes < 10 % liegt

Appendix II

Cochrane hochsensitiver und präziser Suchfilter für randomisiert kontrollierte Studien in Pubmed (Version 2008, *www.cochrane-handbook.org*)

#1 randomized controlled trial [pt]
#2 controlled clinical trial [pt]
#3 randomized [tiab]
#4 placebo [tiab]
#5 clinical trials as topic [mesh: noexp]
#6 randomly [tiab]
#7 trial [ti]
#8 #1 OR #2 OR #3 OR #4 OR #5 OR #6 OR #7
#9 animals [mh] NOT humans [mh]
#10 #8 NOT #9

Sachverzeichnis